U0387700

零基础入门Pandas
——Python数据分析

[美] 丹尼尔·陈（Daniel Y. Chen） 著

高慧敏 王斌 吕勇 译

清华大学出版社
北京

北京市版权局著作权合同登记号　图字：01-2024-3388

图书在版编目（CIP）数据

零基础入门 Pandas——Python 数据分析 /（美）丹尼尔・陈（Daniel Y. Chen）著；高慧敏，王斌，吕勇译. --北京：清华大学出版社，2025. 1. -- ISBN 978-7-302-67886-1

Ⅰ. TP312.8

中国国家版本馆 CIP 数据核字第 202444SJ35 号

责任编辑：王　芳
封面设计：刘　键
责任校对：韩天竹
责任印制：刘海龙

出版发行：清华大学出版社
　　　网　　　址：https://www.tup.com.cn，https://www.wqxuetang.com
　　　地　　　址：北京清华大学学研大厦 A 座　　　　邮　　编：100084
　　　社　总　机：010-83470000　　　　　　　　　　邮　　购：010-62786544
　　　投稿与读者服务：010-62776969，c-service@tup.tsinghua.edu.cn
　　　质量反馈：010-62772015，zhiliang@tup.tsinghua.edu.cn
　　　课件下载：https://www.tup.com.cn，010-83470236
印　装　者：涿州汇美亿浓印刷有限公司
经　　　销：全国新华书店
开　　　本：186mm×240mm　　　印　　张：24.5　　　　　字　　数：566 千字
版　　　次：2025 年 2 月第 1 版　　　　　　　　　　　印　　次：2025 年 2 月第 1 次印刷
印　　　数：1～2500
定　　　价：129.00 元

产品编号：102007-01

第2版序言

随着数据科学和教育的不断发展，从整体、逻辑上批判性地认识数据的培训需求越来越大。随着计算能力的提高、数据量的增加以及数据驱动的决策支持需求增长，越来越多的人开始涉足数据科学领域，但大多数人并不了解自己的数据集到底有多混乱。特别是对于新手来说，处理这些混乱的数据是非常具有挑战性、令人困惑且非常头痛的一件事。想要基于数据进行明智的决策，在培训最佳实践的早期阶段引入数据逻辑、规划和目的等概念是很重要的。鉴于数据学习者的数量仍在指数级增长，数据科学教学的方式、方法尚有巨大的开拓空间。虽然已有很多的资源，如MOOC（Massive Open Online Course，大型开放式网络课程）、Twitter threads（功能类似 Twitter）、软件包、备忘单（cheat-sheet）等可供个人自学或课堂教学使用，但是，对于学习者来说，什么样的方式才是最有效的？而且，对于该领域的新手来说，如何选择与他们的需求和背景相匹配的教育资源？

Daniel Y. Chen 博士通过多年的 RStudio（专为 R 语言设计的集成开发环境）和 The Carpentries（一个国际性的教育组织，它致力于教授研究人员基础的计算、数据和编辑技能）的教育实践，已充分认识到这一点。他热衷于将数据科学中的核心概念介绍给读者，让他们在一个与自己的专业程度相匹配的环境中用更有效、可复制和可靠的方法来处理数据。一个偶然的机会，我得以认识 Daniel Y. Chen，经过几次交谈，志同道合的我们很快就开始讨论起他的学位论文的选题。我们都热衷于数据科学基础方法的教学，并探究教学过程中的 how 和 why，我们都试图首先要理解学习者，然后再因材施教。我很高兴能指导他的学位论文，也很高兴看到很多见解被吸收进本书的第 2 版中。

在本书的第 2 版中，他通过实用的代码示例，带领读者一步步学习 Pandas。使用 Pandas 有助于揭开 Python 数据分析的神秘面纱，创建有组织的、可管理的数据集，最重要的是，能得到一个整洁的数据集！激发读者（包括我自己）对清理数据的热情非常困难，但他在本书中做到了这一点。一旦读者能够熟练地操作和转换数据集，再来讲授数据的可视化和建模就会非常轻松。正是这种思维方式和内容的呈现，使得本书适用于不同层次的读者，而且可以帮助读者使用模拟现实生活的示例数据集进行最佳实践。本书第 2 版适用于新入门的数据科学家、教师等，帮助其开启一段快捷而翔实的学习之旅，且能以清晰简洁的方式体验最佳实践和 Pandas 的巨大潜力。

Anne M. Brown 博士

弗吉尼亚理工大学生物化学系数据服务助理教授

第1版序言

随着时间的推移,数据变得越来越重要,基于这些不断增长的数据进行计算的能力也变得越来越重要。在确定如何与数据进行交互时,大多数人会选择 R 或者 Python。这并非两种程序语言的优劣之争,而是数据科学家和工程师可选的语言太多了,他们基本上会使用自己最熟悉的语言来开展工作。每个人都可以在进行机器学习和统计分析时使用这些语言工具来处理数据。这就是在出版了 *R for Everyone* 后,很高兴看到有人将其内容扩展至 Python,也就是本书。

第一次见到 Daniel Y. Chen 时,他正在哥伦比亚大学梅尔曼公共卫生学院(Columbia University's Mailman School of Public Health)攻读公共卫生硕士(Master of Public Health,MPH)学位,刚刚接触到了"数据科学导论"课程。与很多 MPH 硕士一样,他跨专业选修了该门研究生课程,并且很快掌握了数据科学的精髓,包括统计学习和再现性(reproducibility)等。到学期结束,他一直致力于研究和宣传数据科学的优势。

在此期间,Pandas 的崛起助推了 Python 作为数据科学工具的应用,熟悉 Python 的工程师能够迅速将其应用于数据科学领域。机缘巧合之下,Daniel Y. Chen 逐步成长为一名掌握多门程序语言的数据科学家,尤其精通 R 和 Pandas。他频繁地参加各种 R 和 Python 的会议、研讨,发表的演讲备受欢迎,同时也接触到了不同的受众。从教育新用户到构建 Python 库,他的热情和知识在所做的每一件事中都表现得淋漓尽致,并深深感染着每一个人。一路走来,他始终秉持并投身于开源运动中。

顾名思义,本书是为所有拟使用 Python 进行数据科学实践的人撰写的,不管他是资深的 Python 用户、经验丰富的程序员、统计学家,还是该领域的新手。对于 Python 新手来说,本书包含一系列的附录,可帮助他们入门 Python 语言、安装 Python 和 Pandas,且附录涵盖整个分析流程,包括读取数据、可视化、数据操作、建模和机器学习。

本书是以 Python 视角开启的一场数据科学之旅,Daniel Y. Chen 便是这次旅程的最佳导游。他深厚的学术底蕴和丰富的行业经验,可以帮助读者更好地理解数据分析流程以及最有效地使用 Pandas。我相信每位读者都可以享受到一次愉快而内容翔实的阅读体验。

Jared Lander

编辑

前　言

　　我的数据科学教学生涯始于 2013 年第一次参加 Software-Carpentry 研讨班。此后,就一直在从事这方面的教学工作。2019 年,我有幸成为 RStudio(现为 PBC Posit)教育集团的一名实习生。那时,数据科学教育方兴未艾。实习结束之后,我想将教学与医学的结合作为我的博士学位论文选题。幸运的是,我认识学校的一位图书管理员 Andi Ogier,她把我介绍给了 Anne M. Brown,Anne 也对健康科学中的数据科学教学很感兴趣。之后的故事大家都知道了。Anne 成为了我的博士生导师,我和指导委员会的其他成员,包括 Dave Higdon、Alex Hanlon 和 Nikki Lewis,一起研究医学和生物医学领域中的数据科学教育。本书第 1 版为我的学位论文研讨班要讲授哪些数据科学的相关内容奠定了基础。本书第 2版纳入了我在学习和研究教育和教学法时学到的许多内容。

　　简而言之,一定要交个图书管理员做朋友,他的工作与数据之间联系紧密。

　　2013 年,我甚至对"数据科学"这个词闻所未闻。当时我还在攻读流行病学的 MPH 学位,对于本科专业背景为心理学和神经科学的我来说,t 检验、方差分析以及线性回归之外的各种统计学方法深深吸引了我。也正是在 2013 年秋天,我第一次参加了 Software-Carpentry 研讨班,并担任了 MPH 项目的定量方法(Quantitative Methods)课程(该课程是第一学期流行病学和生物统计学的一门综合课)的助教,并第一次开始授课。自此,我便一直在从事数据科学领域的教学工作。

　　当年,我学习的第一门"数据科学导论"课程由 Rachel Schutt 博士、Kayur Patel 博士和 Jared Lander 三位老师讲授,回顾多年来走过的路程,感触良多。三位老师打开了我的眼界。对我来说,之前那些貌似不可思议的事情都变得稀松平常,没有做不到的,只有想不到的(尽管"能做到的"不一定是"最好的")。数据科学的技术细节——编码方面——是由 Jared 用 R 语言讲授的。

　　当年,我一直想学 R 语言,Python 和 R 语言之争从未动摇过我的决心。一方面,我认为 Python 只是一种编程语言;另一方面,我并不知道 Python 有大量的分析工具(从那时起我已经学会了很多工具,并取得了长足的进步)。在了解了 SciPy 堆栈和 Pandas 后,我认为它们就像桥梁一样连通了我学到的 Python 知识,以及我在流行病学研究和数据科学的学习中获得的知识。当精通 R 语言后,我发现其与 Python 有很多相似之处。我也意识到很多数据清理任务(以及常规的编程任务)都涉及思考如何得到所需的东西,剩下的基本都是语法问题而已。在进行数据分析时,最重要的是设计好分析的步骤,不要被编程细节所困扰。我用过很多种编程语言,从来不纠结于哪种语言"更好"。话虽如此,本书面向的是 Python 数据分析领域的新手。

在过去的几年中,我认识了很多人,参加了很多活动,也学到了很多的技能,本书就是对这些年经验的总结。其中,我学到的比较重要的一件事情(除了先要搞清楚问题到底是什么,以便用谷歌来搜索相关的 Stack Overflow(IT 问答网站,面向编程人员群体)页面之外)是:阅读文档非常必要。作为一个参与过协作课程并编写过 Python 库和 R 软件包的人,我可以负责任地说,编写文档确实需要花费大量的时间和精力,这就是为什么整本书中不断引用相关文档页面的原因。有些函数有非常多的参数,应用的场景也不相同,一一介绍是不现实的。如果本书过于关注这些细节,那么书名要改成 *Loading Data Into Python*了。当然,随着处理数据的增多、对各种数据结构越来越熟悉,你最终将会具备一定的预测能力。即使对之前从未见过的代码,也可以合理地推断出其执行结果。希望本书能为读者提供一个坚实的基础,助其自己进行探索,从而成为一个自学成才的学习者。

在撰写本书的过程中,我遇到了很多人,也从他们身上学到了很多东西,其中很多都是关于最佳实践的,比如编写向量化语句以替代循环语句、测试代码,以及组织项目目录结构等。从实际的教学过程中我也学到了很多关于教学的知识,以教促学确实是学习新知识的最佳方法。在过去的几年里,我学到的很多东西都是在我试图弄清楚如何教别人时获得的。一旦掌握了基础知识,学习新内容就相对容易了。教与学的过程多次重复后,会惊讶于自己学会了很多,比如学会了用于谷歌搜索的很多术语,并能解读 Stack Overflow 页面的解答。很多高手也在搜索他人提出的问题。无论这是你学习的第几种编程语言,希望本书都能为你提供一个坚实的基础,为你搭建一座通往其他数据分析语言的桥梁。

本书结构

本书共分为五部分,还包括一系列的附录。

第一部分

该部分基于真实的数据集介绍 Pandas 基础知识。

第 1 章首先介绍如何使用 Pandas 加载数据集,并查看数据的行和列,还大致讲解 Python 和 Pandas 的语法,最后给出若干具有启发性的示例,展示 Pandas 的用途。

第 2 章深入探讨 Pandas 的 DataFrame 和 Series 对象,还介绍布尔子集、删除值以及导入和导出数据的不同方式。

第 3 章主要介绍使用 Matplotlib、Seaborn 和 Pandas 的绘图方法以及如何创建探索性数据分析的绘图。

第 4 章讨论 Hadley Wickham 的论文《整洁数据》(Tidy Data),该论文涉及常见的数据重塑和清理问题。

第 5 章侧重于介绍对数据应用函数的内容,这是一项重要的技能,涵盖了许多编程主题。当需要扩展数据操作的规模时,了解 .apply() 的工作原理将有助于编写并行和分布式代码。

第二部分

该部分重点介绍加载数据后如何进一步处理数据。

第 6 章侧重于数据集的合并,即要么将它们连接在一起,要么合并不同的数据。

第 7 章介绍规范化数据以更稳健地存储数据。

第 8 章介绍.groupby()操作(即拆分-应用-组合)。这些强大的概念,如.apply(),通常是扩展数据所必需的,也是高效聚合、转换或过滤数据的好方法。

第三部分

该部分涵盖存储在列中的数据类型。

第 9 章介绍数据缺失会引发的问题、如何创建数据以填充缺失数据,以及如何处理缺失数据,特别是当对这些数据进行计算时可能会出现的问题。

第 10 章介绍数据类型,以及如何在 DataFrame 列中转换类型。

第 11 章介绍字符串操作,这是数据清理任务中经常遇到的问题,因为数据通常被编码为文本。

第 12 章探讨 Pandas 强大的日期和时间功能。

第四部分

在数据全部清洗完毕并准备就绪后,下一步就是拟合模型。模型不仅可用于预测、聚类和推断,还可用于探索性的目的。该部分的目标不是讲授统计学(这方面的书已经很多了),而是想展示这些模型的拟合方法,以及它们是如何与 Pandas 交互的。该部分内容对于使用其他编程语言进行模型拟合也颇具借鉴意义。

第 13 章的线性模型是一种较简单的拟合模型。本章介绍如何使用 statsmodels 库和 Scikit-learn 库来拟合这些模型。

第 14 章的广义线性模型,顾名思义,是更广义上的一种线性模型。通过该模型我们可以用不同的响应变量来拟合模型,例如二元数据或计数数据。

第 15 章介绍生存模型,当出现数据删失时需要用到它。

第 16 章,在拟合好核心模型之后需要进行模型诊断,对多个模型进行比较,并选出“最佳”模型。

第 17 章,当拟合的模型过于复杂或出现过拟合时,就要用到正则化技术。

第 18 章,当不知道数据中隐含的真实答案时可以使用聚类技术,但需要一种方法将“相似”的数据点聚类或进行分组。

第五部分

本书最后部分主要介绍 Python 的生态系统,并提供了一些额外的参考资料。

第 19 章简单介绍 Python 的计算堆栈,并开启了代码性能和扩展的学习之路。

第 20 章提供一些额外的链接和参考资料。

附录

可以将附录视为 Python 编程的入门教程。虽然它们并不是 Python 的完整介绍,但各个附录确实是对本书某些主题的有益补充。

附录 A 为介绍性章节,提供了概念图,以帮助分解概念并将其相互关联。

附录 B~附录 J 涵盖与运行 Python 代码相关的所有任务,从安装 Python 到使用命令行执行脚本,再到组织代码,还包括创建 Python 环境和安装库。

附录 K～附录 Y 涵盖与 Python 和 Pandas 相关的编程概念,是本书主要的补充参考。附录 Z 复制了 R 中的一些建模代码,作为比较类似结果的参考。

如何阅读本书

无论是 Python 新手还是经验丰富的 Python 程序员,都建议从头至尾阅读整本书。拟将本书用作教材的读者会发现,本书的章节安排很适合研讨班或课堂教学。

对于初学者

对于初学者来说,建议先浏览附录 A～附录 J,因为这些附录中讲解了如何安装 Python 并使其正常工作。完成这些步骤后,读者就可以学习本书的主要内容了。前几章在必要时均引用了相关附录,并在开头给出了概念图和学习目标,有助于读者了解该章要介绍的主要内容,同时指出了需提前阅读的相关附录。

对于经验丰富的 Python 程序员

对于经验丰富的 Python 程序员来说,前两章的内容足以入门并掌握 Pandas 的语法,可以将本书其余的部分作为参考。前几章开头部分的学习目标指出了本章涵盖的主题。第一部分中关于"整洁数据"的章节和第三部分的章节对数据操作特别有帮助。

对于培训讲师

对于培训讲师来说,若将本书用作教学参考可按书中顺序来讲授每一章。每章的教学时长约为 45～60 分钟。本书在结构安排上尽量使各章不引用后续章节的内容,从而最大限度地减少学生的学习负担——但可以根据实际需要灵活调整章节的顺序。

附录 A 中的概念图和前几章中列出的学习目标有助于了解概念之间的关系。

设置

每个人的计算机设置都会有所不同,因此,要想获得有关设置环境的最新说明可以访问本书在 GitHub 的页面,或者参考附录 B 以获取有关如何在计算机上安装 Python 的信息。

获取数据

获取本书所有数据和代码的最简单方法是扫描下方二维码。有关如何下载本书数据的最新说明可以在本书的存储库中找到,存储库及有关如何获得本书的更详细说明参见附录 B.3。

安装 Python

附录 G 和附录 H 分别给出了环境和安装软件包,可以从中找到如何设置 Python 的 URL(Uniform Resource locator,URL,统一资源定位系统)和命令,以便编写代码。同样,本书的存储库中始终包含最新的说明。

全书代码

第2版中的更新

本书第 2 版主要是将所有代码和库更新至撰写时的最新版本。第 1 版的大部分代码都不受影响。多年来,一部分绘图代码和机器学习数据建模代码发生了变化,本书进行了更新。

从教育学角度来看,Pandas 的主要章节已经对学习目标进行更新,入门章节也绘制了概念图,以帮助教育工作者更好地规划学习路径,并帮助学习者可视化概念之间的相互关系。以上这些都是我在攻读博士期间学习到的主题,希望它们能对学习者和教育工作者有所帮助。此外,本书还提供在线附录,包括 GeoPandas(主要用于处理地理空间数据)、Dask(一个用于分析计算的灵活的并行计算库)以及使用 Altair 创建的交互式图形的相关内容。

基于作者在研讨班上的授课经验,第 2 版中的相关章节已经进行重新安排。本书的第一部分涵盖作者在研讨班授课时拟介绍的最重要信息。在介绍基本主题之后,本书的其余部分主要是数据处理的细节。与第 1 版相比有较大变动的章节,在相应的引言中详细介绍了具体的变化。

本书结论部分提到的许多库和工具也提供了与本书配套的免费章节,以帮助您扩展学习。

目 录

第一部分　引言

第二部分 数据处理

第三部分　数据类型

第一部分

引 言

本部分内容包括：

第 1 章　Pandas DataFrame 基础知识；

第 2 章　Pandas 的数据结构；

第 3 章　绘图入门；

第 4 章　整洁数据；

第 5 章　函数的应用。

本书首先介绍用于数据分析的 Python 库——Pandas。第 1 章内容涵盖使用 Pandas 库的基础知识、加载第一个数据集，并执行基本的过滤和子集命令。第 2 章详细介绍 DataFrame 和 Series 对象，其中涵盖了这些对象可以执行的更多属性和方法，包括如何保存数据集以进行存储等。第 3 章重点介绍使用 Matplotlib 和 Seaborn 绘图库，以及内置的 Pandas 绘图方法进行数据可视化。接下来，第 4 章引入数据素养的基本概念之一——整洁数据（tidy data）原则，其中讨论了"干净"（clean）和"整洁"（tidy）的数据集应该是什么样子，基于此可以有目标和目的地处理数据。最后，第 5 章涵盖编写函数并将其应用于数据，也为将来进行任何自定义的数据处理奠定了基础。

本书的这一部分可以视为关于如何处理和思考数据的核心数据素养知识，也旨在通过使用 Pandas 库作为激励性的用例来教授一些 Python 编程语言的相关知识。

第1章

Pandas DataFrame基础知识

1.1　引言

    Pandas 是一个用来进行数据分析的开源 Python 库。它赋予 Python 处理类似电子表格数据的能力,并可以进行快速数据加载、操作、匹配、合并等。为使 Python 具备这些增强的功能,Pandas 引入两种新的数据类型:Series 和 DataFrame。DataFrame 表示整个电子表格或矩形数据,而 Series 是 DataFrame 的一个单列。Pandas 的 DataFrame 也可以被视为字典(dict)或 Series 的集合。

    为什么要使用像 Python 这样的编程语言和像 Pandas 这样的工具来处理数据呢? 这归结为自动化和可重复性。如果需要对多个数据集进行一系列特定的分析,编程语言可用于自动处理这些数据集上的分析任务。虽然许多电子表格程序都有自己的宏编程语言,但大多数用户并不会去使用它们。此外,并非所有电子表格程序都适用于所有的操作系统。使用编程语言执行数据任务会迫使用户对所有数据操作的步骤进行记录。就像很多人一样,作者也曾经在电子表格程序中查看数据时不小心敲错键,造成数据出错,导致最终结果没有任何意义。这并不是说电子表格程序不好或在数据处理工作中一无是处,它们确实有它们的用武之地。但是存在更好、更可靠的工具,这些工具可以与电子表格程序协同工作,同时提供更可靠的数据操作,并有可能纳入其他数据集和数据库中的数据。

学习目标

(1) 使用 Pandas 函数加载带分隔符的简单数据文件。

(2) 计算加载的行数和列数。

(3) 确定加载的数据类型。

(4) 区分函数、方法和属性之间的差异。

(5) 使用方法和属性对行和列进行子集处理。

(6) 根据数据计算进行基本分组和聚合统计。

(7) 使用方法和属性创建一个简单的图形。

1.2 加载第一个数据集

当给定一个数据集时,首先要加载它并开始查看其结构和内容。最简单的查看数据集的方式是查看和筛选特定的行和列,这样就可以看到每一列存储的是什么类型的信息,并通过聚合描述性的统计量来发现模式。

由于 Pandas 并不是 Python 标准库的一部分,因此必须首先告知 Python 加载该库(查阅附录 B 可获取本书所需的数据和软件包),命令如下:

```
import pandas
```

Pandas 库加载完成之后,使用 read_csv() 函数加载 CSV(Comma-Separated Values,逗号分隔值)数据文件。为了便于在 Pandas 中访问 read_csv() 函数,可以使用所谓的点表示法(dot notation),有关点表示法的更多信息可参见附录 L、附录 P 和附录 E。使用点表示法的 pandas.read_csv() 函数用于表示在刚刚加载的 Pandas 库中查找内部的 read_csv() 函数。

Gapminder 数据集

加载的第一个数据集是 Gapminder 数据集。这里使用的是由不列颠哥伦比亚大学(University of British Columbia)的 Jennifer Bryan(目前在 Posit PBC 供职,之前为 RStudio PBC 效力)提供的特定版本的 Gapminder 数据集。运行以下代码:

```
# by default read_csv() will read a comma separated file,
# our gapminder data set is separated by a tab
# we can use the sep parameter and indicate a tab with \t
df = pandas.read_csv('./data/gapminder.tsv', sep = '\t')
# print out the data
print(df)
```

可以看到输出的该数据集:

```
         country      continent   year   lifeExp   pop        gdpPercap
0        Afghanistan  Asia        1952   28.801    8425333    779.445314
1        Afghanistan  Asia        1957   30.332    9240934    820.853030
2        Afghanistan  Asia        1962   31.997    10267083   853.100710
3        Afghanistan  Asia        1967   34.020    11537966   836.197138
4        Afghanistan  Asia        1972   36.088    13079460   739.981106
...      ...          ...         ...    ...       ...        ...
1699     Zimbabwe     Africa      1987   62.351    9216418    706.157306
1700     Zimbabwe     Africa      1992   60.377    10704340   693.420786
1701     Zimbabwe     Africa      1997   46.809    11404948   792.449960
1702     Zimbabwe     Africa      2002   39.989    11926563   672.038623
1703     Zimbabwe     Africa      2007   43.487    12311143   469.709298
[1704 rows x 6 columns]
```

在编程过程中会多次用到 Pandas 函数,因此通常会给 Pandas 取个别名 pd。以下添加了别名的代码与之前的代码是相同的:

```
import pandas as pd
df = pd.read_csv('./data/gapminder.tsv', sep = '\t')
```

可以使用内置的 type()函数（该函数来自 Python）检查正在使用的是否为 Pandas 的 DataFrame 对象。

```
print(type(df))
```

运行结果如下：

```
< class 'pandas.core.frame.DataFrame'>
```

当开始使用许多不同类型的 Python 对象，并且需要知道当前正在使用的是哪种对象时，type()函数是非常有用的。

加载的数据集目前被保存为 Pandas 的 DataFrame 对象（pandas. core. frame. DataFrame），并且相对较小。每个 DataFrame 对象都有一个. shape 属性，可以提供 DataFrame 的行数和列数：

```
# get the number of rows and columns
print(df.shape)
```

运行结果如下：

```
(1704, 6)
```

. shape 属性会返回一个元组（参见附录 K），其中第一个值是行数，第二个值是列数。从运行结果可以看出，Gapminder 数据集有 1704 行、6 列。

由于. shape 是 DataFrame 对象的属性，而不是其函数或方法，因此在调用时不需要在其后加上圆括号（即写作 df. shape 而不是 df. shape()），如果错误地在. shape 属性后面加了圆括号，则会返回错误信息。例如，运行以下代码：

```
# shape is an attribute, not a method
# this will cause an error
print(df.shape())
```

运行结果如下：

```
TypeError: 'tuple' object is not callable
```

通常，在首次查看数据集时，首先要知道数据集的行数和列数（刚刚已经查看过了）。为了获悉数据集中信息的大致情况，可以查看数据集的列名。与. shape 属性类似，查看列名使用 DataFrame 对象的. columns 属性：

```
# get column names
print(df.columns)
```

运行结果如下：

```
Index(['country', 'continent', 'year', 'lifeExp', 'pop', 'gdpPercap'],
dtype = 'object')
```

Pandas 的 DataFrame 对象类似其他语言（例如 Julia 和 R）中的 DataFrame 对象。每列（即 Series）必须是相同的类型，而每行可以包含不同的类型。例如，预期 country 列全部都是字符串，year 列全部都是整数，可以使用. dtypes 属性或. info()方法进行确认。

【例 1.1】　使用. dtypes 属性确认 Gapminder 数据集各列的属性。

```
# get the dtype of each column
```

```
print(df.dtypes)
```

运行结果如下：

```
country        object
continent      object
year           int64
lifeExp        float64
pop            int64
gdpPercap      float64
dtype: object
```

【例 1.2】 使用.info()方法确认 Gapminder 数据集各列的属性。

```
# get more information about our data
print(df.info())
```

运行结果如下：

```
< class 'pandas.core.frame.DataFrame'>
RangeIndex: 1704 entries, 0 to 1703
Data columns (total 6 columns):
#     Column       Non - Null Count        Dtype
0     country      1704 non - null         object
1     continent    1704 non - null         object
2     year         1704 non - null         int64
3     lifeExp      1704 non - null         float64
4     pop          1704 non - null         int64
5     gdpPercap    1704 non - null         float64
dtypes: float64(2), int64(2), object(2)
memory usage: 80.0 + KB
None
```

表 1.1 给出了与原生 Python 相对应的 Pandas 数据类型。

表 1.1　与原生 Python 相对应的 Pandas 数据类型

Pandas	Python	说　　明
object	string	最常用的数据类型
int64	int	整型
float64	float	浮点数
datetime64	datetime	Python 标准库中包含 datetime，默认情况下不加载，需要导入后才能使用

1.3　查看列、行和单元格

加载一个简单的数据文件后，可以查看其内容。可以使用 print()函数输出 DataFrame 的内容，但是当前的数据中有太多的单元格，打印出所有信息并不是最好的选择，因为信息太多，会导致难以理解。查看数据最好的方式是分别查看数据集的各个子集。

【例 1.3】 用 DataFrame 的.head()方法查看 Gapminder 数据集的前 5 行。

```
# show the first 5 observations
```

```
print(df.head())
```

运行结果如下：

```
        country      continent   year   lifeExp   pop        gdpPercap
0   Afghanistan      Asia        1952   28.801    8425333    779.445314
1   Afghanistan      Asia        1957   30.332    9240934    820.853030
2   Afghanistan      Asia        1962   31.997    10267083   853.100710
3   Afghanistan      Asia        1967   34.020    11537966   836.197138
4   Afghanistan      Asia        1972   36.088    13079460   739.981106
```

这个方法非常有助于查看数据是否已正确加载，并有助于更好地理解列及其内容。但是，有时只需要查看数据集中特定的行、列或值。

在继续下面的内容之前，确保已掌握了 Python 容器相关的知识（参见附录 K）。

1.3.1　根据列名选择列并进行子集化

如果只想要数据集中特定的列，则可以使用方括号[]访问该列的数据。

【例 1.4】　使用方括号[]列出 Gapminder 数据集的前 5 行。

```
# just get the country column and save it to its own variable
country_df = df['country']
# show the first 5 observations
print(country_df.head())
```

运行后结果如下：

```
0   Afghanistan
1   Afghanistan
2   Afghanistan
3   Afghanistan
4   Afghanistan
Name: country, dtype: object
```

【例 1.5】　使用方括号[]列出 Gapminder 数据集的最后 5 行。

```
# just get the country column and save it to its own variable
country_df = df['country']
# show the last 5 observations
print(country_df.tail())
```

运行后结果如下：

```
1699   Zimbabwe
1700   Zimbabwe
1701   Zimbabwe
1702   Zimbabwe
1702   Zimbabwe
Name: country, dtype: object
```

想要通过列名指定多列数据，需要在方括号[]内传递一个 Python 的列表（list）。这看起来略显奇怪，因为会出现两个方括号，即[[]]。外面的一对方括号说明正在根据列对 DataFrame 进行子集操作；里面的一对方括号说明要使用的列的列表，即 Python 还使用方括号将多个事物作为单个对象列出。

【例 1.6】 对 Gapminder 数据集的部分列进行子集化。

```
# Looking at country, continent, and year
subset = df[['country', 'continent', 'year']]
print(subset)
```

运行后结果如下：

```
      country       continent    year
0     Afghanistan   Asia         1952
1     Afghanistan   Asia         1957
2     Afghanistan   Asia         1962
3     Afghanistan   Asia         1967
4     Afghanistan   Asia         1972
...   ...           ...          ...
1699  Zimbabwe      Africa       1987
1700  Zimbabwe      Africa       1992
1701  Zimbabwe      Africa       1997
1702  Zimbabwe      Africa       2002
1703  Zimbabwe      Africa       2007
[1704 rows x 3 columns]
```

使用方括号[]的方式，不能根据列的位置通过传递索引位置以对 DataFrame 进行子集设置。如果想这样做，需要使用.iloc[]方式：

```
# subset the first column based on its position.
df[0]
```

运行后结果如下：

```
KeyError: 0
```

1. 返回 DataFrame 或 Series 的单个值

首次选择一个单列时会得到一个 Series 对象：

```
country_df = df['country']
print(type(country_df))
```

运行后结果如下：

```
<class 'pandas.core.series.Series'>
```

也可以区分 Series 对象与 DataFrame 对象，因为它们在输出格式上稍有不同：

```
print(country_df)
```

运行后结果如下：

```
0        Afghanistan
1        Afghanistan
2        Afghanistan
3        Afghanistan
4        Afghanistan
...      ...
1699     Zimbabwe
1700     Zimbabwe
1701     Zimbabwe
1702     Zimbabwe
1703     Zimbabwe
```

```
Name: country, Length: 1704, dtype: object
```

将此结果与传入一个单元素的列表进行比较(注意：此处使用的是双方括号[[ ]])：

```
country_df_list = df[['country']] # note the double square bracket
print(type(country_df_list))
```

运行后结果如下：

```
< class 'pandas.core.frame.DataFrame'>
```

如果使用一个列表进行子集化，始终会返回一个 DataFrame 对象：

```
print(country_df_list)
```

运行后结果如下：

```
          country
0         Afghanistan
1         Afghanistan
2         Afghanistan
3         Afghanistan
4         Afghanistan
...       ...
1699      Zimbabwe
1700      Zimbabwe
1701      Zimbabwe
1702      Zimbabwe
1703      Zimbabwe
[1704 rows x 1 columns]
```

根据需求的不同，有时仅需要一个单独的 Series(有时也称其为向量)；有时为了保持一致性，可能需要的是一个 DataFrame 对象。

2. 使用点表示法提取一列的值

如果仅需要某一列的值(即 Series 或向量)，输入 df['column']会非常麻烦。有一种简写表示法——通过将该列向量视为 DataFrame 属性来提取它。

例如，以下两种方法返回的是相同的单列 Series。

【例 1.7】 采用 df['column']提取 country 列的值。

```
# using square bracket notation
print(df['country'])
```

运行后结果如下：

```
0         Afghanistan
1         Afghanistan
2         Afghanistan
3         Afghanistan
4         Afghanistan
...       ...
1699      Zimbabwe
1700      Zimbabwe
1701      Zimbabwe
1702      Zimbabwe
1703      Zimbabwe
Name: country, Length: 1704, dtype: object
```

【例 1.8】 采用点表示法提取 country 列的值。

```
# using dot notation
print(df.country)
```

运行后结果如下：

```
0              Afghanistan
1              Afghanistan
2              Afghanistan
3              Afghanistan
4              Afghanistan
...            ...
1699           Zimbabwe
1700           Zimbabwe
1701           Zimbabwe
1702           Zimbabwe
1703           Zimbabwe
Name: country, Length: 1704, dtype: object
```

如果要执行其他操作（例如删除一列），这两种方法之间存在一些细微的差别，但目前来说，可以将这两种方法视为获取单列值的相同方法。

> **注意**：如果要使用点表示法，必须注意列的名称。也就是说，如果有一个名为 shape 的列，那么 df.shape 将返回 .shape 属性中的行数和列数，而不是预期的 shape 列。此外，如果列名中有空格或特殊字符，则将无法使用点表示法来选择该列的值，而必须使用方括号[]表示法。

1.3.2 对行进行子集化

可以通过行名或行索引的方式对行进行子集化处理。表 1.2 给出了不同方法的简要介绍。

表 1.2   通过行名或行索引的方式对行进行子集化处理

子 集 属 性	说　　明
.loc[]	根据索引标签（行名）创建子集
.iloc[]	根据行标签（行号）创建子集
.ix[]（**Pandas v0.20 已不再支持**）	根据索引标签或行标签创建子集

注：Pandas 已不再支持使用 .ix[] 对数据进行子集化，原因在于这种方法首先会匹配索引标签，如果未找到对应的值，则继续对索引位置进行匹配。这种双重子集化的行为不是显式的，无法确定它如何对行进行子集化，所以可能会有问题。

1. 根据索引标签子集化行

首先加载 Gapminder 数据集，输出结果可查阅 1.2 节相关内容。其中，DataFrame 的左侧是行号，这个没有列名的数值行可称为 DataFrame 的"索引"标签，可以将其视为行的列名。默认情况下，Pandas 用行号填充索引标签（注意，计数从 0 开始）。当处理时间序列数据时，行索引标签通常不是行号，而是时间戳。不过现在保留默认的行号值。

可以使用 DataFrame 的 .loc[] 访问器属性基于索引标签对行进行子集化。

【例 1.9】 使用.loc[]访问器属性对 Gapminder 数据集的第一行进行子集化。

```
# get the first row
# python counts from 0
print(df.loc[0])
```

运行后结果如下：

```
country     Afghanistan
continent   Asia
year        1952
lifeExp     28.801
pop         8425333
gdpPercap   779.445314
Name: 0, dtype: object
```

【例 1.10】 使用.loc[]访问器属性对 Gapminder 数据集的第 100 行进行子集化。

```
# get the 100th row
# python counts from 0
print(df.loc[99])
```

运行后结果如下：

```
country     Bangladesh
continent   Asia
year        1967
lifeExp     43.453
pop         62821884
gdpPercap   721.186086
Name: 99, dtype: object
```

【例 1.11】 使用.loc[]访问器属性对 Gapminder 数据集的最后一行进行子集化。

```
# get the last row
# this will cause an error
print(df.loc[-1])
```

运行后结果如下：

```
KeyError: -1
```

此时输出结果显示错误，原因是将-1 作为.loc[]的参数。此时，代码实际上是在查找行索引标签（即行号）-1，而在示例 DataFrame 中不存在该标签。可以编写 Python 代码计算总行数，然后将该值传递给.loc[]，或者使用.tail()方法返回最后 $n=1$ 行数据，而不是默认的 5 行。

【例 1.12】 使用.loc[]访问器属性返回最后 $n=1$ 行的数据。

```
# get the last row (correctly)
# use the first value given from shape to get the number of rows
number_of_rows = df.shape[0]
# subtract 1 from the value since we want the last index value
last_row_index = number_of_rows - 1
# finally do the subset using the index of the last row
print(df.loc[last_row_index])
```

运行后结果如下：

```
country        Zimbabwe
continent      Africa
year           2007
lifeExp        43.487
pop            12311143
gdpPercap      469.709298
Name: 1703, dtype: object
```

【例 1.13】 使用.tail()方法返回最后 $n=1$ 行的数据。

```
# there are many ways of doing what you want
print(df.tail(n = 1))
```

运行后结果如下：

```
           country      continent    year     lifeExp      pop           gdpPercap
1703 Zimbabwe       Africa       2007     43.487       12311143      469.709298
```

> **注意**：使用.tail()方法和.loc[]访问器属性输出的结果并不相同。
>
> （1）使用.loc[]访问器属性的代码如下：
>
> ```
> # get the last row of data in different ways
> subset_loc = df.loc[0]
> subset_head = df.head(n = 1)
> # type using loc of 1 row
> print(type(subset_loc))
> ```
>
> 运行后结果为：
>
> ```
> < class 'pandas.core.series.Series'>
> ```
>
> （2）使用.tail()方法的代码如下：
>
> ```
> # type of using head of 1 row
> print(type(subset_head))
> ```
>
> 运行后结果为：
>
> ```
> < class 'pandas.core.frame.DataFrame'>
> ```

本章开头提到 Pandas 在 Python 中引入了两种新的数据类型：Series 和 DataFrame。根据使用的方法和返回的行数不同，Pandas 将返回不同的对象。对象输出至屏幕上的方式可以作为数据类型的一个指示器，但最好使用 type() 函数进行判断。第 2 章会详细介绍这些对象。

2. 子集化多行

与列一样，也可以筛选多行。

【例 1.14】 对 Gapminder 数据集的多行进行子集化。

```
print(df.loc[[0, 99, 999]])
```

运行后结果如下：

```
     country         continent    year     lifeExp      pop           gdpPercap
0    Afghanistan     Asia         1952     28.801       8425333       779.445314
```

99	Bangladesh	Asia	1967	43.453	62821884	721.186086
999	Mongolia	Asia	1967	51.253	1149500	1226.041130

1.3.3　根据行号子集化行

.iloc[]和.loc[]实现的功能是一样的,但.iloc[]是根据行号子集化行的。在当前的示例中,.iloc[]和.loc[]的表现完全相同,因为索引标签就是行号。但需要注意的是,索引标签不一定必须是行号。

【**例1.15**】 使用.iloc[]访问器属性对Gapminder数据集的第2行进行子集化。

```
# get the 2nd row
print(df.iloc[1])
```

运行后结果如下:

```
country      Afghanistan
continent    Asia
Year         1957
lifeExp      30.332
pop          240934
gdpPercap    820.85303
Name: 1, dtype: object
```

【**例1.16**】 使用.iloc[]访问器属性对Gapminder数据集的第100行进行子集化。

```
# # get the 100th row
print(df.iloc[99])
```

运行后结果如下:

```
country      Bangladesh
continent    Asia
year         1967
lifeExp      43.453
pop          62821884
gdpPercap    721.186086
Name: 99, dtype: object
```

【**例1.17**】 向.iloc[]传入一个整数列表以获取Gapminder数据集的多行。

```
# # get the first, 100th, and 1000th row
print(df.iloc[[0, 99, 999]])
```

运行后结果如下:

	country	continent	year	lifeExp	pop	gdpPercap
0	Afghanistan	Asia	1952	28.801	8425333	779.445314
99	Bangladesh	Asia	1967	43.453	62821884	721.186086
999	Mongolia	Asia	1967	51.253	1149500	1226.041130

> **注意**:根据行号1进行子集化时,实际上得到的是第2行,而不是第1行。这是因为Python的索引是从0开始的,也就是说容器的第一项的索引是0(即容器的第0项)。有关该约定的更多详细信息,参见附录F、附录I和附录M。
>
> 另外,使用.iloc[]时,可以传入−1来获取最后一行的数据,但在使用.loc[]时是做不到的。

```
# using - 1 to get the last row
print(df.iloc[ - 1])
```

运行后结果为：

```
country      Zimbabwe
continent    Africa
year 2007
lifeExp      43.487
pop          12311143
gdpPercap    469.709298
Name: 1703, dtype: object
```

1.3.4　混合

使用.loc[]和.iloc[]可以获取行或列的子集，也可以是同时包含行及列的子集。.loc[] 和.iloc[]的一般语法使用带逗号的方括号。逗号的左侧是要进行子集化的行值；逗号的右侧是要进行子集化的列值。也就是说，可以写作 df.loc[[rows],[columns]]或 df.iloc [[rows],[columns]]。

1. 选择列

如果使用这些方法仅对列进行子集化，必须使用 Python 的切片语法（参见附录 I）。因为当对列进行子集化时，会获得指定列的所有行，所以需要设法捕获所有的行。

Python 的切片语法使用了冒号，如果只用一个冒号，它会获取所有的值。如果想使用 .loc[]或.iloc[]仅获取第一列，则可以编写代码 df.loc[:,[columns]]对列进行子集化。

【例 1.18】　使用.loc[]对 Gapminder 数据集的 year 和 pop 列进行子集化。

```
# subset columns with loc
# note the position of the colon
# it is used to select all rows
subset = df.loc[:, ['year', 'pop']]
print(subset)
```

运行后结果如下：

```
      year       pop
0     1952       8425333
1     1957       9240934
2     1962       10267083
3     1967       11537966
4     1972       13079460
...   ...        ...
1699  1987       9216418
1700  1992       10704340
1701  1997       11404948
1702  2002       11926563
1703  2007       12311143
[1704 rows x 2 columns]
```

【例 1.19】　使用.iloc[]对 Gapminder 数据集的第 2 列、第 4 列和最后一列进行子集化。

```
# subset columns with iloc
# iloc will allow us to use integers
# -1 will select the last column subset = df.iloc[:, [2, 4, -1]]
print(subset)
```

运行后结果为：

```
         year        pop        gdpPercap
0        1952        8425333    779.445314
1        1957        9240934    820.853030
2        1962        10267083   853.100710
3        1967        11537966   836.197138
4        1972        13079460   739.981106
...      ...         ...        ...
1699     1987        9216418    706.157306
1700     1992        10704340   693.420786
1701     1997        11404948   792.449960
1702     2002        11926563   672.038623
1703     2007        12311143   469.709298
[1704 rows x 3 columns]
```

如果没能正确地指定.loc[]或iloc[]的参数，会得到出错信息。

【例1.20】　使用.loc[]对Gapminder数据集的第2列、第4列和最后一列进行子集化。

```
# subset columns with loc
# but pass in integer values # this will cause an error
subset = df.loc[:, [2, 4, -1]]
print(subset)
```

运行后结果为：

```
KeyError: "None of [Int64Index([2, 4, -1], dtype = 'int64')]
are in the [columns]"
```

【例1.21】　使用.iloc[]对Gapminder数据集的year和pop列进行子集化。

```
# subset columns with iloc
# but pass in index names
# this will cause an error
subset = df.iloc[:, ['year', 'pop']]
print(subset)
```

运行后结果为：

```
IndexError: .iloc requires numeric indexers, got ['year' 'pop']
```

2. 使用range()函数子集化数据

使用Python内置的range()函数可以创建一个值的范围。通过这种方式可以指定起始值和结束值，Python将自动创建介于两者之间的一系列值。默认情况下，起始值和结束值之间的每个值都会被创建（包含左端点、不包含右端点，详见附录I），除非指定了步长（step，参见附录L和附录P）。在Python 3中，range()函数将返回一个生成器（generator）。生成器类似于只能使用一次的列表，使用一次后就会消失，这主要是为节省系统资源。有关生成器的更多信息见附录P。

前面介绍了如何使用整数列表选择列。由于 range() 函数返回了一个生成器,首先必须将生成器转换为列表。

【例1.22】 使用 range() 函数生成列表并子集化 Gapminder 数据集第 1～5 列的数据。

```
# create a range of integers from 0 - 4 inclusive
small_range = list(range(5))              //运行后返回 5 个整数,结果为[0, 1, 2, 3, 4]
print(small_range)

# subset the dataframe with the range
subset = df.iloc[:, small_range]
print(subset)
```

运行后结果如下:

```
      country       continent   year    lifeExp   pop
0     Afghanistan   Asia        1952    28.801    8425333
1     Afghanistan   Asia        1957    30.332    9240934
2     Afghanistan   Asia        1962    31.997    10267083
3     Afghanistan   Asia        1967    34.020    11537966
4     Afghanistan   Asia        1972    36.088    13079460
...   ...           ...         ...     ...       ...
1699  Zimbabwe      Africa      1987    62.351    9216418
1700  Zimbabwe      Africa      1992    60.377    10704340
1701  Zimbabwe      Africa      1997    46.809    11404948
1702  Zimbabwe      Africa      2002    39.989    11926563
1703  Zimbabwe      Africa      2007    43.487    12311143
[1704 rows x 5 columns]
```

【例1.23】 使用 range() 函数生成列表并子集化 Gapminder 数据集第 3～5 列的数据。

```
# create a range from 3 - 5 inclusive
small_range = list(range(3, 6))                //运行后结果为[3,4,5]
print(small_range)

subset = df.iloc[:, small_range]
print(subset)
```

运行后结果如下:

```
      lifeExp   pop        gdpPercap
0     28.801    8425333    779.445314
1     30.332    9240934    820.853030
2     31.997    10267083   853.100710
3     34.020    11537966   836.197138
4     36.088    13079460   739.981106
...   ...       ...        ...
1699  62.351    9216418    706.157306
1700  60.377    10704340   693.420786
1701  46.809    11404948   792.449960
1702  39.989    11926563   672.038623
1703  43.487    12311143   469.709298
[1704 rows x 3 columns]
```

> **注意**:使用 range() 函数指定范围时,该范围包含左端点的值,但并不包含右端点的值。

还可以将 step 作为 range()函数的第 3 个参数传入,从而改变起始值和结束值之间的递增方式(默认情况下 step=1)。

【例1.24】 增加 range()函数的参数生成列表,并子集化 Gapminder 数据集的列数据。

```
# create a range from 0 - 5 inclusive, every other integer
small_range = list(range(0, 6, 2))
subset = df.iloc[:, small_range]
print(subset)
```

运行后结果如下:

```
        country       year    pop
0       Afghanistan   1952    8425333
1       Afghanistan   1957    9240934
2       Afghanistan   1962    10267083
3       Afghanistan   1967    11537966
4       Afghanistan   1972    13079460
...     ...           ...     ...
1699    Zimbabwe      1987    9216418
1700    Zimbabwe      1992    10704340
1701    Zimbabwe      1997    11404948
1702    Zimbabwe      2002    11926563
1703    Zimbabwe      2007    12311143
[1704 rows x 3 columns]
```

这种将生成器转换为列表的做法略显笨拙,一般使用 Python 的切片解决该问题。

3. 使用切片进行子集化

Python 的切片与 range()函数的语法相似,可以将其视为 range()函数的一种简化表述。不同之处在于,range()函数使用逗号分隔参数左端点、右端点和步长,而切片的语法则使用冒号将这些值分隔开。

range()函数可用于创建一个生成器,该生成器也可以转换为一个值的列表。冒号本身没有内在的意义,仅在位于方括号[]内用于切片和子集化时才有意义。如以下语句:

```
print(df.columns)
```

运行后结果如下:

```
Index(['country', 'continent', 'year', 'lifeExp', 'pop', 'gdpPercap'],
dtype = 'object')
```

【例1.25】 使用 range()函数和 Python 的切片对 Gapminder 数据集的前 3 列进行子集化。

```
small_range = list(range(3))
subset = df.iloc[:, small_range]
print(subset)
```

运行后结果如下:

```
        country       continent    year
0       Afghanistan   Asia         1952
1       Afghanistan   Asia         1957
2       Afghanistan   Asia         1962
3       Afghanistan   Asia         1967
```

```
4        Afghanistan    Asia            1972
...      ...            ...             ...
1699     Zimbabwe       Africa          1987
1700     Zimbabwe       Africa          1992
1701     Zimbabwe       Africa          1997
1702     Zimbabwe       Africa          2002
1703     Zimbabwe       Africa          2007
[1704 rows x 3 columns]
```

【例1.26】 使用 Python 的切片对 Gapminder 数据集的前 3 列进行子集化。

```
# slice the first 3 columns
subset = df.iloc[:, :3]
print(subset)
```

运行后结果如下：

```
         country        continent       year
0        Afghanistan    Asia            1952
1        Afghanistan    Asia            1957
2        Afghanistan    Asia            1962
3        Afghanistan    Asia            1967
4        Afghanistan    Asia            1972
...      ...            ...             ...
1699     Zimbabwe       Africa          1987
1700     Zimbabwe       Africa          1992
1701     Zimbabwe       Africa          1997
1702     Zimbabwe       Africa          2002
1703     Zimbabwe       Africa          2007
[1704 rows x 3 columns]
```

【例1.27】 使用 range() 函数和 Python 的切片对 Gapminder 数据集的第 3～5 列进行子集化。

```
small_range = list(range(3, 6))
subset = df.iloc[:, small_range]
print(subset)
```

运行后结果如下：

```
         lifeExp        pop             gdpPercap
0        28.801         8425333         779.445314
1        30.332         9240934         820.853030
2        31.997         10267083        853.100710
3        34.020         11537966        836.197138
4        36.088         13079460        739.981106
...      ...            ...             ...
1699     62.351         9216418         706.157306
1700     60.377         10704340        693.420786
1701     46.809         11404948        792.449960
1702     39.989         11926563        672.038623
1703     43.487         12311143        469.709298
[1704 rows x 3 columns]
```

【例1.28】 使用 Python 的切片对 Gapminder 数据集的第 3～5 列进行子集化。

```
# slice columns 3 to 5 inclusive
```

```
subset = df.iloc[:, 3:6]
print(subset)
```

运行后结果如下：

```
       lifeExp        pop      gdpPercap
0      28.801      8425333    779.445314
1      30.332      9240934    820.853030
2      31.997     10267083    853.100710
3      34.020     11537966    836.197138
4      36.088     13079460    739.981106
...       ...          ...           ...
1699   62.351      9216418    706.157306
1700   60.377     10704340    693.420786
1701   46.809     11404948    792.449960
1702   39.989     11926563    672.038623
1703   43.487     12311143    469.709298
[1704 rows x 3 columns]
```

【例1.29】　使用 range() 函数和 Python 的切片对 Gapminder 数据集的第 0、3、5 列进行子集化。

```
small_range = list(range(0, 6, 2))
subset = df.iloc[:, small_range]
print(subset)
```

运行后结果如下：

```
          country   year        pop
0     Afghanistan   1952    8425333
1     Afghanistan   1957    9240934
2     Afghanistan   1962   10267083
3     Afghanistan   1967   11537966
4     Afghanistan   1972   13079460
...           ...    ...        ...
1699     Zimbabwe   1987    9216418
1700     Zimbabwe   1992   10704340
1701     Zimbabwe   1997   11404948
1702     Zimbabwe   2002   11926563
1703     Zimbabwe   2007   12311143
[1704 rows x 3 columns]
```

【例1.30】　使用 Python 的切片对 Gapminder 数据集的第 0、3、5 列进行子集化。

```
# slice every other columns
subset = df.iloc[:, 0:6:2]
print(subset)
```

运行后结果如下：

```
          country   year        pop
0     Afghanistan   1952    8425333
1     Afghanistan   1957    9240934
2     Afghanistan   1962   10267083
3     Afghanistan   1967   11537966
4     Afghanistan   1972   13079460
...           ...    ...        ...
```

```
1699   Zimbabwe      1987       9216418
1700   Zimbabwe      1992       10704340
1701   Zimbabwe      1997       11404948
1702   Zimbabwe      2002       11926563
1703   Zimbabwe      2007       12311143
[1704 rows x 3 columns]
```

1.3.5 子集化行和列

在使用.loc[]和.iloc[]时，如果仅在逗号的左侧使用冒号，表示选择了 DataFrame 中的所有行（即将 DataFrame 中第一个坐标轴（axis）上的所有值都进行了切片）。但是，如果想要选择特定的行和列，则需要将值放在逗号的左侧。以下语句分别使用了.loc[]和.iloc[]，输出结果都是 Angola：

```
# using loc
print(df.loc[42, 'country'])

# using iloc
print(df.iloc[42, 0])
```

此处，一定不要混淆.loc[]和.iloc[]之间的区别，否则会报错，以下为错误用法：

```
# will cause an error
print(df.loc[42, 0])
```

将行和列的子集化语法与多行和多列的子集化语法相结合，可以获取数据的各种切片。

【例 1.31】 使用.iloc[]对 Gapminder 数据集的多列和多行进行子集化。

```
# get the 1st, 100th, and 1000th rows
# from the 1st, 4th, and 6th column
# note the columns we are hoping to get are:
# country, lifeExp, and gdpPercap
print(df.iloc[[0, 99, 999], [0, 3, 5]])
```

运行后结果如下：

```
      country       lifeExp    gdpPercap
0     Afghanistan   28.801     779.445314
99    Bangladesh    43.453     721.186086
999   Mongolia      51.253     1226.041130
```

建议尽量在子集化数据时传递实际的列名（即尽可能使用.loc[]），因为无须查看列名向量就能知道调用的是哪个索引，使用这种方法的代码更易阅读。此外，如果列顺序发生变化，使用绝对索引可能会导致出错。当然，这只是一般的经验，在某些情况下使用位置索引会是更好的选择（如第 6 章中的数据连接）。

【例 1.32】 使用.loc[]对 Gapminder 数据集的多列和多行进行子集化。

```
# if we use the column names directly,
# it makes the code a bit easier to read
# note now we have to use loc, instead of iloc
print(df.loc[[0, 99, 999], ['country', 'lifeExp', 'gdpPercap']])
```

运行后结果如下：

```
      country      lifeExp    gdpPercap
0     Afghanistan  28.801     779.445314
99    Bangladesh   43.453     721.186086
999   Mongolia     51.253     1226.041130
```

> **注意**：可以在.loc[]和.iloc[]属性的行部分使用切片语法。但要注意这两个属性在选择值上的区别：.loc[]匹配命名值，.iloc[]按位置进行切片。因此下面语句在运行后会得到不同的输出结果。
>
> print(df.loc[10:13, :])
>
> 运行后结果如下：
>
> ```
>       country      continent   year   lifeExp   Pop        gdpPercap
> 10    Afghanistan  Asia        2002   42.129    25268405   726.734055
> 11    Afghanistan  Asia        2007   43.828    31889923   974.580338
> 12    Albania      Europe      1952   55.230    1282697    1601.056136
> 13    Albania      Europe      1957   59.280    1476505    1942.284244
> ```
>
> print(df.iloc[10:13, :])
>
> 运行后结果如下：
>
> ```
>       country      continent   year   lifeExp   Pop        gdpPercap
> 10    Afghanistan  Asia        2002   42.129    25268405   726.734055
> 11    Afghanistan  Asia        2007   43.828    31889923   974.580338
> 12    Albania      Europe      1952   55.230    1282697    1601.056136
> ```

关于Python中切片如何工作的更多细节可参阅附录L中的描述。

1.4 分组和聚合计算

如果使用过其他的Python库或编程语言，就会知道许多基本的统计计算要么可以通过这些库实现，要么已内置在编程语言中。

对于Gapminder数据集，可以先问以下几个问题：

（1）数据集中每年的平均预期寿命是多少？平均预期寿命、人口和GDP（Gross Domestic Product，国内生产总值）分别是多少？

（2）如果按照所属大洲将数据集进行分层，并执行相同的计算，结果会怎样？

（3）每个大洲列出了多少个国家和地区？

1.4.1 分组方式

为了回答以上3个问题，需要进行分组（即聚合）计算。换句话说，需要对变量的每个子集进行计算，无论是平均值还是频率计数。另一种考虑分组计算的方式是将其视为一个"分割-应用-组合"（split-apply-combine）的过程。首先将数据分割成不同的部分，然后将选择的函数（或计算）应用于每个分割的部分，最后将所有独立的分割计算组合成一个

DataFrames 对象。一般通过在 DataFrames 上使用.groupby()方法完成分组(即聚合)计算,分组计算将在第 8 章中进一步讨论。

【**例 1.33**】 使.groupby()方法对 Gapminder 数据集进行分组。

```
# For each year in our data, what was the average life expectancy?
# To answer this question, we need to:
# 1. split our data into parts by year
# 2. get the 'lifeExp' column
# 3. calculate the mean
print(df.groupby('year')['lifeExp'].mean())
```

运行后结果如下:

```
year
1952    49.057620
1957    51.507401
1962    53.609249
1967    55.678290
1972    57.647386
...        ...
1987    63.212613
1992    64.160338
1997    65.014676
2002    65.694923
2007    67.007423
Name: lifeExp, Length: 12, dtype: float64
```

对于例 1.33 的语句,首先创建关于 year 列的分组对象:

```
# create grouped object by year
grouped_year_df = df.groupby('year')
print(type(grouped_year_df))
```

运行后结果如下:

```
< class 'pandas.core.groupby.generic.DataFrameGroupBy'>
```

注意,如果输出 year 列分组的 DataFrame,Pandas 将只返回其内存位置:

```
print(grouped_year_df)
```

运行后结果如下:

```
< pandas.core.groupby.generic.DataFrameGroupBy object at 0x15fdb7df0 >
```

根据分组数据,可以对要进行计算的感兴趣的列进行子集化。要想回答之前提出的问题,需要获取 lifeExp 列,此处使用 1.3.1 节中描述的子集化方法:

```
grouped_year_df_lifeExp = grouped_year_df['lifeExp']
print(type(grouped_year_df_lifeExp))
```

运行后结果如下:

```
< class 'pandas.core.groupby.generic.SeriesGroupBy'>
```

输出 lifeExp 的 DataFrame 对象:

```
print(grouped_year_df_lifeExp)
```

运行后结果如下：

```
< pandas. core. groupby. generic. SeriesGroupBy object at 0x106c55ae0 >
```

现在得到了一个 Series 对象（因为只要求了一列），该 Series 对象中的内容是按年份分组的。最后可知 lifeExp 列的类型是 float64，可以对该数字向量计算平均值，得到最终的结果。

【例 1.34】　计算 Gapminder 数据集中 lifeExp 列的平均值。

```
mean_lifeExp_by_year = grouped_year_df_lifeExp.mean()
print(mean_lifeExp_by_year)
```

运行后结果如下：

```
    year
    1952      49.057620
    1957      51.507401
    1962      53.609249
    1967      55.678290
    1972      57.647386
    ...         ...
    1987      63.212613
    1992      64.160338
    1997      65.014676
    2002      65.694923
    2007      67.007423
Name: lifeExp, Length: 12, dtype: float64
```

如果想要按多个变量对数据进行分组和分层（例如分别属于 int64 和 float64 类型的人口和 GDP），是否可以执行类似的一组计算？如果想要对多列执行相同的计算怎么办？对于这两个问题，可以使用前面已经介绍的列表进行构建。

【例 1.35】　分别计算 Gapminder 数据集 lifeExp 列和 gdpPercap 列的平均值。

```
# the backslash allows us to break up 1 long line of python code
# into multiple lines
# df.groupby(['year', 'continent'])[['lifeExp', 'gdpPercap']].mean()
# is the same as
multi_group_var = df\
.groupby(['year', 'continent'])\
[['lifeExp', 'gdpPercap']]\
.mean()

# look at the first 10 rows
print(multi_group_var)
```

运行后结果如下：

```
year        continent    lifeExp      gdpPercap
1952        Africa       39.135500    1252.572466
            Americas     53.279840    4079.062552
            Asia         46.314394    5195.484004
            Europe       64.408500    5661.057435
            Oceania      69.255000    10298.085650
            ...          ...          ...
```

```
2007            Africa          54.806038       3089.032605
                Americas        73.608120       11003.031625
                Asia            70.728485       12473.026870
                Europe          77.648600       25054.481636
                Oceania         80.719500       29810.188275
```
[60 rows x 2 columns]

也可以使用圆括号()进行方法链接（method chaining），关于该符号的更多内容参见附录 U。

```
# we can also wrap the entire statement around round parentheses
# with each .method() on a new line
# this is the preferred style for writing "method chaining"
multi_group_var = (
  df
  .groupby(['year', 'continent'])
  [['lifeExp', 'gdpPercap']]
  .mean()
)
```

上面输出的数据是按年份和大洲进行分组的。对于每个 year-continent 对，计算了平均预期寿命和平均 GDP，且数据的输出方式也略有不同。注意，年份和大洲的列名与预期寿命和 GDP 的列名并不在同一行。年份的行索引和大洲的行索引之间存在一些分层结构。在 8.5 节会更详细地讨论如何处理这些类型的数据。

如果需要"展平"（flatten）DataFrame，可以使用.reset_index()方法：

```
flat = multi_group_var.reset_index()
print(flat)
```

运行后结果如下：

```
    year    continent       lifeExp         gdpPercap
0   1952    Africa          39.135500       1252.572466
1   1952    Americas        53.279840       4079.062552
2   1952    Asia            46.314394       5195.484004
3   1952    Europe          64.408500       5661.057435
4   1952    Oceania         69.255000       10298.085650
..  ...     ...             ...             ...
55  2007    Africa          54.806038       3089.032605
56  2007    Americas        73.608120       11003.031625
57  2007    Asia            70.728485       12473.026870
58  2007    Europe          77.648600       25054.481636
59  2007    Oceania         80.719500       29810.188275
```
[60 rows x 4 columns]

1.4.2　分组频率计数

数据相关的另一个常见的处理任务是计算频率。一般可以分别使用.nunique()方法和.value_counts()方法获取 Pandas Series 的唯一值计数和频率计数。

【例 1.36】　使用.nunique()方法计算 Gapminder 数据集的 Series 的唯一值的数量。

```
# use the nunique (number unique)
# to calculate the number of unique values in a series
```

```
print(df.groupby('continent')['country'].nunique())
```

运行后结果如下：

```
continent
Africa        52
Americas      25
Asia          33
Europe        30
Oceania        2
Name: country, dtype: int64
```

1.5　基本绘图

可视化在数据处理的每个步骤中都非常重要。当尝试理解或清理数据时，可视化有助于识别数据中的趋势，并帮助我们展示最终的发现。在第 3 章将详细介绍可视化和绘图。

【例 1.37】 计算世界人口各年度的预期寿命。

```
global_yearly_life_expectancy = df.groupby('year')['lifeExp'].mean()
print(global_yearly_life_expectancy)
```

运行后结果如下：

```
year
1952        49.057620
1957        51.507401
1962        53.609249
1967        55.678290
1972        57.647386
...          ...
1987        63.212613
1992        64.160338
1997        65.014676
2002        65.694923
2007        67.007423
Name: lifeExp, Length: 12, dtype: float64
```

【例 1.38】 使用 Pandas 创建基本图表，绘制平均预期寿命随时间变化的曲线。

```
# matplotlib is the default plotting library
# we need to import first
import matplotlib.pyplot as plt

# use the .plot() DataFrame method
global_yearly_life_expectancy.plot()

# show the plot
plt.show()
```

运行结果如图 1.1 所示，更多相关内容将在第 3 章中介绍。

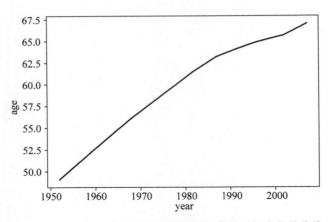

图 1.1　使用 Pandas 绘制的平均预期寿命随时间变化的曲线

本章小结

　　本章首先介绍如何加载一个简单的数据集，并查看具体的结果。如果熟悉电子表格的使用，以这种方式查看结果可能会显得很乏味。但是在进行数据分析时，目标是生成可重复的结果，避免执行重复性的任务，并能够根据需要组合多个数据源，此时脚本语言会提供很大的灵活性。

　　本章还介绍了 Python 提供的一些基本编程能力和数据结构，重点是快速获取聚合统计信息和绘图的方法。第 2 章会详细介绍 Pandas 的 DataFrame 和 Series 对象，以及对数据进行子集化和可视化的其他方法。

第2章

Pandas的数据结构

第1章介绍了 Pandas 的 DataFrame 和 Series 对象。这些数据结构与 Python 中用于索引和标记的基本数据容器（列表和 dict）类似，但是其具备另外的附加功能，可以使数据处理更加容易。

学习目标

（1）使用函数创建和加载人工数据。

（2）了解 Series 对象。

（3）了解 DataFrame 对象。

（4）掌握 Series 对象的基本操作。

（5）掌握 DataFrame 对象的基本操作。

（6）执行有条件的子集化、切片和索引。

（7）使用方法来存储数据。

2.1　创建数据

无论是手动输入数据还是创建小型测试示例，都需要了解如何在不从文件加载数据的情况下创建 DataFrame。在遇到有关 StackOverflow 错误的问题时，这尤其有用。

2.1.1　创建 Series

在 Pandas 中，Series 是个一维的容器（即 Python 的 Iterable，可迭代对象），类似于内置的 Python 的 list（列表）。Series 表示 DataFrame 每一列的数据类型。表 1.1 列出了 Pandas 的 DataFrame 列可能的数据类型。在 DataFrame 中，每列的值都必须存储为相同的数据类型。例如，如果某列包含数字 1 和字符序列（即字符串）pizza，则该列的整个数据类型将是字符串（Pandas 将其称为 object dtype）。

由于可将 DataFrame 视为 Series 对象组成的 dict（字典），其中每个 key 是列名，每个 value 是 Series，因此可以得出这样的结论：Series 与 Python 中的列表非常类似，但是它的每个元素必须是相同的数据类型。使用过 NumPy 库的读者会发现这一点与 ndarray（数组）表现的行为是相同的。

创建 Series 最简单的方法是传入一个 Python 的列表。如果传入一个混合类型的列表，可以使用最常见的类型表示，通常数据类型为 object。示例代码如下：

```
import pandas as pd
s = pd.Series(['banana', 42])
print(s)
```

运行后结果如下：

```
0        banana
1        42
dtype: object
```

> **注意**：Series 左侧显示的行号实际上是其索引（index）。它类似于 1.3.2 节中学习过的 DataFrame 的行名称和行索引。这意味着可以为 Series 中的值指定一个"名称"，代码如下：
>
> ```
> # manually assign index values to a series
> # by passing a Python list
> s = pd.Series(
>   data = ["Wes McKinney", "Creator of Pandas"],
>   index = ["Person", "Who"],
> )
> print(s)
> ```
>
> 运行后结果为：
>
> ```
> Person Wes McKinney Who Creator of Pandas dtype: object
> ```

问题

（1）如果使用其他 Python 容器（例如列表、tuple、dict）甚至是来自 NumPy 库的 ndarray，会发生什么？

（2）如果在创建 Series 时，同时传入 index 参数和容器，会怎么样呢？

（3）使用 dict 时，传入 index 参数会怎样呢？它会覆盖索引，还是会对值进行排序？

2.1.2　创建 DataFrame

正如第 1 章所述，DataFrame 可视为由 Series 对象组成的 dict，所以说 dict 是创建 DataFrame 最常用的方式。dict 中的 key 表示列名，而 values 则是列的内容。

【例 2.1】　创建有关 scientists 数据集的 DataFrame。

```
scientists = pd.DataFrame(
  {
    "Name": ["Rosaline Franklin", "William Gosset"],
    "Occupation": ["Chemist", "Statistician"],
    "Born": ["1920 - 07 - 25", "1876 - 06 - 13"],
    "Died": ["1958 - 04 - 16", "1937 - 10 - 16"],
    "Age": [37, 61],
```

```
    }
)
```

```
print(scientists)
```

运行后结果如下：

```
   Name              Occupation      Born          Died          Age
0  Rosaline Franklin Chemist         1920－07－25    1958－04－16    37
1  William Gosset    Statistician    1876－06－13    1937－10－16    61
```

查看 DataFrame 的文档可以发现，一般使用 columns 参数指定列名或指定列的顺序。如果将 name 列作为行索引，则可以使用 index 参数实现。

【例 2.2】　利用 index 参数和 columns 参数创建 scientists 数据集的 DataFrame。

```
scientists = pd.DataFrame(
    data = {
        "Occupation": ["Chemist", "Statistician"],
        "Born": ["1920－07－25", "1876－06－13"],
        "Died": ["1958－04－16", "1937－10－16"],
        "Age": [37, 61],
    },
    index = ["Rosaline Franklin", "William Gosset"],
    columns = ["Occupation", "Born", "Died", "Age"],
)
print(scientists)
```

运行后结果如下：

```
                   Occupation      Born          Died          Age
Rosaline Franklin  Chemist         1920－07－25    1958－04－16    37
William Gosset     Statistician    1876－06－13    1937－10－16    61
```

2.2　Series

Python 的切片会影响结果的数据类型，如果使用 .loc[] 获取 scientists 数据集的 DataFrame 的第一行，会得到一个 Series 对象。

【例 2.3】　从 scientists 数据集中选择一名科学家。

（1）重新创建 DataFrame 示例：

```
# create our example dataframe
# with a row index label
scientists = pd.DataFrame(
    data = {
        "Occupation": ["Chemist", "Statistician"],
        "Born": ["1920－07－25", "1876－06－13"],
        "Died": ["1958－04－16", "1937－10－16"],
        "Age": [37, 61],
    },
    index = ["Rosaline Franklin", "William Gosset"],
    columns = ["Occupation", "Born", "Died", "Age"],
)
```

```
print(scientists)
```

运行后结果如下：

	Occupation	Born	Died	Age
Rosaline Franklin	Chemist	1920 - 07 - 25	1958 - 04 - 16	37
William Gosset	Statistician	1876 - 06 - 13	1937 - 10 - 16	61

（2）根据行索引标签，从 scientists 数据集中选择一名科学家：

```
# select by row index label
first_row = scientists.loc['William Gosset']
print(type(first_row))          //输出< class 'pandas.core.series.Series'>
print(first_row)
```

运行后结果如下：

```
Occupation       Statistician
Born             1876 - 06 - 13
Died             1937 - 10 - 16
Age              61
Name: William Gosset, dtype: object
```

当输出一个 Series 对象时（即其字符串表示形式），第一列输出索引，第二列输出值。Series 对象有很多属性和方法，如 .index 属性和 .values 属性以及 .keys()方法等 。

【例 2.4】 确定 Series 对象的 .index 属性。

```
print(first_row.index)
```

运行后结果如下：

```
Index(['Occupation', 'Born', 'Died', 'Age'], dtype = 'object')
```

【例 2.5】 确定 Series 对象的 .values 属性。

```
print(first_row.values)
```

运行后结果如下：

```
['Statistician' '1876 - 06 - 13' '1937 - 10 - 16' 61]
```

【例 2.6】 对 Series 对象使用 .keys()方法。

```
print(first_row.keys())
```

运行后结果如下：

```
Index(['Occupation', 'Born', 'Died', 'Age'], dtype = 'object')
```

.keys()方法是 .index 属性的别名。有关属性和方法的更多信息，可以参阅附录 S 中的类。属性可以看作是对象的特征（例 2.5 中的对象是一个 Series）。方法可以看作是要执行的一些计算或操作。.loc[]和 .iloc[]的子集化语法（参见 1.3.2 节）包含所有的属性，这就是其语法中不使用圆括号（ ），而用方括号[]进行子集化操作的原因。由于 .keys()是一个方法，如果想获取第一个值（也是第一个索引），则需要在该方法调用之后使用方括号。表 2.1 中列出了 Series 的一些属性。

【例 2.7】 使用 .index 属性获取 scientists 数据集的第一个索引。

```
# get the first index using an attribute
```

```
print(first_row.index[0])
```

运行后结果如下：

```
Occupation
```

【例 2.8】 使用 .keys( )方法获取 scientists 数据集的第一个索引。

```
# get the first index using a method
print(first_row.keys()[0])
```

运行后结果如下：

```
Occupation
```

表 2.1 Series 的一些属性

Series 的属性	说 明
.loc	使用索引值子集化
.iloc	使用索引位置子集化
.dtypeor dtypes	Series 内容的类型
.T	Series 的转置
.shape	数据的维数
.size	Series 中元素的数量
.values	ndarray 或类似于 ndarray 的 Series

2.2.1 类似于 ndarray 的 Series

Pandas 中的数据结构 Series 类似于 numpy.ndarray(参阅附录 R)。因此,ndarray 的许多方法和函数也适用于 Series。

首先,从 scientists 数据集的 DataFrame 中获取 Age 列的 Series。

```
# get the 'Age' column
ages = scientists['Age']
print(ages)
```

运行后结果如下：

```
Rosaline Franklin37
William Gosset61
Name: Age, dtype: int64
```

NumPy 是一个科学计算库,通常用于处理数字向量。由于 Series 可视为对 numpy. ndarray 的扩展,因此二者的属性和方法有重叠。针对数字向量,可以进行一些常见的计算,如描述性统计(descriptive statistics)。

【例 2.9】 使用 Series 中的方法进行科学计算。

```
# calculate the mean
print(ages.mean())
# calculate the minimum
print(ages.min())
# calculate the maximum
print(ages.max())
```

```
# calculate the standard deviation
print(ages.std())
```

运行后结果分别如下：

```
49.0    37        61      16.97056274847714
```

例 2.9 代码中使用的.mean()、.min()、.max()和.std()同样也是 numpy.ndarray 中的方法。表 2.2 中列出了 Series 的常见方法。

表 2.2 Series 的常见方法

Series 的方法	说　　　明
.append()	连接两个或多个 Series
.corr()	计算与另一个 Series 的相关系数*
.cov()	计算与另一个 Series 的协方差*
.describe()	计算概括统计量*
.drop_duplicates()	返回不含重复项的 Series
.equals()	判断两个 Series 是否包含相同的元素
.get_values()	获取 Series 的值，与.values 属性相同
.hist()	绘制直方图
.isin()	检查 Series 中是否包含某个值
.min()	返回最小值
.max()	返回最大值
.mean()	返回算术平均值
.median()	返回中位数
.mode()	返回众数
.quantile()	返回指定分位数的值
.replace()	用指定值替代 Series 中的值
.sample()	返回 Series 的随机采样值
.sort_values()	对值进行排序
.to_frame()	将 Series 转换为 DataFrame
.transpose()	返回转置矩阵
.unique()	返回一个由唯一值组成的 numpy.ndarray

* 缺失值将自动删除。

2.2.2 布尔型子集：Series

第 1 章介绍了如何使用特定的索引对数据集进行子集划分。但是，一般情况下并不知道用来划分数据子集的确切的行索引或列索引，且需要查找的通常是满足（或不满足）特定计算或观测条件的值。为了探究这些方法，重新加载大型的数据集 scientists。

2.2.1 节介绍了计算向量的基本描述性统计量，可以在一次方法调用中计算多个描述性统计量。

【例 2.10】 计算数据集 scientists 的 Age 列。

```
ages = scientists['Age']
print(ages)
```

运行后结果如下：

```
0    37
1    61
2    90
3    66
4    56
5    45
6    41
7    77
Name: Age, dtype: int64
```

【例 2.11】 利用.describe()方法计算 Age 列的描述性统计量。

```
# get basic stats
print(ages.describe())
```

运行后结果如下：

```
count     8.000000
mean     59.125000
std      18.325918
min      37.000000
25 %     44.000000
50 %     58.500000
75 %     68.750000
Max      90.000000
Name: Age, dtype: float64
```

【例 2.12】 利用平均年龄值对 scientists 数据集进行年龄划分。

（1）计算平均年龄值，得到平均值 59.125：

```
# mean of all ages
print(ages.mean())
```

（2）得到高于年龄平均值的年龄数据：

```
print(ages[ages > ages.mean()])
```

运行后结果如下：

```
1    61
2    90
3    66
7    77
Name: Age, dtype: int64
```

（3）计算 ages > ages.mean()时的返回结果：

```
print(ages > ages.mean())
```

运行后结果如下：

```
0 False
```

```
1 True
2 True
3 True
4 False
5 False
6 False
7 True
Name: Age, dtype: bool
```

（4）确定 ages ＞ ages. mean()时的数据类型。

```
print(type(ages > ages.mean()))
```

运行后结果如下：

```
< class 'pandas.core.series.Series'>
```

该语句返回了一个 Series，其数据类型为 bool(布尔值)。

例 2.12 说明，不仅可以使用标签和索引实现对数据的子集化，还可以使用布尔向量。Python 有许多函数和方法，根据实现方式的不同，它们可能会返回标签、索引或布尔值。此外，还可以手动提供一个布尔向量对数据进行子集化。

【例 2.13】 手动提供布尔值对 scientists 数据集的 Age 列数据进行子集化。

```
# get index 0, 1, 4, 5, and 7
manual_bool_values = [
  True,      # 0
  True,      # 1
  False,     # 2
  False,     # 3
  True,      # 4
  True,      # 5
  False,     # 6
  True,      # 7
]
print(ages[manual_bool_values]
)
```

运行后结果如下：

```
0 37
1 61
4 56
5 45
7 77
Name: Age, dtype: int64
```

2.2.3　自动对齐并向量化（广播）

如果熟悉编程，可能会感到奇怪：ages＞ages. mean()返回了一个向量，但并未使用 for 循环（参见附录 M）。许多 Series 方法（以及 DataFrames 方法）都是"向量化的"（vectorized），这意味着它们可以同时处理整个向量。这种方法使代码更易于阅读，还可以进行优化以加快计算速度。

1. 长度相同的向量

如果对两个长度相同的向量进行计算,所得向量将是两个向量逐元素计算的结果。

【例 2.14】 对 scientists 数据集的 Age 列数据进行加法运算。

```
print(ages + ages)
```

运行后结果如下:

```
0    74
1    122
2    180
3    132
4    112
5    90
6    82
7    154
Name: Age, dtype: int64
```

【例 2.15】 对 scientists 数据集的 Age 列数据进行乘法运算。

```
print(ages * ages)
```

运行后结果如下:

```
0    1369
1    3721
2    8100
3    4356
4    3136
5    2025
6    1681
7    5929
Name: Age, dtype: int64
```

2. 向量与整数(标量)的运算

当将一个标量与向量进行运算时,标量会与向量的所有元素逐个进行运算。

【例 2.16】 对 scientists 数据集的 Age 列数据进行加 100 的运算。

```
print(ages + 100)
```

运行后结果如下:

```
0    137
1    161
2    190
3    166
4    156
5    145
6    141
7    177
Name: Age, dtype: int64
```

【例 2.17】 对 scientists 数据集的 Age 列数据进行乘 2 的运算。

```
print(ages * 2)
```

运行后结果如下：

```
0       74
1      122
2      180
3      132
4      112
5       90
6       82
7      154
Name: Age, dtype: int64
```

3. 不同长度向量间的运算

当要处理的是长度不同的向量时，处理方式取决于这些向量的数据类型。对于 Series 来说，向量执行的是与索引匹配的操作。结果向量的其余部分将填充为"缺失"（missing）值，表示为 NaN，即非数字（not a number），详细内容请参见第 9 章。

这种处理方式被称为广播（broadcasting），不同编程语言中的广播方式略有差异。对于 Pandas 来说，广播指的是在不同形状（shape）的数组之间进行计算的方式。

【例 2.18】 数据类型为 Series 的向量数据的运算。

```
print(ages + pd.Series([1, 100]))
```

运行后结果如下：

```
0 38.0
1 161.0
2 NaN
3 NaN
4 NaN
5 NaN
6 NaN
7 NaN
dtype: float64
```

对于其他类型的向量，其形状必须匹配。例如以下代码：

```
import numpy as np
# this will cause an error
print(ages + np.array([1, 100]))
```

运行后会报错：

```
ValueError: operands could not be broadcast together with shapes (8,) (2,)
```

4. 带有公共索引标签的向量（自动对齐）

在 Pandas 中，始终都会自动对齐数据。执行操作时，数据会尽可能地与索引标签对齐。

【例 2.19】 对 scientists 数据集的 Age 列执行 ages 操作和 rev_ages 操作。

（1）执行 ages 操作并输出：

```
# ages as they appear in the data
print(ages)
```

运行后结果如下：

```
0       37
```

```
1     61
2     90
3     66
4     56
5     45
6     41
7     77
Name: Age, dtype: int64
```

（2）执行 rev_ages 操作并输出：

```
rev_ages = ages.sort_index(ascending = False)
print(rev_ages)
```

运行后结果如下：

```
7     77
6     41
5     45
4     56
3     66
2     90
1     61
0     37
Name: Age, dtype: int64
```

在使用 ages 和 rev_ages 执行操作时，仍然会按逐个元素操作的方式进行，但在进行操作之前会首先对齐向量。

【例 2.20】　对 scientists 数据集的 Age 列执行 ages 操作，观察输出结果的对齐情况。

```
# reference output to show index label alignment
print(ages * 2)
```

运行后结果如下：

```
0     74
1     122
2     180
3     132
4     112
5      90
6      82
7     154
Name: Age, dtype: int64
```

【例 2.21】　对 scientists 数据集的 Age 列执行 ages 操作和 rev_ages 操作，观察输出结果的对齐情况。

```
# note how we get the same values
# even though the vector is reversed
print(ages + rev_ages)
```

运行后结果如下：

```
0     74
1     122
2     180
```

```
3    132
4    112
5    90
6    82
7    154
Name: Age, dtype: int64
```

2.3 DataFrame

DataFrame 是 Pandas 中最常见的对象,可以将其视为 Python 存储类似电子表格数据的方式。Series 数据结构的很多特性也同样存在于 DataFrame 中。

2.3.1 DataFrame 的组成

Pandas 的 DataFrame 对象由.index、.columns 和.values 三个主要部分组成,分别对应行名、列名和数据值。

(1) scientists 数据集的行名 scientists.index:

```
RangeIndex(start = 0, stop = 8, step = 1)
```

(2) scientists 数据集的列名 scientists.columns:

```
Index(['Name', 'Born', 'Died', 'Age', 'Occupation'], dtype = 'object')
```

(3) scientists 数据集的数据值 scientists.values:

```
array([['Rosaline Franklin', '1920 - 07 - 25', '1958 - 04 - 16', 37, 'Chemist'],
       ['William Gosset', '1876 - 06 - 13', '1937 - 10 - 16', 61, 'Statistician'],
       ['Florence Nightingale', '1820 - 05 - 12', '1910 - 08 - 13', 90, 'Nurse'],
       ['Marie Curie', '1867 - 11 - 07', '1934 - 07 - 04', 66, 'Chemist'],
       ['Rachel Carson', '1907 - 05 - 27', '1964 - 04 - 14', 56, 'Biologist'],
       ['John Snow', '1813 - 03 - 15', '1858 - 06 - 16', 45, 'Physician'],
       ['Alan Turing', '1912 - 06 - 23', '1954 - 06 - 07', 41, 'Computer Scientist'],
       ['Johann Gauss', '1777 - 04 - 30', '1855 - 02 - 23', 77, 'Mathematician']], dtype = object)
```

如果不需要所有行索引标签信息,而仅需要数据的基本 NumPy 表示时,.values 就派上了用场。

2.3.2 布尔子集化 DataFrames

就像使用布尔向量对 Series 进行子集化一样,也可以使用布尔向量对 DataFrame 进行子集化。表 2.3 总结了各种子集化的方法。

表 2.3 DataFrame 子集化方法汇总

方　　法	执 行 结 果
df[column_name]	Series
df[[column1,column2,…]]	DataFrame
df.loc[row_label]	根据行索引标签(行名)获取数据行

续表

方　　法	执　行　结　果
df.loc[[label1，label2，⋯]]	根据行索引标签获取多行
df.iloc[row_number]	根据行号获取数据行
df.iloc[[row1，row2，⋯]]	根据行号获取多行
df[bool]	基于 bool 获取数据行
df[[bool1，bool2，⋯]]	基于 bool 获取多行
df[start:stop:step]	基于切片方法获取数据行

【例 2.22】　对 scientists 数据集的 Age 列进行布尔子集化。

```
# boolean vectors will subset rows
print(scientists.loc[scientists['Age'] > scientists['Age'].mean()])
```

运行后结果如下：

```
     Name                  Born          Died          Age   Occupation
1    William Gosset        1876 – 06 – 13 1937 – 10 – 16 61    Statistician
2    Florence Nightingale  1820 – 05 – 12 1910 – 08 – 13 90    Nurse
3    Marie Curie           1867 – 11 – 07 1934 – 07 – 04 66    Chemist
7    Johann Gauss          1777 – 04 – 30 1855 – 02 – 23 77    Mathematician
```

2.3.3　自动对齐和向量化（广播）

因为 Series 和 DataFrame 对象均是建立在 NumPy 库之上，所以 Pandas 支持广播。广播实际描述的是在类数组（array-like）对象之间执行操作的效果。这些行为取决于对象的类型、长度以及与对象相关联的所有标签。

首先创建 DataFrame 的一个子集，代码如下：

```
first_half = scientists[:4]
second_half = scientists[4:]
print(first_half)
print(second_half)
```

代码中有两个输出语句，运行后结果如下：

```
     Name                  Born          Died          Age   Occupation
0    Rosaline Franklin     1920 – 07 – 25 1958 – 04 – 16 37    Chemist
1    William Gosset        1876 – 06 – 13 1937 – 10 – 16 61    Statistician
2    Florence Nightingale  1820 – 05 – 12 1910 – 08 – 13 90    Nurse
3    Marie Curie           1867 – 11 – 07 1934 – 07 – 04 66    Chemist

     Name                  Born          Died          Age   Occupation
4    Rachel Carson         1907 – 05 – 27 1964 – 04 – 14 37    Biologist
5    John Snow             1813 – 03 – 15 1858 – 06 – 16 45    Physician
6    Alan Turing           1912 – 06 – 23 1954 – 06 – 07 41    Computer Scientist
7    Johann Gauss          1777 – 04 – 30 1855 – 02 – 23 77    Mathematician
```

当对 DataFrame 执行标量计算时，会将该操作应用于 DataFrame 的每个元素。例如，数值乘以 2，字符串也会加倍（这就是 Python 处理字符串的方式）。

【例 2.23】　对 scientists 数据集的数值进行乘 2 的标量计算。

```
# multiply by a scalar
print(scientists * 2)
```

运行后结果如下：

	Name	Born	Died
0	Rosaline FranklinRosaline Franklin	$1920-07-251920-07-25$	$1958-04-161958-04-16$
1	William GossetWilliam Gosset	$1876-06-131876-06-13$	$1937-10-161937-10-16$
2	Florence NightingaleFlorence Nightingale	$1820-05-121820-05-12$	$1910-08-131910-08-13$
3	Marie CurieMarie Curie	$1867-11-071867-11-07$	$1934-07-041934-07-04$
4	Rachel CarsonRachel Carson	$1907-05-271907-05-27$	$1964-04-141964-04-14$
5	John SnowJohn Snow	$1813-03-151813-03-15$	$1858-06-161858-06-16$
6	Alan TuringAlan Turing	$1912-06-231912-06-23$	$1954-06-071954-06-07$
7	Johann GaussJohann Gauss	$1777-04-301777-04-30$	$1855-02-231855-02-23$

	Age	Occupation
0	74	ChemistChemist
1	122	StatisticianStatistician
2	180	NurseNurse
3	132	ChemistChemist
4	37	BiologistBiologist
5	90	PhysicianPhysician
6	82	Computer ScientistComputer Scientist
7	154	MathematicianMathematician

假设 DataFrame 对象中的元素都是数值型数据，若想基于单元格进行逐个相加（add），可以使用.add()方法。自动对齐方法将在第 6 章详细介绍。

2.4　更改 Series 和 DataFrame

前面介绍了 DataFrame 和 Series 的子集化和切片数据的方法，下面介绍更改数据对象的方法。

2.4.1　添加列

在 scientists 数据集中，Born 列和 Died 列的类型都是 object，这意味着它们都是字符串或字符序列。运行代码查看 scientists 数据集中各列的数据类型：

```
print(scientists.dtypes)
```

运行后结果如下：

```
Name          object
Born          object
Died          object
Age           int64
Occupation    object
dtype: object
```

如果将字符串转换为适当的 datetime 类型，就可以执行常见的日期和时间操作（例如，计算两个日期之差或一个人的年龄）。如果对日期的格式有特定要求，也可以提供自定义的格式(format),具体的格式变量表可以在 Python 的 datetime 模块文档中找到。第 12 章给出了更多关于 datetime 的示例。这里采用的日期格式为"YYYY-MM-DD",所以可以使用格式"%Y-%m-%d"。

【例 2.24】 将 scientists 数据集中的 Born 列设定为 datetime 类型。

```
# format the 'Born' column as a datetime
born_datetime = pd.to_datetime(scientists['Born'], format = '%Y-%m-%d')
print(born_datetime)
```

运行后结果如下:

```
0    1920-07-25
1    1876-06-13
2    1820-05-12
3    1867-11-07
4    1907-05-27
5    1813-03-15
6    1912-06-23
7    1777-04-30
Name: Born, dtype: datetime64[ns]
```

同理,将 Died 列设定为 datetime 类型的代码如下:

```
# format the 'Died' column as a datetime
died_datetime = pd.to_datetime(scientists['Died'],format = '%Y-%m-%d')
```

如果需要,还可以创建一个新的列集,其中包含 object(字符串)日期的 datetime 表示形式。

【例 2.25】 使用 Python 的多重赋值语法在 scientists 数据集中创建新列,并列出新列的数据类型。

(1) 创建新列并给出增加新列后数据集的大小:

```
scientists['born_dt'], scientists['died_dt'] = (
    born_datetime,
    died_datetime
)
print(scientists.head())
print(scientists.shape)
```

运行后,数据集大小为(8,7),新数据集为:

	Name	Born	Died	Age	Occupation	born_dt	ied_dt
0	Rosaline Franklin	1920-07-25	1958-04-16	37	Chemist	1920-07-25	1958-04-16
1	William Gosset	1876-06-13	1937-10-16	61	Statistician	1876-06-13	1937-10-16
2	Florence Nightingale	1820-05-12	1910-08-13	90	Nurse	1820-05-12	1910-08-13
3	Marie Curie	1867-11-07	1934-07-04	66	Chemist	1867-11-07	1934-07-04
4	Rachel Carson	1907-05-27	1964-04-14	56	Biologist	1907-05-27	1964-04-14

(2) 新列的数据类型:

```
print(scientists.dtypes)
```

运行后结果如下:

```
Name        object
Born        object
Died        object
```

```
Age              int64
Occupation       object
born_dt          datetime64[ns]
died_dt          datetime64[ns]
dtype:           object
```

2.4.2 直接更改列

本节的示例演示了如何随机化列的内容。第 5 章介绍 .apply()方法时,会涉及多个列的更复杂的计算。

利用例 2.9 的代码可以再次查看 Age 列的原始值。现在,使用以下代码打乱这些值:

```
# the frac = 1 tells pandas to randomly select 100% of the values
# the random_state makes the randomization the same each time
scientists["Age"] = scientists["Age"].sample(frac = 1, random_state = 42)
```

代码中设置了一个 random_state,使得每次运行代码时都能随机选择相同的值,这样统计数据就会保持一致。而且,如果在编程过程中进行了随机操作,但希望值不会随之波动,也可以采用此方法。当然,每次运行代码时可以随时将其删除,以保证完全的随机性。

对于较长的代码块,可以将代码拆分成多行并打包在圆括号中(书中会使用这种方法处理较长的代码,可参见附录 J),示例代码如下:

```
# the previous line of code is equivalent to
scientists['Age'] = (
    scientists['Age']
    .sample(frac = 1, random_state = 42)
)
print(scientists['Age'])
```

运行后结果如下:

```
0        37
1        61
2        90
3        66
4        56
5        45
6        41
7        77
Name: Age, dtype: int64
```

因为 Pandas 会在许多操作中自动加入 .index 值,所以虽然前面曾试图随机打乱列,但是当将值赋回到 DataFrame 时,它又恢复到原始的顺序。为解决该问题,一般建议删除该 .index 值,或者将不具有任何关联 .index 值打乱后赋给其 .values。示例代码如下:

```
scientists['Age'] = (
    scientists['Age']
    .sample(frac = 1, random_state = 42)
    .values # remove the index so it doesn't auto align the values
)
print(scientists['Age'])
```

运行后结果如下：

```
0        61
1        45
2        37
3        77
4        90
5        56
6        66
7        41
Name: Age, dtype: int64
```

还可以使用 datetime 重新计算真实的年龄。有关 datetime 的更多信息，参见第 12 章。

【例 2.26】 利用 datatime 计算科学家实际的年龄（天数）。

```python
# subtracting dates will give us number of days
scientists['age_days'] = (
  scientists['died_dt'] - scientists['born_dt']
)
print(scientists)
```

运行后结果如下：

	Name	Born	Died	Age	Occupation
0	Rosaline Franklin	1920-07-25	1958-04-16	61	Chemist
1	William Gosset	1876-06-13	1937-10-16	45	Statistician
2	Florence Nightingale	1820-05-12	1910-08-13	37	Nurse
3	Marie Curie	1867-11-07	1934-07-04	77	Chemist
4	Rachel Carson	1907-05-27	1964-04-14	90	Biologist
5	John Snow	1813-03-15	1858-06-16	56	Physician
6	Alan Turing	1912-06-23	1954-06-07	66	Computer Scientist
7	Johann Gauss	1777-04-30	1855-02-23	41	Mathematician

	born_dt	died_dt	age_days
0	1920-07-25	1958-04-16	13779 days
1	1876-06-13	1937-10-16	22404 days
2	1820-05-12	1910-08-13	32964 days
3	1867-11-07	1934-07-04	24345 days
4	1907-05-27	1964-04-14	20777 days
5	1813-03-15	1858-06-16	16529 days
6	1912-06-23	1954-06-07	15324 days
7	1777-04-30	1855-02-23	28422 days

【例 2.27】 使用 .astype() 方法将日期值转换为年份。

```python
# we can convert the value to just the year
# using the astype method
scientists['age_years'] = (
    scientists['age_days']
    .astype('timedelta64[Y]')
)
print(scientists)
```

运行后结果如下：

	Name	Born	Died	Age	Occupation
0	Rosaline Franklin	1920-07-25	1958-04-16	61	Chemist

1	William Gosset	1876 − 06 − 13	1937 − 10 − 16	45	Statistician
2	Florence Nightingale	1820 − 05 − 12	1910 − 08 − 13	37	Nurse
3	Marie Curie	1867 − 11 − 07	1934 − 07 − 04	77	Chemist
4	Rachel Carson	1907 − 05 − 27	1964 − 04 − 14	90	Biologist
5	John Snow	1813 − 03 − 15	1858 − 06 − 16	56	Physician
6	Alan Turing	1912 − 06 − 23	1954 − 06 − 07	66	Computer Scientist
7	Johann Gauss	1777 − 04 − 30	1855 − 02 − 23	41	Mathematician

	born_dt	died_dt	age_days	age_years
0	1920 − 07 − 25	1958 − 04 − 16	13779 days	37.0
1	1876 − 06 − 13	1937 − 10 − 16	22404 days	61.0
2	1820 − 05 − 12	1910 − 08 − 13	32964 days	90.0
3	1867 − 11 − 07	1934 − 07 − 04	24345 days	66.0
4	1907 − 05 − 27	1964 − 04 − 14	20777 days	56.0
5	1813 − 03 − 15	1858 − 06 − 16	16529 days	45.0
6	1912 − 06 − 23	1954 − 06 − 07	15324 days	41.0
7	1777 − 04 − 30	1855 − 02 − 23	28422 days	77.0

> **重要信息**：Pandas 库中的许多函数和方法都有一个 inplace 参数，可以将其设置为 True 值。当设置此参数后，函数或方法将返回 None，而不是修改后的 DataFrame。通常情形下不需要使用此参数。
>
> 与人们普遍的看法相反，这样做其实并不会使代码运行更快，而且该参数将来会被弃用。

2.4.3 使用.assign()方法修改列

给列赋值和修改列的另一种办法是使用.assign()方法。这样做的好处是可以使用方法链技术(参见附录 U)。

【例 2.28】 使用.assign()方法重新创建 age_year 列。

```
scientists = scientists.assign(
    # new columns on the left of the equal sign
    # how to calculate values on the right of the equal sign
    # separate new columns with a comma
    age_days_assign = scientists['died_dt'] - scientists['born_dt'],
    age_year_assign = scientists['age_days'].astype('timedelta64[Y]')
)
print(scientists)
```

运行后结果如下：

	Name	Born	Died	Age	Occupation	born_dt
0	Rosaline Franklin	1920 − 07 − 25	1958 − 04 − 16	61	Chemist	1920 − 07 − 25
1	William Gosset	1876 − 06 − 13	1937 − 10 − 16	45	Statistician	1876 − 06 − 13
2	Florence Nightingale	1820 − 05 − 12	1910 − 08 − 13	37	Nurse	1820 − 05 − 12
3	Marie Curie	1867 − 11 − 07	1934 − 07 − 04	77	Chemist	1867 − 11 − 07
4	Rachel Carson	1907 − 05 − 27	1964 − 04 − 14	90	Biologist	1907 − 05 − 27
5	John Snow	1813 − 03 − 15	1858 − 06 − 16	56	Physician	1813 − 03 − 15
6	Alan Turing	1912 − 06 − 23	1954 − 06 − 07	66	Computer Scientist	1912 − 06 − 23
7	Johann Gauss	1777 − 04 − 30	1855 − 02 − 23	41	Mathematician	1777 − 04 − 30

	died_dt	age_days	age_years	age_days_assign	age_year_assign
0	1958 – 04 – 16	13779 days	37.0	13779 days	37.0
1	1937 – 10 – 16	22404 days	61.0	22404 days	61.0
2	1910 – 08 – 13	32964 days	90.0	32964 days	90.0
3	1934 – 07 – 04	24345 days	66.0	24345 days	66.0
4	1964 – 04 – 14	20777 days	56.0	20777 days	56.0
5	1858 – 06 – 16	16529 days	45.0	16529 days	45.0
6	1954 – 06 – 07	15324 days	41.0	15324 days	41.0
7	1855 – 02 – 23	28422 days	77.0	28422 days	77.0

可以查看.assign()方法相关文档了解更多的用法示例,此处仅展示如何使用该方法对简单示例进行赋值。熟练使用.assign()方法还需要了解 Lambda 函数,相关内容将在第 5 章进行介绍。

> **注意**:在刚刚使用.assign()方法的示例中,计算第二个新值 age_year_assign 时,没有使用第一个新值 age_days_assign。必须了解如何编写 Lambda 函数,才能理解以下代码的运行原理。
>
> ```
> scientists = scientists.assign(
>     age_days_assign = scientists["died_dt"] - scientists["born_dt"],
>     age_year_assign = lambda df_: df_["age_days_assign"].astype(
>     "timedelta64[Y]"
> ),
> )
> print(scientists)
> ```
>
> 运行后结果如下:
>
> | | Name | Born | Died | Age | Occupation | born_dt |
> |---|------|------|------|-----|------------|---------|
> | 0 | Rosaline Franklin | 1920 – 07 – 25 | 1958 – 04 – 16 | 61 | Chemist | 1920 – 07 – 25 |
> | 1 | William Gosset | 1876 – 06 – 13 | 1937 – 10 – 16 | 45 | Statistician | 1876 – 06 – 13 |
> | 2 | Florence Nightingale | 1820 – 05 – 12 | 1910 – 08 – 13 | 37 | Nurse | 1820 – 05 – 12 |
> | 3 | Marie Curie | 1867 – 11 – 07 | 1934 – 07 – 04 | 77 | Chemist | 1867 – 11 – 07 |
> | 4 | Rachel Carson | 1907 – 05 – 27 | 1964 – 04 – 14 | 90 | Biologist | 1907 – 05 – 27 |
> | 5 | John Snow | 1813 – 03 – 15 | 1858 – 06 – 16 | 56 | Physician | 1813 – 03 – 15 |
> | 6 | Alan Turing | 1912 – 06 – 23 | 1954 – 06 – 07 | 66 | Computer Scientist | 1912 – 06 – 23 |
> | 7 | Johann Gauss | 1777 – 04 – 30 | 1855 – 02 – 23 | 41 | Mathematician | 1777 – 04 – 30 |
>
> | | died_dt | age_days | age_years | age_days_assign | age_year_assign |
> |---|---------|----------|-----------|-----------------|-----------------|
> | 0 | 1958 – 04 – 16 | 13779 days | 37.0 | 13779 days | 37.0 |
> | 1 | 1937 – 10 – 16 | 22404 days | 61.0 | 22404 days | 61.0 |
> | 2 | 1910 – 08 – 13 | 32964 days | 90.0 | 32964 days | 90.0 |
> | 3 | 1934 – 07 – 04 | 24345 days | 66.0 | 24345 days | 66.0 |
> | 4 | 1964 – 04 – 14 | 20777 days | 56.0 | 20777 days | 56.0 |
> | 5 | 1858 – 06 – 16 | 16529 days | 45.0 | 16529 days | 45.0 |
> | 6 | 1954 – 06 – 07 | 15324 days | 41.0 | 15324 days | 41.0 |
> | 7 | 1855 – 02 – 23 | 28422 days | 77.0 | 28422 days | 77.0 |

2.4.4 删除值

要想删除列,可以使用以下方法实现。

（1）使用列子集化技术选择所有需要的列（参见 1.3.1 节），示例代码如下：

```
# all the current columns in our data
print(scientists.columns)
```

运行后结果如下：

```
    Index(['Name', 'Born', 'Died', 'Age', 'Occupation', 'born_dt', 'died_dt', 'age_days', 'age_
years', 'age_days_assign', 'age_year_assign'],dtype = 'object')
```

（2）使用 DataFrame 的 .drop() 方法选择要删除的列，示例代码如下：

```
# drop the shuffled age column
# you provide the axis = 1 argument to drop column - wise
scientists_dropped = scientists.drop(['Age'], axis = "columns")
# columns after dropping our column
print(scientists_dropped.columns)
```

运行后结果如下：

```
    Index(['Name', 'Born', 'Died', 'Occupation', 'born_dt', 'died_dt', 'age_days', 'age_years',
'age_days_assign', 'age_year_assign'],dtype = 'object')
```

2.5　导出和导入数据

在之前的示例中，一直都在导入数据。处理数据集时，其实也经常需要导出或保存数据集。数据集可以被保存为数据的最终版本或中间结果版本。两个版本都可用于分析或作为其他数据处理流程的输入。

> **提示**：可以在工作过程中保存中间结果的数据集文件，完全没必要在一个超大的代码脚本中进行所有的数据处理和分析。
> 　　保存从一个代码脚本输出、从另一个代码脚本导入的数据是创建数据管道（pipeline）的基础。数据管道是一系列相互依赖的处理步骤，用于将原始数据转换为可分析的格式。这些步骤可以跨越多个脚本和工具，使得数据处理变得更加有效和可重复。

2.5.1　Pickle

Python 提供了 Pickle 数据的方法，这是以二进制格式序列化和保存数据的方法。读取 Pickle 数据也是向后兼容的。Pickle 文件通常以 .p、.pkl 或 .pickle 的扩展名保存。下面介绍如何保存和加载 Pickle 数据。

1. Series

Series 的许多导出方法同样也适用于 DataFrame。用过 NumPy 的读者都知道 ndarrays 提供了 .save() 方法，目前该方法已经被弃用，取而代之的是 .to_pickle() 方法。

```
# pass in a string to the path you want to save
names.to_pickle('output/scientists_names_series.pickle')
```

Pickle 的输出内容是二进制格式的。如果试图在文本编辑器中打开它，会看到一堆乱码。

如果想要保存的对象是某些计算的中间结果，或者知道数据仅在 Python 环境中使用，则可以将对象保存为 .pickle 文件，这样做有利于节省磁盘存储空间。但是，这也意味着不使用 Python 将无法读取这些数据。

2．DataFrame

.to_pickle() 方法也可以用于 DataFrame 对象。

```
scientists.to_pickle('output/scientists_df.pickle')
```

3．读取 Pickle 数据

要想读取 Pickle 数据，通常可以使用 pd.read_pickle() 函数。

【例 2.29】 使用函数获取 Series 的 Pickle 数据。

```
# for a Series
series_pickle = pd.read_pickle(
    "output/scientists_names_series.pickle"
)
print(series_pickle)
```

运行后结果如下：

```
0 Rosaline Franklin
1 William Gosset
2 Florence Nightingale
3 Marie Curie
4 Rachel Carson
5 John Snow
6 Alan Turing
7 Johann Gauss
Name: Name, dtype: object
```

【例 2.30】 使用函数获取 DataFrame 的 Pickle 数据。

```
# for a DataFrame
dataframe_pickle = pd.read_pickle('output/scientists_df.pickle')
print(dataframe_pickle)
```

运行后结果如下：

	Name	Born	Died	Age	Occupation	born_dt
0	Rosaline Franklin	1920 − 07 − 25	1958 − 04 − 16	61	Chemist	1920 − 07 − 25
1	William Gosset	1876 − 06 − 13	1937 − 10 − 16	45	Statistician	1876 − 06 − 13
2	Florence Nightingale	1820 − 05 − 12	1910 − 08 − 13	37	Nurse	1820 − 05 − 12
3	Marie Curie	1867 − 11 − 07	1934 − 07 − 04	77	Chemist	1867 − 11 − 07
4	Rachel Carson	1907 − 05 − 27	1964 − 04 − 14	90	Biologist	1907 − 05 − 27
5	John Snow	1813 − 03 − 15	1858 − 06 − 16	56	Physician	1813 − 03 − 15
6	Alan Turing	1912 − 06 − 23	1954 − 06 − 07	66	Computer Scientist	1912 − 06 − 23
7	Johann Gauss	1777 − 04 − 30	1855 − 02 − 23	41	Mathematician	1777 − 04 − 30

	died_dt	age_days	age_years
0	1958 − 04 − 16	13779 days	37.0
1	1937 − 10 − 16	22404 days	61.0
2	1910 − 08 − 13	32964 days	90.0
3	1934 − 07 − 04	24345 days	66.0

```
4    1964 - 04 - 14      20777 days      56.0
5    1858 - 06 - 16      16529 days      45.0
6    1954 - 06 - 07      15324 days      41.0
7    1855 - 02 - 23      28422 days      77.0
```

注意,Pickle 文件的扩展名可以是.p、.pkl 或.pickle。

2.5.2　逗号分隔值

逗号分隔值(CSV)是最灵活的一种数据储存格式。在 CSV 文件中的每一行,其列信息都采用逗号来分隔。当然,逗号并不是唯一可选的分隔符。有些文件采用的是 Tab 甚至是分号进行分隔。CSV 受欢迎的主要原因是任何程序都可以打开这种文件,甚至包括文本编辑器。然而,通用的存储格式也有缺陷。与其他二进制格式相比,CSV 文件通常打开或运行速度较慢并且占用更多的磁盘空间。

Series 和 DataFrame 都有.to_csv()方法,用于将数据写入 CSV 文件。Series 文档(将 Series 保存为 CSV 格式)和 DataFrame 文档(将 DataFrame 保存为 CSV 格式)都给出了许多修改 CSV 文件的方法。例如,如果想将数据保存至 TSV(Tab-Separated Values,使用制表符 Tab 作为分隔符)文件,由于数据中含有逗号,可以更改 sep 参数(参见附录 O)。

默认情况下,DataFrame 的.index 会被写入 CSV 文件中。因此所创建的文件中的第一列没有名称,只有要保存的 DataFrame 的行号。试图将 CSV 文件读回 Pandas 时,CSV 文件中的这一无关列会带来问题。因此,通常在保存 CSV 文件时,会放入一个参数 index＝False,以避免出现该问题。示例代码如下:

```
# do not write the row names in the CSV output
scientists.to_csv('output/scientists_df_no_index.csv', index = False)
```

1.2 节中已经介绍了如何导入 CSV 文件。该操作使用的是 pd.read_csv()函数。在该函数的文档中可以看到读取 CSV 文件的各种方法。关于函数参数的更多信息,参见附录 O。

2.5.3　Excel

Excel 可能是最常用的数据类型(或者说是仅次于 CSV 格式的数据类型)。但是,因为 Excel 中的颜色和其他多余的信息很容易进入数据集,并且还存在破坏数据集结构的一次性计算等问题,所以在数据科学界使用率不高。本章开头列出了其他一些原因。本书并无意抨击 Excel,而是想介绍一款更合理的数据分析工具。简而言之,用脚本语言做的工作越多,就越容易扩展到更大的项目、发现并修复错误以及进行协作等。但是,Excel 的流行程度和市场份额是无与伦比的。如果必须使用 Excel,它有自己的脚本语言,可以让你能够以更可预测和复制的方式处理数据。

1. Series

Series 数据结构不提供显式的.to_excel()方法。如果需要将 Series 导出到 Excel 文件,可以先将其转换为只含单列的 DataFrame。

在保存和读取 Excel 文件之前，确保已导入了 openpyxl 库（导入命令见附录 I）。示例代码如下：

```
print(names)
# convert the Series into a DataFrame
# before saving it to an Excel file names_df = names.to_frame()

# save to an excel file
names_df.to_excel(
  'output/scientists_names_series_df.xls', engine = 'openpyxl'
)
```

2. DataFrames

从上个示例中可以看到如何将 DataFrame 导出到 Excel 文件。.to_excel()文档展示了进一步细化输出的几种方法（.to_excel()文档可在 Pandas 官网查阅）。例如，可以使用 sheet_name 参数将数据输出到特定的工作表（Sheet）中，示例代码如下：

```
# saving a DataFrame into Excel format
scientists.to_excel(
  "output/scientists_df.xlsx",
  sheet_name = "scientists",
  index = False
)
```

2.5.4　Feather 文件格式

Feather 文件格式用于将 DataFrame 保存为二进制对象以供其他语言（如 R 语言）加载。该方法的主要优点是，在不同语言之间传输数据时，其读写速度非常快。使用 Feather 文件进行 I/O 操作通常比使用 CSV 或 Excel 文件快数倍，这在处理大量数据时非常有用。想要了解有关向后兼容存储的更多信息，参见 Pandas 的.to_feather()文档和 Feather 文件格式文档。

可以使用 conda install -c conda-forge pyarrow 或 pip install pyarrow 安装 Feather 格式工具包。有关安装工具包的更多信息详见附录 B。

【例 2.31】　使用 DataFrame 的.to_feather()方法保存 Feather 对象。

```
# save to feather file scientists.to_feather('output/scientists.feather')
# read feather file
sci_feather = pd.read_feather('output/scientists.feather')
print(sci_feather)
```

运行后结果如下：

	Name	Born	Died	Age	Occupation	born_dt
0	Rosaline Franklin	1920 − 07 − 25	1958 − 04 − 16	61	Chemist	1920 − 07 − 25
1	William Gosset	1876 − 06 − 13	1937 − 10 − 16	45	Statistician	1876 − 06 − 13
2	Florence Nightingale	1820 − 05 − 12	1910 − 08 − 13	37	Nurse	1820 − 05 − 12
3	Marie Curie	1867 − 11 − 07	1934 − 07 − 04	77	Chemist	1867 − 11 − 07
4	Rachel Carson	1907 − 05 − 27	1964 − 04 − 14	90	Biologist	1907 − 05 − 27
5	John Snow	1813 − 03 − 15	1858 − 06 − 16	56	Physician	1813 − 03 − 15
6	Alan Turing	1912 − 06 − 23	1954 − 06 − 07	66	Computer Scientist	1912 − 06 − 23
7	Johann Gauss	1777 − 04 − 30	1855 − 02 − 23	41	Mathematician	1777 − 04 − 30

	died_dt	age_days	age_years	age_days_assign	age_year_assign
0	1958-04-16	13779 days	37.0	13779 days	37.0
1	1937-10-16	22404 days	61.0	22404 days	61.0
2	1910-08-13	32964 days	90.0	32964 days	90.0
3	1934-07-04	24345 days	66.0	24345 days	66.0
4	1964-04-14	20777 days	56.0	20777 days	56.0
5	1858-06-16	16529 days	45.0	16529 days	45.0
6	1954-06-07	15324 days	41.0	15324 days	41.0
7	1855-02-23	28422 days	77.0	28422 days	77.0

2.5.5　Arrow

Feather 文件是 Apache Arrow 项目的一部分。Arrow 项目的主要目标之一是创建一种用于存储 DataFrame 对象的内存存储格式,可以在多编程语言间工作,而不必针对每种语言转换数据类型。

> 提示:可以在工作过程中保存用于存储中间结果的数据集文件,完全没必要在一个超大的代码脚本中进行所有数据的处理和分析。

Apache Arrow 项目与 Python Arrow 库是分开的。Python Arrow 库用于处理 Dates 和 Times 数据。

Arrow 有自己的 Pandas 集成功能,可以将 Pandas 的 DataFrame 对象转换为 Arrow 对象 from_pandas(),也可以将 Arrow 对象转换为 Pandas 的 DataFrame 对象 to_pandas()。一旦数据以 Arrow 格式存在,便可以在其他编程语言中更有效地使用。

2.5.6　Dictionary

Pandas 的 Series 和 DataFrame 对象还有一个 .to_dict()方法。该方法可以将对象转换为 Python 的 dict 对象。若想在 Pandas 外使用 DataFrame 或 Series 对象的数据,这种格式特别有用。

【例 2.32】　创建 scientist 数据集的一个较小的子集,以便所有的 dict 数据都能正确地显示。

```
# first 2 rows of data
sci_sub_dict = scientists.head(2)

# convert the dataframe into a dictionary
sci_dict = sci_sub_dict.to_dict()

# using the pretty print library to print the dictionary
import pprint
pprint.pprint(sci_dict)
```

运行后结果如下:

```
{'Age': {0: 61, 1: 45},
 'Born': {0: '1920-07-25', 1: '1876-06-13'},
 'Died': {0: '1958-04-16', 1: '1937-10-16'},
```

```
'Name': {0: 'Rosaline Franklin', 1: 'William Gosset'}, 'Occupation': {0: 'Chemist', 1:
'Statistician'},
'age_days': {0: Timedelta('13779 days 00:00:00'),
1: Timedelta('22404 days 00:00:00')},
'age_days_assign': {0: Timedelta('13779 days 00:00:00'),
1: Timedelta('22404 days 00:00:00')},
'age_year_assign': {0: 37.0, 1: 61.0},
'age_years': {0: 37.0, 1: 61.0},
'born_dt': {0: Timestamp('1920 - 07 - 25 00:00:00'),
1: Timestamp('1876 - 06 - 13 00:00:00')},
'died_dt': {0: Timestamp('1958 - 04 - 16 00:00:00'),
1: Timestamp('1937 - 10 - 16 00:00:00')}}
```

【例2.33】 dict 输出生成后，将 dict 读回 Pandas 中。

```
# read in the dictionary object back into a dataframe
sci_dict_df = pd.DataFrame.from_dict(sci_dict)
print(sci_dict_df)
```

运行后结果如下：

```
      Name              Born          Died          Age   Occupation     born_dt
0     Rosaline Franklin 1920 - 07 - 25 1958 - 04 - 16 61   Chemist        1920 - 07 - 25
1     William Gosset    1876 - 06 - 13 1937 - 10 - 16 45   Statistician   1876 - 06 - 13


      died_dt         age_days     age_years     age_days_assign     age_year_assign
0     1958 - 04 - 16  13779 days        37.0     13779 days                     37.0
1     1937 - 10 - 16  22404 days        61.0     22404 days                     61.0
```

> **注意**：因为正在处理的 scientists 数据集包含日期和时间，所以不能简单地将 dict 作为字符串复制粘贴到 pd.DataFrame.from_dict() 函数中。这样做会出现错误提示：NameError：name 'Timedelta' is not defined。
>
> 日期和时间以不同于打印到屏幕上的格式存储。根据存储在列中的数据类型，可以简单地复制和粘贴.to_dict() 的输出，但也可能不会返回完全相同的 DataFrame 对象。
>
> 如果需要处理日期的方法，需要将其转换为通用格式，并在需要时将其转换回日期格式。

2.5.7　JavaScript 对象表示法

JavaScript 对象表示法（JavaScript Object Notation，JSON）是另一种常见的纯文本文件格式。使用.to_json() 的好处是它可以转换日期和时间，并重新读取到 Pandas 中。使用 orient = 'records' 可以传入变量，也可以从输出中复制粘贴，将其加载回 Pandas。

【例2.34】 使用 JSON 表示 scientist 数据集。

```
# convert the dataframe into a dictionary
sci_json = sci_sub_dict.to_json(
    orient = 'records', indent = 2, date_format = "iso"
```

```
)
pprint.pprint(sci_json)
```

运行后结果如下：

```
('[\n'
'{\n'
'    "Name":"Rosaline Franklin",\n'        "Born":"1920 - 07 - 25",\n'
'    "Died":"1958 - 04 - 16",\n'
'    "Age":61,\n'
'    "Occupation":"Chemist",\n'
'    "born_dt":"1920 - 07 - 25T00:00:00.000Z",\n'
'    "died_dt":"1958 - 04 - 16T00:00:00.000Z",\n'
'    "age_days":"P13779DT0H0M0S",\n'        "age_years":37.0,\n'
'    "age_days_assign":"P13779DT0H0M0S",\n'    "age_year_assign":37.0\n'
'},\n'
'{\n'
'    "Name":"William Gosset",\n'            "Born":"1876 - 06 - 13",\n'
'    "Died":"1937 - 10 - 16",\n'
'    "Age":45,\n'
'    "Occupation":"Statistician",\n'
'    "born_dt":"1876 - 06 - 13T00:00:00.000Z",\n'
'    "died_dt":"1937 - 10 - 16T00:00:00.000Z",\n'
'    "age_days":"P22404DT0H0M0S",\n'        "age_years":61.0,\n'
'    "age_days_assign":"P22404DT0H0M0S",\n'    "age_year_assign":61.0\n'
'}\n'
']')
```

【例 2.35】 将 JSON 文件读回 Pandas。

```
# copy the string to re - create the dataframe
sci_json_df = pd.read_json(
('[\n'
'{\n'
'    "Name":"Rosaline Franklin",\n'        "Born":"1920 - 07 - 25",\n'
'    "Died":"1958 - 04 - 16",\n'
'    "Age":61,\n'
'    "Occupation":"Chemist",\n'
'    "born_dt":"1920 - 07 - 25T00:00:00.000Z",\n'
'    "died_dt":"1958 - 04 - 16T00:00:00.000Z",\n'
'    "age_days":"P13779DT0H0M0S",\n'        "age_years":37.0,\n'
'    "age_days_assign":"P13779DT0H0M0S",\n'    "age_year_assign":37.0\n'
'},\n'
'{\n'
'    "Name":"William Gosset",\n'            "Born":"1876 - 06 - 13",\n'
'    "Died":"1937 - 10 - 16",\n'
'    "Age":45,\n'
'    "Occupation":"Statistician",\n'
'    "born_dt":"1876 - 06 - 13T00:00:00.000Z",\n'
'    "died_dt":"1937 - 10 - 16T00:00:00.000Z",\n'
'    "age_days":"P22404DT0H0M0S",\n'        "age_years":61.0,\n'
'    "age_days_assign":"P22404DT0H0M0S",\n'    "age_year_assign":61.0\n'
'}\n'
']'),
orient = "records"
```

```
)
print(sci_json_df)
```

运行后结果如下：

```
   Name              Born         Died         Age Occupation   born_dt
0  Rosaline Franklin 1920-07-25   1958-04-16   61  Chemist      1920-07-25T00:00:00.000Z
1  William Gosset    1876-06-13   1937-10-16   45  Statistician 1876-06-13T00:00:00.000Z


   died_dt                    age_days        age_years  age_days_assign  age_year_
                                                                          assign
0  1958-04-16T00:00:00.000Z   P13779DT0H0M0S  37         P13779DT0H0M0S   37
1  1937-10-16T00:00:00.000Z   P22404DT0H0M0S  61         P22404DT0H0M0S   61
```

注意，因为将日期转换为 ISO 8601 字符串格式，所以日期与原始值有所不同。

此时，数据集的数据类型如下：

```
Name              object
Born              object
Died              object
Age               int64
Occupation        object
born_dt           object
died_dt           object
age_days          object
age_years         int64
age_days_assign   object
age_year_assign   int64
dtype: object
```

如果想要恢复原始的 datetime 对象，需要将该表示形式转换回日期格式：

```
sci_json_df["died_dt_json"] = pd.to_datetime(sci_json_df["died_dt"])
print(sci_json_df)
```

运行后结果如下：

```
   Name              Born         Died         Age Occupation    born_dt
0  Rosaline Franklin 1920-07-25   1958-04-16   61  Chemist       1920-07-25T00:00:00.000Z
1  William Gosset    1876-06-13   1937-10-16   45  Statistician  1876-06-13T00:00:00.000Z


   died_dt                   age_days        age_years  age_days_assign  age_year_assign
0  1958-04-16T00:00:00.000Z  P13779DT0H0M0S         37  P13779DT0H0M0S                37
1  1937-10-16T00:00:00.000Z  P22404DT0H0M0S         61  P22404DT0H0M0S                61


   died_dt
0  1958-04-16 00:00:00+00:00
1  1937-10-16 00:00:00+00:00
```

此时，数据集的数据类型如下：

```
Name              object
Born              object
Died              object
```

```
Age                    int64
Occupation             object
born_dt                object
died_dt                object
age_days               object
age_years              object
age_days_assign        int64
age_year_assign        object
died_dt_json           int64
datetime64[ns, UTC] dtype: object
```

处理日期和时间总是很棘手,在第 12 章将更详细地进行介绍。

2.5.8　其他数据的输出类型

Pandas 提供了许多导入和导出数据的方法。实际上,除了 .to_pickle()、.to_csv()、.to_excel()、.to_feather() 和 .to_dict(),Pandas 的 DataFrame 所支持的数据格式还有很多,表 2.4 列出了其他的导出方法。

表 2.4　DataFrame 支持的其他导出方法

导 出 方 法	说　　明
.to_clipboard()	将数据保存至系统剪贴板,以便粘贴
.to_dense()	将数据转换为常规的"密集"(dense)DataFrame
.to_dict()	将数据转换为 Python 的 dict
.to_gbq()	将数据转换为 Google BigQuery 表
.to_hdf()	将数据转换为层次数据格式(Hierarchal Data Format,HDF)
.to_msgpack()	将数据保存为类似于 JSON 的便携式二进制格式
.to_html()	将数据转换为 HTML 表
.to_json()	将数据转换为 JSON 字符串
.to_latex()	将数据转换为 LaTeX 表格环境
.to_records()	将数据转换为记录数组
.to_string()	将 DataFrame 对象显示为 stdout(stand output,即标准输出)的字符串
.to_sparse()	将数据转换为 SparseDataFrame 对象
.to_sql()	将数据保存至 SQL(Structure Query Language)数据库
.to_stata()	将数据转换为 Stata(用于数据分析、数据管理以及绘制的软件)的 DTA 文件

本章小结

本章详细介绍了 Pandas 的 Series 和 DataFrame 对象在 Python 中的工作原理,展示了一些简单的数据示例以及一些常见的数据导出方法以便与他人分享。第 1 章和第 2 章提供了 Pandas 库的基础知识。

第 3 章将介绍 Python 和 Pandas 中关于绘图的基础知识。数据可视化不仅可用于分析完成后进行的结果绘制,实际上在整个数据管道中都会有大量的应用。

第3章

绘 图 入 门

数据可视化是数据处理和数据展示的一部分。通过绘制图表可以更容易地对比不同的数据值。通过可视化数据,可以对数据有更好的直观理解,仅查看数值表是无法做到这一点的。此外,可视化还可以揭示数据中隐藏的模式,从而可以使用这些模式进行模型选择。

学习目标

(1) 阐释可视化数据的重要性。
(2) 创建各种统计图以便开展探索性的数据分析。
(3) 使用 Matplotlib、Seaborn 和 Pandas 库中的绘图函数。
(4) 确定何时使用单变量、双变量和多变量图。
(5) 使用不同的调色板使图更易读。

3.1 为什么要将数据可视化

创建数据可视化的典型例子是"Anscombe 四重奏"(Anscombe's quartet)。该数据集由英国统计学家 Frank Anscombe 创建,旨在说明统计图的重要性。

Anscombe 数据集包含 4 组数据,每组数据包含两个连续变量。每个集合具有相同的均值、方差、相关性和回归线。但是,只有当数据可视化时,才会发现每个集合其实遵循的是不同的模式。这说明了数据可视化的优势以及仅查看汇总统计数据的缺陷。

【例 3.1】 导入并查看 Anscombe 数据集。

```
# the anscombe data set can be found in the seaborn library
import seaborn as sns
anscombe = sns.load_data set("anscombe")
print(anscombe)
```

运行后结果如下:

```
    data set    x       y
0   I           10.0    8.04
1   I           8.0     6.95
```

```
2    I            13.0   7.58
3    I             9.0   8.81
4    I            11.0   8.33
...  ...           ...    ...
39   IV            8.0   5.25
40   IV           19.0  12.50
41   IV            8.0   5.56
42   IV            8.0   7.91
43   IV            8.0   6.89
[44 rows x 3 columns]
```

3.2   Matplotlib 基础

Matplotlib 是 Python 的基础绘图库。它非常灵活，允许用户完全控制绘图中的所有元素。

Matplotlib 绘图功能的导入方法与之前的包导入方法略有不同。可以将其视为导入 Matplotlib 包，所有的绘图工具都可以在名为 pyplot 的子目录（或子包）中找到。就像之前导入包时为其取简称一样，也可以对 matplotlib.pyplot 进行同样的操作：

```
import matplotlib.pyplot as plt
```

大多数基本图的名称均以 plt.plot()开头。Anscombe 数据集中，x 值变量在横轴上，对应的 y 值变量在纵轴上。

【例 3.2】 创建 Anscombe 数据集的子集并用图形化表示。

```
# create a subset of the data
# contains only data set 1 from anscombe
data set_1 = anscombe[anscombe['data set'] == 'I']
plt.plot(data set_1['x'], data set_1['y'])
plt.show() # will need this to explicitly show the plot
```

运行后结果如图 3.1 所示。

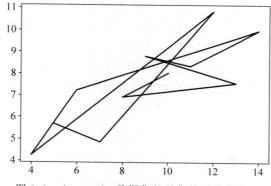

图 3.1   Anscombe 数据集的子集的图形化表示

默认情况下，plt.plot()方法用于绘制线条。如果想要绘制圆点，可以给 plt.plot()方法传递一个参数 o。

【**例 3.3**】 用圆点表示 Anscombe 数据集中的数据。

```
plt.plot(data set_1['x'], data set_1['y'], 'o')
plt.show()
# create subsets of the anscombe data
data set_2 = anscombe[anscombe['data set'] == 'Ⅱ']
data set_3 = anscombe[anscombe['data set'] == 'Ⅲ']
data set_4 = anscombe[anscombe['data set'] == 'Ⅳ']
```

运行后结果如图 3.2 所示。

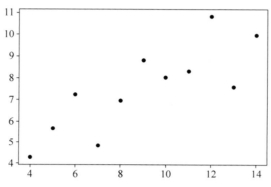

图 3.2 用圆点表示的 Anscombe 数据集中的数据

3.2.1 图对象和坐标轴子图

Matplotlib 提供了一种简便的创建子图的方法。先指定最终图的维数,然后将较小的图放在指定的维数内,最后可以在单幅图中呈现多种结果。例如,图 3.3 所示为包含 4 个空坐标轴的 Matplotlib 图。

subplot()函数有如下 3 个参数:子图的行数、子图的列数、子图的位置。子图的位置是按顺序编号的,并且其顺序是先从左到右,然后再从上到下。如果现在就绘制图(运行以下代码),得到是一个如图 3.3 所示的空图。到目前为止,所做的就是创建一个图,并将其分成一个 2×2 的网格,每个网格都可用于绘图。由于至此仍未创建和插入任何图,因此不会显示任何内容。

【**例 3.4**】 创建图并将其分成 2×2 的网格。

```
# create the entire figure where our subplots will go
fig = plt.figure()

# tell the figure how the subplots should be laid out
# in the example, we will have 2 row of plots, and each row will have 2 plots

# subplot has 2 rows and 2 columns, plot location 1
axes1 = fig.add_subplot(2, 2, 1)

# subplot has 2 rows and 2 columns, plot location 2
axes2 = fig.add_subplot(2, 2, 2)
```

```
# subplot has 2 rows and 2 columns, plot location 3
axes3 = fig.add_subplot(2, 2, 3)

# subplot has 2 rows and 2 columns, plot location 4
axes4 = fig.add_subplot(2, 2, 4)

plt.show()
```

运行后结果如图 3.3 所示。

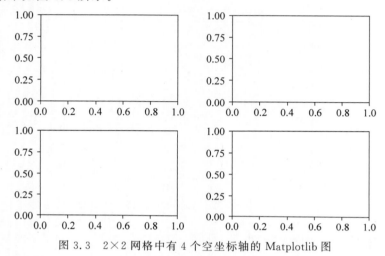

图 3.3 2×2 网格中有 4 个空坐标轴的 Matplotlib 图

在 2×2 的网格的每个坐标轴上使用 .plot() 方法创建散点图,即可得到图 3.4。

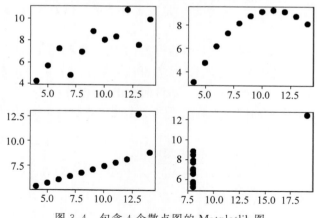

图 3.4 包含 4 个散点图的 Matplotlib 图

对于大量的绘图代码,需要将所有代码一起运行。通常,在试图构建图时仅运行部分代码将不会返回任何结果。

【例 3.5】 在各个子图中添加标签,并调整子图的间距。

```
# you need to run all the plotting code together, same as above
fig = plt.figure()
```

```
axes1 = fig.add_subplot(2, 2, 1)
axes2 = fig.add_subplot(2, 2, 2)
axes3 = fig.add_subplot(2, 2, 3)
axes4 = fig.add_subplot(2, 2, 4)
axes1.plot(data set_1['x'], data set_1['y'], 'o')
axes2.plot(data set_2['x'], data set_2['y'], 'o')
axes3.plot(data set_3['x'], data set_3['y'], 'o')
axes4.plot(data set_4['x'], data set_4['y'], 'o')

# add a small title to each subplot
axes1.set_title("data set_1")
axes2.set_title("data set_2")
axes3.set_title("data set_3")
axes4.set_title("data set_4")

# add a title for the entire figure (title above the title)
fig.suptitle("Anscombe Data") # note spelling of "suptitle"

# use a tight layout so the plots and titles don't overlap
fig.set_tight_layout(True)

# show the figure
plt.show()
```

运行后结果如图 3.5 所示。

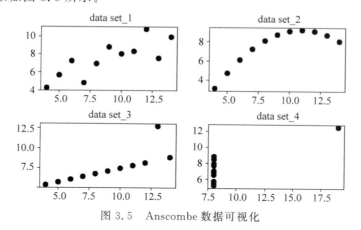

图 3.5　Anscombe 数据可视化

　　Anscombe 数据可视化阐明了为什么仅看汇总统计值可能会产生误导。一旦数据点被可视化,即使每个数据集有相同的汇总统计值,不同数据集的点之间的关系却大不相同。

　　为了让 Anscombe 数据图更完整,与之前为图添加标题类似,可以使用 .set_xlabel() 方法和 .set_ylabel() 方法为每个子图添加 x 轴和 y 轴标签。

3.2.2　图形剖析

　　在继续学习如何创建更多的统计图之前,先来学习 Matplotlib 文档中关于图形剖析(anatomy of a figure)的内容。图 3.6 所示为旧版本,图 3.7 所示为新版本。

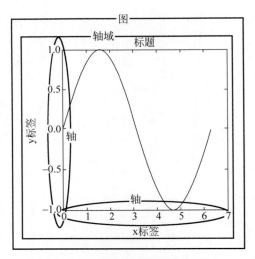

图 3.6　Matplotlib 的图结构（旧版本）

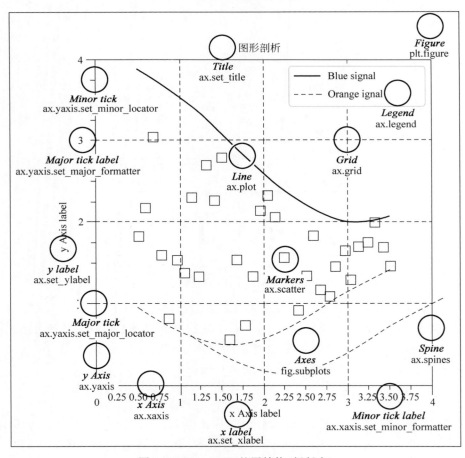

图 3.7　Matplotlib 的图结构（新版本）

在 Python 关于绘图的内容中,术语 axis 和 axes 的用法很让人困惑,特别是在口头描述图的不同部分时(因为这两个术语的发音相似)。在 Anscombe 示例中,每个子图都有一个轴域(axes),每个轴域都包含 x 轴和 y 轴两个坐标轴(axis),4 个子图组成了整个图(figure)。

项目介绍如何创建统计图,首先使用 Matplotlib,然后介绍一个基于 Matplotlib、专门用于统计图的高级绘图库 Seaborn。

> **重要信息**:在绘制图时,了解绘图函数是否返回一个或多个轴域(axes)或一个图(figure)非常重要。例如,不能像使用一个或多个域一样将一个图放入另一个图中。

3.3　使用 Matplotlib 绘制统计图

本节我们将使用 Seaborn 库中的 tips 数据集进行一系列的可视化。该数据集涵盖了某餐厅的小费概况,涉及多个变量,包括账单总金额、用餐人数、用餐日期、用餐时间等。

【例 3.6】　加载 tips 数据集。

```
tips = sns.load_data
set("tips") print(tips)
```

运行后结果如下:

```
     total_bill    tip    sex      smoker    day     time      size
0    16.99         1.01   Female   No        Sun     Dinner    2
1    10.34         1.66   Male     No        Sun     Dinner    3
2    21.01         3.50   Male     No        Sun     Dinner    3
3    23.68         3.31   Male     No        Sun     Dinner    2
4    24.59         3.61   Female   No        Sun     Dinner    4
..   ...           ...    ...      ...       ...     ...       ...
239  29.03         5.92   Male     No        Sat     Dinner    3
240  27.18         2.00   Female   Yes       Sat     Dinner    2
241  22.67         2.00   Male     Yes       Sat     Dinner    2
242  17.82         1.75   Male     No        Sat     Dinner    2
243  18.78         3.00   Female   No        Thur    Dinner    2
[244 rows x 7 columns]
```

3.3.1　单变量数据

在统计学术语中,“单变量”(univariate)一词指的是单个变量。

直方图(histogram)是查看单个变量最常见的方法。这些值经过“分组”(bin)处理,也就是将数据分组后绘制成图以显示变量的分布情况。

【例 3.7】　使用 Matplotlib 绘制的直方图。

```
# create the figure object
fig = plt.figure()
# subplot has 1 row, 1 column, plot location 1
axes1 = fig.add_subplot(1, 1, 1)

# make the actual histogram
```

```
axes1.hist(data = tips, x = 'total_bill', bins = 10)

# add labels
axes1.set_title('Histogram of Total Bill')
axes1.set_xlabel('Frequency')
axes1.set_ylabel('Total Bill')
plt.show()
```

运行后结果如图 3.8 所示。

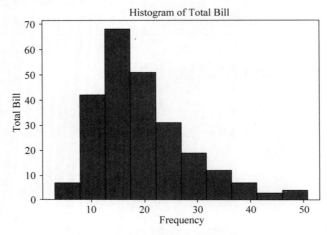

图 3.8　使用 Matplotlib 绘制的直方图

3.3.2　双变量数据

在统计学术语中,"双变量"(bivariate)一词指的是两个变量。

1. 散点图

散点图(scatter)用于表示一个连续变量随另一个连续变量的变化所表现的大致趋势。

【例 3.8】　使用 Matplotlib 绘制的散点图。

```
# create the figure object
scatter_plot = plt.figure()
axes1 = scatter_plot.add_subplot(1, 1, 1)

# make the actual scatter plot
axes1.scatter(data = tips, x = 'total_bill', y = 'tip')

# add labels
axes1.set_title('Scatterplot of Total Bill vs Tip')
axes1.set_xlabel('Total Bill')
axes1.set_ylabel('Tip')

plt.show()
```

运行后结果如图 3.9 所示。

2. 箱线图

箱线图(box plot)用于表示一个离散变量随一个连续变量的变化所表现的分布情况。

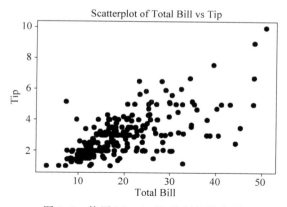

图 3.9 使用 Matplotlib 绘制的散点图

【**例 3.9**】 使用 Matplotlib 绘制箱线图。

```
# create the figure object
boxplot = plt.figure()
axes1 = boxplot.add_subplot(1, 1, 1)

# make the actual box plot
axes1.boxplot(
    # first argument of box plot is the data
    # since we are plotting multiple pieces of data
    # we have to put each piece of data into a list
    x = [
        tips.loc[tips["sex"] == "Female", "tip"],
        tips.loc[tips["sex"] == "Male", "tip"],
    ],
    # we can then pass in an optional labels parameter
    # to label the data we passed
    labels = ["Female", "Male"],
)
# add labels
axes1.set_xlabel('Sex')
axes1.set_ylabel('Tip')
axes1.set_title('Boxplot of Tips by Gender')

plt.show()
```

运行后结果如图 3.10 所示。

> **注意**：离散变量通常是可数的（使用整数表示），连续变量通常是可测量的，其值一般为十进制数或分数。

3.3.3　多变量数据

绘制多变量数据有点棘手，因为没有一种万能的通用方法或适用于所有情况的模板。为说明绘制多变量数据的过程，接下来在散点图的基础上进行拓展。

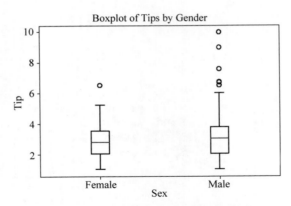

图 3.10　使用 Matplotlib 绘制的箱线图

　　如果想要添加另一个变量（如 sex），可以根据第 3 个变量的值给圆点着色。如果想要添加第 4 个变量，可以给圆点赋予"大""小"属性。这种方法的弊端是人眼很难通过视觉区分圆点的大小。当然，如果一个小点旁边有一个很大的点，是很容易区分的。但如果两个圆点的大小相近，就很难区分了，而且会给可视化带来混乱。减少混乱的一种方法是给各个圆点增加透明度值，这样，重叠的点越多就会显得越暗。

　　通常来说，区分颜色比区分大小要容易得多。如果必须使用面积表示值的差异，一定要确保绘制的是相对面积。一个常见的错误做法是绘图时将值映射为圆的半径，由于圆的面积公式是 $S = \pi r^2$，所以圆的面积与要表示的值是平方关系。这样绘制的图显然是错误的。

　　实际上，怎么选择颜色其实也很困难。人眼无法在线性尺度上感知色彩，因此在选择调色板时需要仔细考虑。幸运的是，Matplotlib 和 Seaborn 都有自带的调色板，这样的工具有助于选择合适的的颜色。

　　【例 3.10】　使用颜色为散点图添加第 3 个变量 sex。变量 sex 的取值只有 Male 和 Female，因此需要将这些值"映射"（map）到一种颜色上。

```
# assign color values
colors = {
  "Female": "#f1a340", # orange
  "Male": "#998ec3", # purple
}

scatter_plot = plt.figure()
axes1 = scatter_plot.add_subplot(1, 1, 1)

axes1.scatter(
  data = tips,
  x = 'total_bill',
  y = 'tip',

  # set the size of the dots based on party size
  # we multiply the values by 10 to make the points bigger
```

```
# and also to emphasize the difference
s = tips["size"] ** 2 * 10,

# set the color for the sex using our color values above
c = tips['sex'].map(colors),

# set the alpha so points are more transparent
# this helps with overlapping points
alpha = 0.5
)

# label the axes
axes1.set_title('Colored by Sex and Sized by Size')
axes1.set_xlabel('Total Bill')
axes1.set_ylabel('Tip')

# figure title on top
scatter_plot.suptitle("Total Bill vs Tip")

plt.show()
```

运行后结果如图 3.11 中所示,其中点的颜色表示性别,点的大小表示变量的大小。

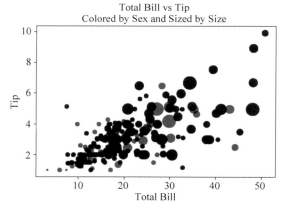

图 3.11 使用 Matplotlib 绘制的散点图

Matplotlib 是一个命令式的绘图库。下面将会看到其他声明式绘图库如何帮助我们绘制探索性图形。

3.4 Seaborn

Matplotlib 是 Python 的核心绘图工具。而 Seaborn 是在 Matplotlib 的基础上创建的,为绘制统计图形提供了更高级的声明式接口,使得仅用少量的代码就可以创建更复杂的可视化图形。Seaborn 库与 Pandas 库和 PyData 堆栈中的其他库(如 NumPy、SciPy、statsmodels 等)密切集成,从而简化了数据分析过程中的各种可视化工作。由于 Seaborn 是基于 Matplotlib 的,因此用户仍然可以对可视化进行微调。

首先要加载 Seaborn 库，访问其数据集：

```
# load seaborn if you have not done so already
import seaborn as sns
tips = sns.load_data set("tips")
```

可以从官方的 Seaborn 网站查找所有的绘图函数文档，然后进入 API 参考文档中查询。

在打印时，还可以通过设置 paper 属性，对字体大小、线宽、坐标轴刻度等进行更改：

```
# set the default seaborn context optimized for paper print
# the default is "notebook"
sns.set_context("paper")
```

3.4.1　单变量数据

与之前 Matplotlib 中的示例类似，创建一系列的单变量图。

1. 直方图

一般，创建轴域的图需要两步：先创建一个空图，然后再指定单个轴的子图。但是，使用 subplots() 函数可以一步创建包含所有轴域的图。默认情况下，subplots() 函数将返回两个对象：第一个对象是图形对象，第二个对象是所有的轴域对象。然后使用 Python 中的多重赋值语法在一步内给多个变量赋值（详见附录 Q）。最后，就可以像之前一样使用 Figure 和 Axes 对象了。

【例 3.11】　使用 Seaborn 绘制直方图。

```
# the subplots function is a shortcut for
# creating separate figure objects and
# adding individual subplots (axes) to the figure
hist, ax = plt.subplots()

# use seaborn to draw a histogram into the axes
sns.histplot(data = tips, x = "total_bill", ax = ax)

# use matplotlib notation to set a title
ax.set_title('Total Bill Histogram')

# use matplotlib to show the figure
plt.show()
```

运行后结果如图 3.12 所示。

2. 密度图

密度图（核密度估计）是可视化单变量分布的另一种方式，本质上是通过绘制以每个数据点为中心的正态分布来创建的，然后平滑重叠的图，使曲线下的面积为 1。

【例 3.12】　使用 Seaborn 绘制核密度估计图。

```
den, ax = plt.subplots()

sns.kdeplot(data = tips, x = "total_bill", ax = ax)
```

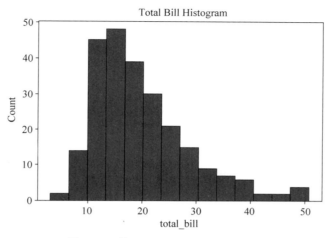

图 3.12 使用 Seaborn 绘制的直方图

```
ax.set_title('Total Bill Density')
ax.set_xlabel('Total Bill')
ax.set_ylabel('Unit Probability')

plt.show()
```

运行后结果如图 3.13 所示。

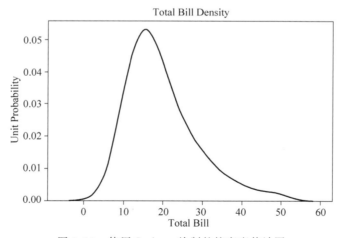

图 3.13 使用 Seaborn 绘制的核密度估计图

3. 频数图

频数图(rug plot)是变量分布的一维表示,通常与其他图一起使用,以增强可视化效果。
图 3.14 给出了带有密度图的直方图,最下面的是频数图(rug plot)。

【例 3.13】 使用 Seaborn 绘制频数图。

```
rug, ax = plt.subplots()

# plot 2 things into the axes we created
```

```
sns.rugplot(data = tips, x = "total_bill", ax = ax)
sns.histplot(data = tips, x = "total_bill", ax = ax)

ax.set_title("Rug Plot and Histogram of Total Bill")
ax.set_title("Total Bill")

plt.show()
```

运行结果如 3.14 所示。

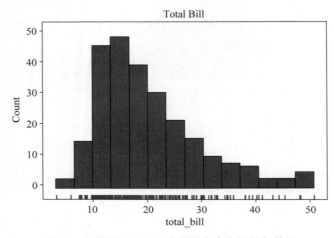

图 3.14　使用 Seaborn 绘制带有直方图的频数图

4. 分布图

sns.distplot()函数的新版本 sns.displot()允许将许多单变量图组合成一个图(注意函数新旧版本名称的细微差别)。

sns.displot()函数返回的是一个 FacetGrid 对象,而不是 Axes,因此创建图形和绘制轴域的方法不再适用于该特定函数。它返回的是一个更复杂的对象,正因如此,才可以同时绘制多个图。

【**例 3.14**】　将多个分布图(distribution figure)合并到一个单独的图中。

```
# the FacetGrid object creates the figure and axes for us
fig = sns.displot(data = tips, x = "total_bill", kde = True, rug = True)

fig.set_axis_labels(x_var = "Total Bill", y_var = "Count")
fig.figure.suptitle('Distribution of Total Bill')

plt.show()
```

运行结果如图 3.15 所示。

5. 条形图

条形图(bar plot)与直方图非常相似,但是条形图不会将数值分组来生成分布,而是用于对离散变量计数,因此也称为计数图(count plot),如图 3.16 所示。

【**例 3.15**】　使用 Seaborn 绘制计数图。

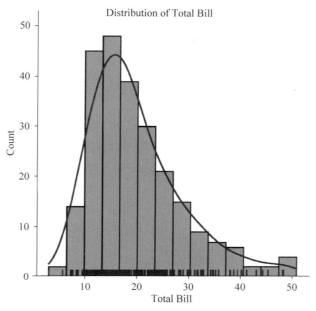

图 3.15　使用 Seaborn 绘制的分布图（含直方图、核密度估计图以及频数图）

```
count, ax = plt.subplots()
# we can use the viridis palette to help distinguish the colors
sns.countplot(data = tips, x = 'day', palette = "viridis", ax = ax)
ax.set_title('Count of days')
ax.set_xlabel('Day of the Week')
ax.set_ylabel('Frequency')

plt.show()
```

运行结果如 3.16 所示。

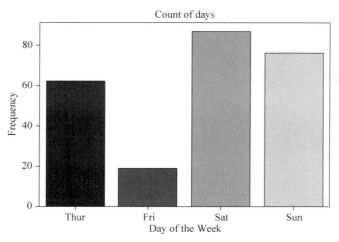

图 3.16　使用 viridis 调色板绘制的 Seaborn 计数图（即条形图）

> **注意**：viridis 调色板由 Stéfan van der Walt 和 Nathaniel Smith 设计，不但具有色盲友好的特性，还具有可辨的灰度特征。他们在 SciPy 2015 大会上展示了该调色板，论文题目为"A Better Default Colormap for Matplotlib"。

3.4.2 双变量数据

下面将使用 Seaborn 库绘制两个变量的图。

1. 散点图

在 Seaborn 中，创建散点图有多种方法。其主要区别在于创建的对象类型是 Axes 还是 FacetGrid（即 Figure 类型）。

【例 3.16】 使用 sns.scatterplot()函数绘制 Seaborn 散点图。

```
scatter, ax = plt.subplots()

# use fit_reg = False if you do not want the regression line
sns.scatterplot(data = tips, x = 'total_bill', y = 'tip', ax = ax)

ax.set_title('Scatter Plot of Total Bill and Tip')
ax.set_xlabel('Total Bill')
ax.set_ylabel('Tip')


plt.show()
```

sns.scatterplot()函数返回的是一个 Axes 对象，结果如图 3.17 所示。

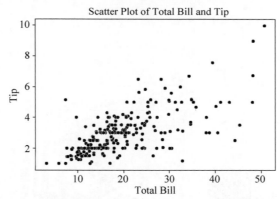

图 3.17　使用 sns.scatterplot()绘制的 Seaborn 散点图

【例 3.17】 使用 sns.regplot()创建散点图，并绘制回归线（regression line）。

```
reg, ax = plt.subplots()
# use fit_reg = False if you do not want the regression line
sns.regplot(data = tips, x = 'total_bill', y = 'tip', ax = ax)
ax.set_title('Regression Plot of Total Bill and Tip')
ax.set_xlabel('Total Bill')
ax.set_ylabel('Tip')


plt.show()
```

sns. regplot()函数返回的是一个 Figure 对象,结果如图 3.18 所示。

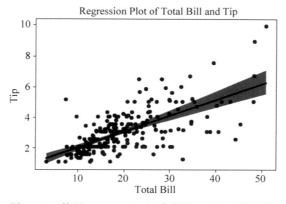

图 3.18 使用 sns. regplot()绘制的 Seaborn 散点图

另外,类似的 sns. lmplot()函数也可用于创建散点图。sns. lmplot()函数在内部调用了 sns. regplot()函数,所以 sns. regplot()是一个更通用的绘图函数。二者的主要区别是 sns. regplot()函数创建的是一个 Axes 对象,而 sns. lmplot()函数创建的是一个 Figure 对象(参见 3.2.2 节有关图结构的内容)。

【**例 3. 18**】 使用 sns. lmplot()函数创建散点图。

```
# use if you do not want the regression line
fig = sns.lmplot(data = tips, x = 'total_bill', y = 'tip')

plt.show()
```

结果如图 3.19 所示,sns. lmplot()函数直接创建了一个图形对象,类似于 3.4.1 节中 sns. displot()函数中的 FacetGrid 对象。

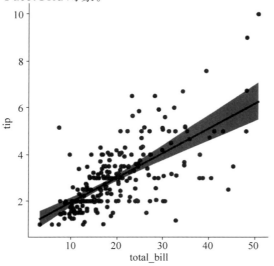

图 3.19 使用 sns. lmplot()函数绘制的 Seaborn 散点图

2. Joint 图

还可以使用 sns.jointplot() 函数在每个坐标轴上创建包含单个变量的散点图。sns.jointplot()函数与其他绘图函数的一个主要区别是,它不返回轴域,所以不需要创建一个带有轴域的画布来放置图。相反,该函数创建了一个 JointGrid 对象。如果需要访问底层的 Matplotlib Figure 对象,则可以使用 .figure 属性。

【例 3.19】 使用 sns.jointlot() 函数在每个坐标轴上创建包含单个变量的散点图。

```
# jointplot creates the figure and axes for us
joint = sns.jointplot(data = tips, x = 'total_bill', y = 'tip')

joint.set_axis_labels(xlabel = 'Total Bill', ylabel = 'Tip')

# add a title and move the text up so it doesn't clash with histogram
joint.figure.suptitle('Joint Plot of Total Bill and Tip', y = 1.03)

plt.show()
```

sns.jointlot()函数直接创建了一个 JointGrid 对象,输出结果如图 3.20 所示。

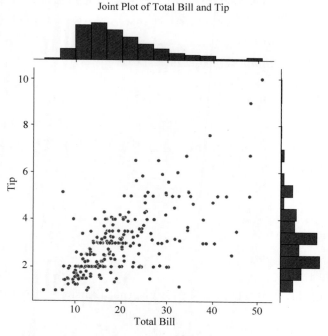

图 3.20 使用 sns.jointplot()函数创建的 Seaborn 散点图

3. 蜂巢图

散点图在比较两个变量时非常有用。但是,如果点太多,散点图就变得难以理解了。解决这一问题的方法之一是将散点图中相邻的点分组并进行数据汇总。与直方图将变量分组构成条形图类似,蜂巢图(hexbin plot)将两个变量分组成一个六边形。之所以采用六边形是因为它是覆盖任意二维平面最有效的形状。

【例 3.20】 使用 Matplotlib 的 hexbin()函数构建 Seaborn 蜂巢图。

```
# we can use jointplot with kind = "hex" for a
hexbin plot hexbin = sns.jointplot(
data = tips, x = "total_bill", y = "tip", kind = "hex"
)

hexbin.set_axis_labels(xlabel = 'Total Bill', ylabel = 'Tip')
hexbin.figure.suptitle('Hexbin Plot of Total Bill and Tip', y = 1.03)

plt.show()
```

结果如图 3.21 所示。

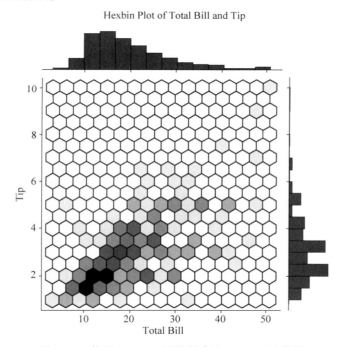

图 3.21 使用 hexbin()函数创建的 Seaborn 蜂巢图

4. 2D 核密度图

除了蜂巢图,还可以创建 2D 核密度估计(Kernel Density Estimation,KDE)图。该过程类似于 sns.kdeplot()函数的工作过程,不同之处是 2D KDE 图是跨两个变量的,可以单独显示双变量图。

【例 3.21】 使用 sns.kdeplot()函数创建 Seaborn 2D KDE 图。

```
kde, ax = plt.subplots()

# shade will fill in the contours
sns.kdeplot(data = tips, x = "total_bill", y = "tip", shade = True, ax = ax)
ax.set_title('Kernel Density Plot of Total Bill and Tip')
ax.set_xlabel('Total Bill')
```

```
ax.set_ylabel('Tip')

plt.show()
```

结果如图3.22所示。

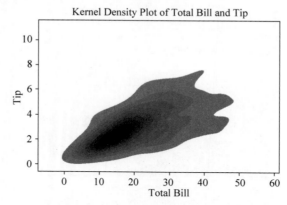

图3.22 使用sns.kdeplot()函数创建的Seaborn 2D KDE图

【例3.22】 使用sns.jointplot()函数创建Seaborn 2D KDE图。

```
kde2d = sns.jointplot(data = tips, x = "total_bill", y = "tip", kind = "kde")

kde2d.set_axis_labels(xlabel = 'Total Bill', ylabel = 'Tip')
kde2d.fig.suptitle('2D KDE Plot of Total Bill and Tip', y = 1.03)

plt.show()
```

结果如图3.23所示。

5. 条形图

条形图也可用于展示多个变量。默认情况下,sns.barplot()函数会计算平均值,但其实可以把任何函数传递给参数estimator。例如,可以把np.mean()函数作为参数传递给sns.barplot()函数,并使用NumPy库中的函数来计算均值。

【例3.23】 使用np.mean()函数绘制Seaborn条形图(结果见图3.24)。

```
import numpy as np
bar, ax = plt.subplots()

# plot the average total bill for each value of time
# mean is calculated using numpy
sns.barplot(
data = tips, x = "time", y = "total_bill", estimator = np.mean, ax = ax
)

ax.set_title('Bar Plot of Average Total Bill for Time of Day')
ax.set_xlabel('Time of Day')
ax.set_ylabel('Average Total Bill')

plt.show()
```

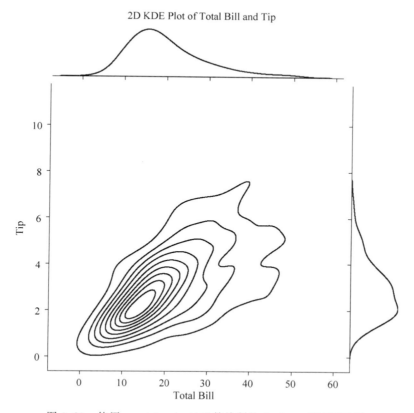

图 3.23 使用 sns.jointplot()函数绘制的 Seaborn 2D KDE 图

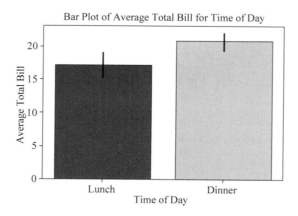

图 3.24 使用 np.mean()函数绘制的 Seaborn 条形图

6. 箱线图

与之前介绍的图不同,箱线图可以显示多个统计量:最小值、第一个四分位数、中位数、第三个四分位数、最大值以及基于四分位间距的离群值(如适用)等。

在 sns.boxplot()函数中,参数 y 是可选的。如果省略该参数,则绘图函数仅在图中创建一个空框。

【例 3.24】 使用 sns.boxplot()函数绘制按时间划分的总账单 Seaborn 箱线图。

```
box, ax = plt.subplots()

# the y is optional, but x would have to be a numeric variable
sns.boxplot(data = tips, x = 'time', y = 'total_bill', ax = ax)

ax.set_title('Box Plot of Total Bill by Time of Day')
ax.set_xlabel('Time of Day')
ax.set_ylabel('Total Bill')

plt.show()
```

结果如图 3.25 所示。

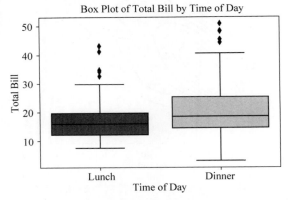

图 3.25 按时间划分的总账单 Seaborn 箱线图

7. 小提琴图

箱线图是一种经典的统计可视化方法,但会掩盖数据的潜在分布。小提琴图(violin plot)可以显示与箱线图相同的值,但是它将"箱线"绘制为核密度估计(如图 3.26 所示)。这有助于保留更多关于数据的可视化信息,因为仅绘制摘要统计信息可能会产生误导,这一点从 3.2.1 节的示例就可看出。

【例 3.25】 使用 sns.violinplot()函数绘制按时间划分的总账单 Seaborn 小提琴图。

```
violin, ax = plt.subplots()
sns.violinplot(data = tips, x = 'time', y = 'total_bill', ax = ax)
ax.set_title('Violin plot of total bill by time of day')
ax.set_xlabel('Time of day')
ax.set_ylabel('Total Bill')

plt.show()
```

结果如图 3.26 所示。

【例 3.26】 创建一个包含 2 个坐标轴(子图)的单个图形。

```
# create the figure with 2 subplots
```

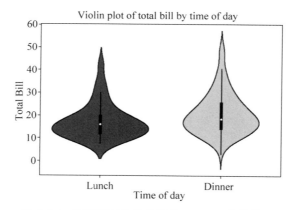

图 3.26　按时间划分的总账单 Seaborn 小提琴图

```
box_violin, (ax1, ax2) = plt.subplots(nrows = 1, ncols = 2)

sns.boxplot(data = tips, x = 'time', y = 'total_bill', ax = ax1)
sns.violinplot(data = tips, x = 'time', y = 'total_bill', ax = ax2)

# set the titles
ax1.set_title('Box Plot')
ax1.set_xlabel('Time of day')
ax1.set_ylabel('Total Bill')

ax2.set_title('Violin Plot')
ax2.set_xlabel('Time of day')
ax2.set_ylabel('Total Bill')

box_violin.suptitle("Comparision of Box Plot with Violin Plot")

# space out the figure so labels do not overlap
box_violin.set_tight_layout(True)

plt.show()
```

结果如图 3.27 所示，由此可以看出箱线图与小提琴图的关系。

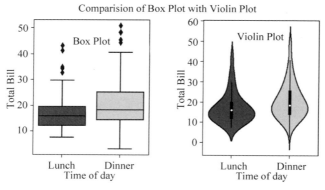

图 3.27　箱线图与小提琴图的对比

8．成对关系

当数据大部分是数值时，可以使用 sns.pairplot()函数可视化所有的成对关系（pairwise relationships）。该函数用于绘制每对变量之间的散点图，并为单变量数据绘制直方图（如图 3.28 所示）。

【例 3.27】　使用 sns.pairplot()函数绘制 Seaborn 成对关系图。

```
fig = sns.pairplot(data = tips)

fig.figure.suptitle(
    'Pairwise Relationships of the Tips Data', y = 1.03
)

plt.show()
```

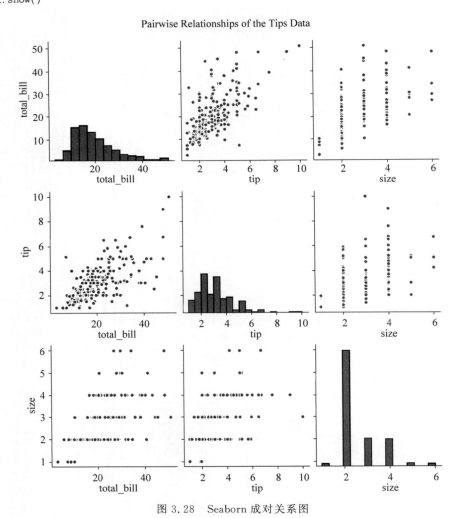

图 3.28　Seaborn 成对关系图

使用 sns. pairplot()函数的一个缺点是存在冗余信息,即图会有部分相同。此时可以使用 sns. PairGrid()函数手动指定图的上半部分和下半部分。

【例 3. 28】 使用 sns. PairGrid()函数指定图的各部分。

```
# create a PairGrid, make the diagonal plots on a different scale
pair_grid = sns.PairGrid(tips, diag_sharey = False)

# set a separate function to plot the upper, bottom, and diagonal
# functions need to return an axes, not a figure

# we can use plt.scatter instead of sns.regplot
pair_grid = pair_grid.map_upper(sns.regplot)
pair_grid = pair_grid.map_lower(sns.kdeplot)
pair_grid = pair_grid.map_diag(sns.histplot)

plt.show()
```

结果如图 3.29 所示。

3.4.3 多变量数据

正如 3.3.3 节中提到的,绘制多变量数据其实并没有标准模板。如果想在图中包含更多信息,可以使用颜色、大小或形状进行区分。

1. 颜色

当使用 sns. violinplot()函数时,可以通过 hue 参数,按 sex 对图进行着色。把"小提琴"左右两半设置为不同的颜色,代表不同的 sex 以减少冗余信息,如图 3.30 所示。运行以下代码,将 split 参数分别设置为 True 和 False 两种情形。

【例 3. 29】 利用 hue 参数设置 Seaborn 小提琴图。

```
violin, ax = plt.subplots()
sns.violinplot(
    data = tips,
    x = "time",
    y = "total_bill",
    hue = "smoker", # set color based on smoker variable
    split = True,
    palette = "viridis", # palette specifies the colors for hue
    ax = ax,
)

plt.show()
```

通过给色调参数 hue 传递一个类别变量,可以使成对图变得更有意义。参数 hue 也可以传递到各种其他绘图函数中。

【例 3. 30】 在 sns. lmplot()函数中使用 hue 参数。

```
# note the use of lmplot instead of regplot to return a figure
scatter = sns.lmplot(
    data = tips,
    x = "total_bill",
```

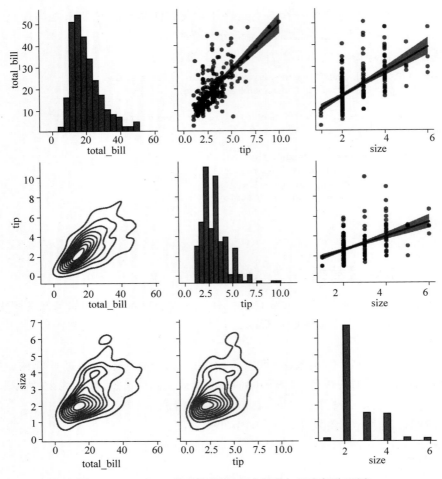

图 3.29　Seaborn 成对关系图（上半部分与下半部分不同）

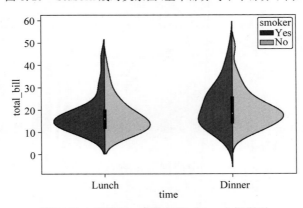

图 3.30　使用 hue 参数的 Seaborn 小提琴图

```
    y = "tip",
    hue = "smoker",
    fit_reg = False,
    palette = "viridis",
)

plt.show()
```

结果如图 3.31 所示。

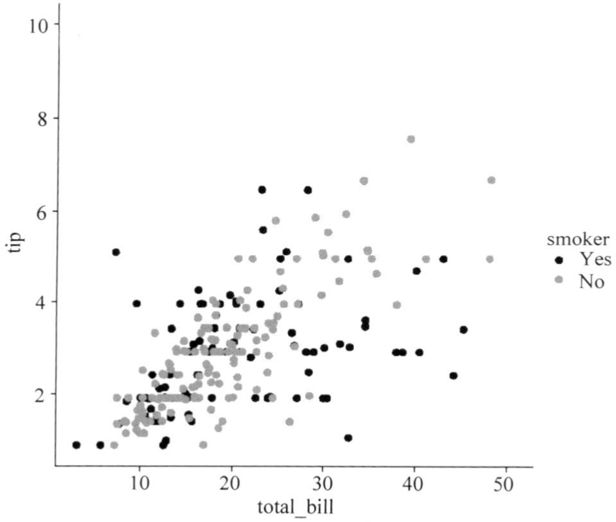

图 3.31　使用 Seaborn 带有 hue 参数的 sns.lmplot()函数绘图

【例 3.31】　在 sns.pairplot()函数中设置 hue 参数。

```
sns.pairplot().

    fig = sns.pairplot(
    tips,
    hue = "time",
    palette = "viridis",
    height = 2, # facet height to make the entire figure smaller
)

plt.show()
```

结果如图 3.32 所示。

2. 大小和形状

也可以通过点的大小在图中表达更多的信息。但是,必须谨慎使用该方法,因为人眼并不擅长区分大小。

【例 3.32】　在 sns.scatterplot()函数中使用 hue 参数设置颜色,使用 size 参数设置点的大小。

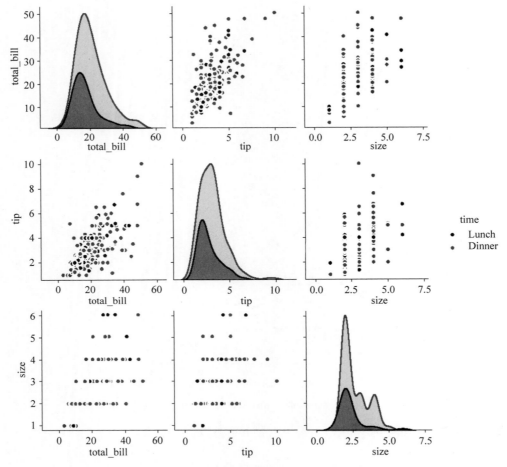

图 3.32 使用 Seaborn 带有 hue 参数的成对图

```
fig, ax = plt.subplots()
sns.scatterplot( data = tips, x = "total_bill", y = "tip", hue = "time", size = "size",
                palette = "viridis", ax = ax,
)

plt.show()
```

结果如图 3.33 所示。

3.4.4 分面

如果想展示更多的变量,或者已经确定了要实现的可视化图,但是想基于一个类别变量绘制出多幅图,怎么办呢? 分面(facets)就可以满足上述需求。与图 3.5 所示的单独对数据进行子集划分和布局不同,Seaborn 中的分面可以处理这些工作。

要使用分面,数据必须是 Hadley Wickham 所称的"整洁数据"(tidy data),数据中的每

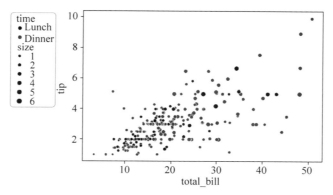

图 3.33　使用 Seaborn 绘制的小费与账单总额的散点图
（按时间着色，按点大小确定金额）

一行都表示一个观测值，每一列表示一个变量。有关整洁数据的更多内容将在第 4 章讨论。

1. 单个分面变量

在 Seaborn 中还可以重新绘制的图 3.5 中"Anscombe 四重奏"数据的可视化图，形成分面散点图。其中，绘制分面图的关键是在绘图函数中查找 col 或 row 参数。

【**例 3.33**】　使用 sns.relplot()函数制作 Seaborn 分面散点图。

```python
anscombe_plot = sns.relplot(
    data = anscombe,
    x = "x",
    y = "y",
    kind = "scatter",
    col = "data set",
    col_wrap = 2,
    height = 2,
    aspect = 1.6,  # aspect ratio of each facet
)
anscombe_plot.figure.set_tight_layout(True)

plt.show()
```

其中，col 参数用于指定分面的变量；col_wrap 参数用于指定图中包含两列，如果不使用 col_wrap 参数，则四幅图都会绘制在同一行中。结果如图 3.34 所示。

2. 两个分面变量

在单个分面变量基础上可以将两个分类变量整合到分面图中，其他分类变量可以通过 hue、style 等参数进行传递。

【**例 3.34**】　利用参数绘制 Seaborn 分面散点图。

```python
'''python
colors = {
    "Yes": "#f1a340",              # orange
    "No" : "#998ec3",              # purple
}
# make the faceted scatter plot
# this is the only part that is needed to draw the figure
```

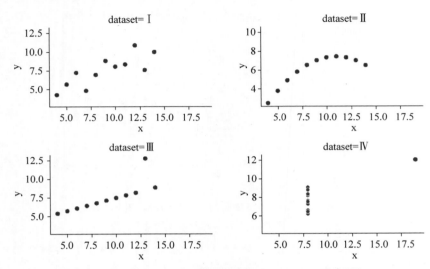

图 3.34 使用 Seaborn 分面绘制"Anscombe 四重奏"图

```
facet2 = sns.relplot(
    data = tips,
    x = "total_bill",
    y = "tip",
    hue = "smoker",
    style = "sex",
    kind = "scatter",
    col = "day",
    row = "time",
    palette = colors,
    height = 1.7,                           # adjusted to fit figure on page
)


# below is to make the plot pretty
# adjust facet titles
facet2.set_titles(
    row_template = "{row_name}",
    col_template = "{col_name}"
    )


# adjust the legend to not have it overlap the figure
sns.move_legend(
    facet2,
    loc = "lower center",
    bbox_to_anchor = (0.5, 1),
    ncol = 2,                               # number legend columns
    title = None,                           # legend title
    frameon = False,                        # remove frame (i.e., border box) around legend
)


facet2.figure.set_tight_layout(True)
plt.show()'''
```

结果如图 3.35 所示。

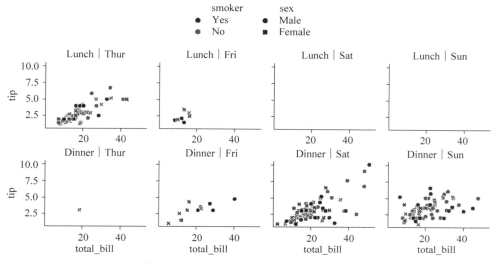

图 3.35 带有 hue、style 和 facets 参数的 Seaborn 小费散点图

3. 手动创建分面

在 Seaborn 中，许多图都是由轴域级（axes-level）函数创建的。这就意味着并非每个绘图函数都具有用于分面的 col 和 col_wrap 参数。相反，必须先创建一个 FacetGrid 对象，让它知道在哪个变量上进行分面，然后再为每个分面提供单独的绘图代码。

【例 3.35】 手动创建包含单个变量的 Seaborn 分面图。

```
# create the FacetGrid
facet = sns.FacetGrid(tips, col = 'time')

# for each value in time, plot a histogram of total bill
# you pass in parameters as if you were passing them directly
# into sns.histplot()
facet.map(sns.histplot, 'total_bill')
plt.show()
```

结果如图 3.36 所示。

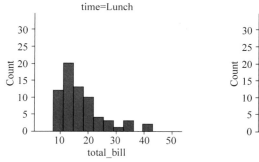
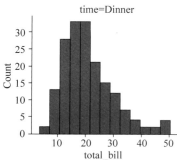

图 3.36 手动创建的 Seaborn 分面图

> **注意**：如果可以，尽量只使用一个 Seaborn 绘图函数（如 sns. relplot（）或 sns. catplot（）），该函数将返回带有 row 和 col 参数的图形对象来进行分面。尽量选择使用这些函数而不是手动创建 FacetGrid 对象。如果要分面，许多 Seaborn 绘图函数会指向不同的 Seaborn 函数。

【例 3.36】 手动创建包含多个变量的 Seaborn 分面图。

```
facet = sns.FacetGrid(
    tips, col = 'day', hue = 'sex', palette = "viridis"
)
facet.map(plt.scatter, 'total_bill', 'tip')
facet.add_legend()
plt.show()
```

结果如图 3.37 所示。

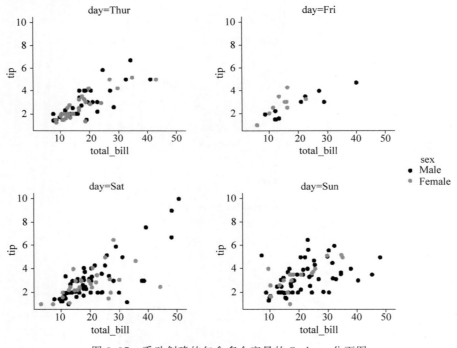

图 3.37 手动创建的包含多个变量的 Seaborn 分面图

【例 3.37】 手动创建的包含两个变量的 Seaborn 分面图。

```
facet = sns.FacetGrid(
    tips, col = 'time', row = 'smoker', hue = 'sex', palette = "viridis"
)
facet.map(plt.scatter, 'total_bill', 'tip')
plt.show()
```

在例 3.37 的代码中，通过传递 row 参数实现了一个变量在 x 轴上进行分面，另一个变量在 y 轴上进行分面。结果如图 3.38 所示。

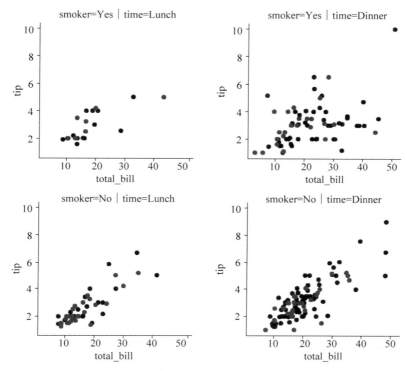

图 3.38 手动创建的包含两个变量的 Seaborn 分面图

【例 3.38】 手动创建包含两个非重叠变量的 Seaborn 分面图。

```
facet = sns.catplot(
    x = "day",
    y = "total_bill",
    hue = "sex",
    data = tips,
    row = "smoker",
    col = "time",
    kind = "violin",
)
plt.show()
```

使用 sns.catplot()函数可以避免所有 hue 参数值重叠,例 3.38 的结果如图 3.39 所示。

3.4.5 Seaborn 的样式和主题

本章展示的 Seaborn 绘图均采用了默认的绘图样式。可以使用 sns.set_style()函数更改绘图样式。通常情况下,该函数出现在代码的顶部,并且仅执行一次,所有后续的绘图都将采用相同的样式。

1. 样式

Seaborn 提供了 5 种内置样式: darkgrid、whitegrid、dark、white 和 ticks。使用 with 语句可以临时使用某种样式,而无须将其设置为所有后续绘图的默认样式。如果想将该样式

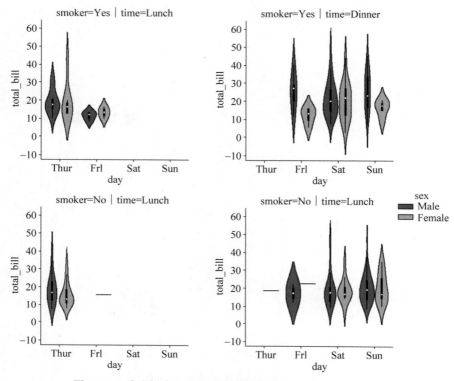

图 3.39　手动创建的包含两个非重叠变量的 Seaborn 分面图

设置为默认,可以使用 sns. set_style("whitegrid")语句而不是 with 语句。

【例 3.39】　使用 sns. set_style()函数将绘图样式修改为 whitegrid。

```
# initial plot for comparison
fig, ax = plt.subplots()
    sns.violinplot(
    data = tips, x = "time", y = "total_bill", hue = "sex", split = True, ax = ax
)

plt.show()

# Use this to set a global default style
# sns.set_style("whitegrid")
# temporarily set style and plot
# remove the with line + indentation if using sns.set_style()
with sns.axes_style("darkgrid"):

fig, ax = plt.subplots()
sns.violinplot(
    data = tips, x = "time", y = "total_bill", hue = "sex", split = True, ax = ax
)

plt.show()
```

图 3.40 显示的是基本图,图 3.41 显示的是 darkgrid 样式的图。

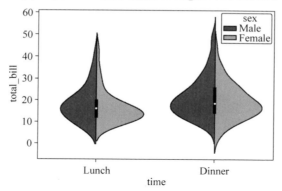

图 3.40　默认 Seaborn 样式的小提琴基本图

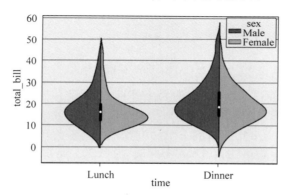

图 3.41　Seaborn 中 darkgrid 样式的小提琴图

【例 3.40】　展示 Seaborn 的所有样式 darkgrid、whitegrid、dark、white 和 ticks 的效果。

```
seaborn_styles = ["darkgrid", "whitegrid", "dark", "white", "ticks"]

fig = plt.figure()
for idx, style in enumerate(seaborn_styles):
    plot_position = idx + 1
    with sns.axes_style(style):
    ax = fig.add_subplot(2, 3, plot_position)
    violin = sns.violinplot(
        data = tips, x = "time", y = "total_bill", ax = ax
)
violin.set_title(style)
fig.set_tight_layout(True)
plt.show()
```

Seaborn 的所有样式如图 3.42 所示。

2. 绘图上下文

Seaborn 库提供了一组上下文(contexts),可以根据不同的上下文快速调整图形的各个

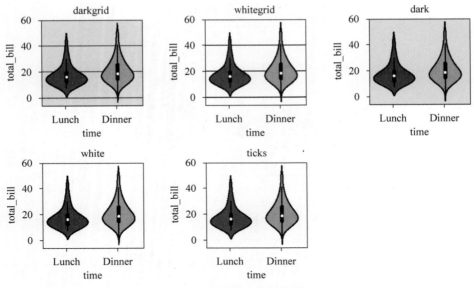

图 3.42 Seaborn 的所有样式

部分（如文字大小、线条宽度、坐标轴刻度大小等）。本章使用了 paper 上下文，因为它适用于印刷文本，但默认上下文是 notebook。

【例 3.41】 为 Seaborn 中所有的上下文设置不同的参数。

```
contexts = pd.DataFrame(
{
    "paper": sns.plotting_context("paper"),
    "notebook": sns.plotting_context("notebook"),
    "talk": sns.plotting_context("talk"),
    "poster": sns.plotting_context("poster"),
}
)
print(contexts)
```

运行后结果如下：

```
axes.linewidth      1.0     1.25     1.875     2.5
grid.linewidth      0.8     1.00     1.500     2.0
lines.linewidth     1.2     1.50     2.250     3.0
lines.markersize    4.8     6.00     9.000     12.0
patch.linewidth     0.8     1.00     1.500     2.0
xtick.major.width   1.0     1.25     1.875     2.5
ytick.major.width   1.0     1.25     1.875     2.5
xtick.minor.width   0.8     1.00     1.500     2.0
ytick.minor.width   0.8     1.00     1.500     2.0
xtick.major.size    4.8     6.00     9.000     12.0
ytick.major.size    4.8     6.00     9.000     12.0
xtick.minor.size    3.2     4.00     6.000     8.0
ytick.minor.size    3.2     4.00     6.000     8.0
font.size           9.6     12.00    18.000    24.0
axes.labelsize      9.6     12.00    18.000    24.0
```

axes.titlesize	9.6	12.00	18.000	24.0
xtick.labelsize	8.8	11.00	16.500	22.0
ytick.labelsize	8.8	11.00	16.500	22.0
legend.fontsize	8.8	11.00	16.500	22.0
legend.title_fontsize	9.6	12.00	18.000	24.0

【例 3.42】　以小提琴图为例，设置 Seaborn 中的上下文。

```
context_styles = contexts.columns

fig = plt.figure()
for idx, context in enumerate(context_styles):
    plot_position = idx + 1
    with sns.plotting_context(context):
    ax = fig.add_subplot(2, 2, plot_position)
    violin = sns.violinplot(
        data = tips, x = "time", y = "total_bill", ax = ax
)
violin.set_title(context)
fig.set_tight_layout(True)
plt.show()
```

结果如图 3.43 所示。

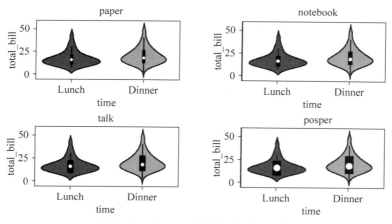

图 3.43　Seaborn 图形的上下文示例

3.4.6　如何浏览 Seaborn 文档

本章在探讨 Seaborn 绘图的过程时讨论了 Matplotlib 库中的不同绘图对象，主要是 Axes 和 Figure 对象。对所有基于 Matplotlib 构建的绘图库，了解如何阅读文档非常重要，这样就可以根据自己的喜好自定义绘图。

接下来，以 3.4.2 节中的小提琴图（图 3.27）和成对关系图（图 3.28）为例，演示如何阅读绘图对象的文档。

1. Matplotlib Axes 对象

例 3.27 中关于图 3.27 的代码片段如下：

```
box_violin, (ax1, ax2) = plt.subplots(nrows = 1, ncols = 2)
sns.boxplot(data = tips, x = 'time', y = 'total_bill', ax = ax1)
sns.violinplot(data = tips, x = 'time', y = 'total_bill', ax = ax2)

ax1.set_title('Box Plot')
ax1.set_xlabel('Time of day')
ax1.set_ylabel('Total Bill')

ax2.set_title('Violin Plot')
ax2.set_xlabel('Time of day')
ax2.set_ylabel('Total Bill')

box_violin.suptitle("Comparison of Box Plot with Violin Plot")

box_violin.set_tight_layout(True)
plt.show()
```

在该特定的例子中,如果查找 sns.violinplot()函数的相关文档,可以看到该函数返回一个 Matplotlib Axes 对象。

返回 ax:Matplotlib Axes。

```
Returns the Axes object with the plot drawn onto it.
```

还可以确认所创建的 ax2 对象是一个 Axes 对象:

```
print(type(ax2))
```

运行后结果如下:

```
< class 'matplotlib.axes._subplots.AxesSubplot'>
```

由于 Axes 对象来自于 Matplotlib,如果想在 sns.violinplot()函数之外对图形进行微调,需要查阅 matplotlib.axes 文档。在该文档中可以找到.set_title()方法的文档,该方法用于创建图形的标题。

2. Matplotlib 图形对象

使用与图 3.27 中相同的重现代码,可以看到所创建的 box_violin 对象的 type()方法,并查阅 Figure 文档。

```
print(type(box_violin))
```

运行后结果如下:

```
< class 'matplotlib.figure.Figure'>
```

可以在这里找到.suptitle()方法,该方法可用于为图形添加总标题。

3. 自定义 Seaborn 对象

复制图 3.28 的代码如下:

```
fig = sns.pairplot(data = tips)
fig.figure.suptitle(
    'Pairwise Relationships of the Tips Data', y = 1.03
)
plt.show()
```

这是一个特定于 Seaborn 的对象示例,即 PairGrid 对象。

```
print(type(fig))
```

运行后结果如下：

```
< class 'seaborn.axisgrid.PairGrid'>
```

向下滚动鼠标滑轮，在文档页面的底部可以看到 PairGrid 对象的所有属性和方法，.suptitle()是一个 matplotlib.Figure 方法。从页面底部的 API 文档中可以看到如何使用 .figure 属性访问底层的 Figure 对象。

3.4.7　下一代 Seaborn 接口

目前，一个新的 Seaborn 接口正在开发中（即下一代 Seaborn 接口）。但是，在本书撰写之时，该接口尚未正式发布。当官方正式推出且 API 稳定运行后，本书配套网站将提供 Seaborn 部分的更新代码。

3.5　Pandas 绘图方法

Pandas 对象本身具备绘图功能。就像 Seaborn 一样，Pandas 内置的绘图函数只是用预设值封装了 Matplotlib。一般来说，使用 Pandas 进行绘图需要使用 DataFrame.plot.< PLOT_TYPE >或 Series.plot.< PLOT_TYPE >方法。

3.5.1　直方图

【例 3.43】　使用 Series.plot.hist()函数绘制直方图。

```
# on a series
fig, ax = plt.subplots()
tips['total_bill'].plot.hist(ax = ax)
plt.show()
```

结果如图 3.44 所示。

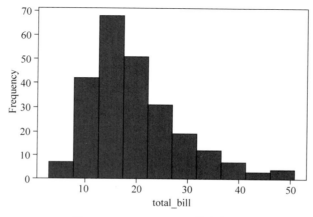

图 3.44　Pandas Series 的直方图

【例3.44】 使用 DataFrame.plot.hist()函数绘制直方图。

```
# on a dataframe
# set alpha channel transparency to see through the overlapping bars
fig, ax = plt.subplots()
tips[['total_bill', 'tip']].plot.hist(alpha = 0.5, bins = 20, ax = ax)
plt.show()
```

结果如图 3.45 所示。

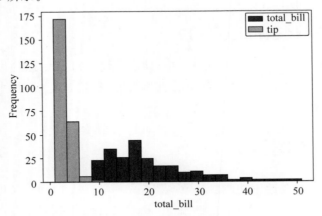

图 3.45 Pandas DataFrame 的直方图

3.5.2 密度图

【例3.45】 使用 DataFrame.plot.kde()函数绘制 2D KDE 图。

```
fig, ax = plt.subplots()
tips['tip'].plot.kde(ax = ax)
plt.show()
```

结果如图 3.46 所示。

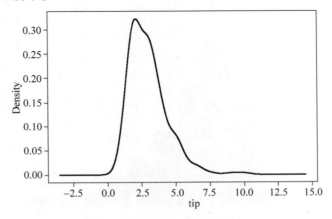

图 3.46 Pandas 2D KDE 图

3.5.3 散点图

【例 3.46】 使用 DataFrame.plot.scatter()函数绘制散点图。

```
fig, ax = plt.subplots()
tips.plot.scatter(x = 'total_bill', y = 'tip', ax = ax)
plt.show()
```

结果如图 3.47 所示。

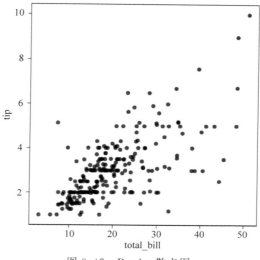

图 3.47 Pandas 散点图

3.5.4 蜂巢图

【例 3.47】 使用 Dataframe.plot.hexbin()函数绘制蜂巢图。

```
fig, ax = plt.subplots()
tips.plot.hexbin(x = 'total_bill', y = 'tip', ax = ax)
plt.show()
```

结果如图 3.48 所示。

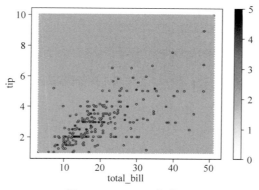

图 3.48 Pandas 蜂巢图

【例3.48】 使用 gridsize 参数调整网格的尺寸。

```
fig, ax = plt.subplots()
tips.plot.hexbin(x = 'total_bill', y = 'tip', gridsize = 10, ax = ax)
plt.show()
```

结果如图 3.49 所示。

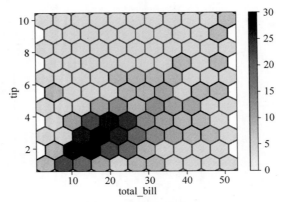

图 3.49 网格尺寸修改后的 Pandas 蜂巢图

3.5.5 箱线图

【例3.49】 使用 DataFrame.plot.box() 函数绘制箱线图。

```
fig, ax = plt.subplots()
ax = tips.plot.box(ax = ax)
plt.show()
```

结果如图 3.50 所示。

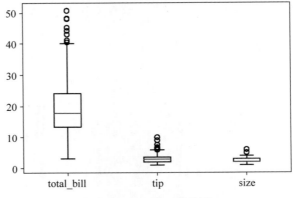

图 3.50 Pandas 箱线图

本章小结

数据可视化是探索性数据分析和数据展示的重要组成部分。本章介绍了探索和呈现数据的各种方法,在后续章节中将介绍更复杂的可视化方法。

互联网上有丰富的绘图和可视化的相关资源。Seaborn 文档、Pandas 可视化文档和 Matplotlib 文档都提供了进一步调整绘图的方法(例如颜色、线条粗细、图例位置、图形注释等)。其他资源还包括用来挑选配色方案的 ColorBrewer,本章中提到的绘图库也有各种配色方案,可用于凸显可视化内容。

第4章

整 洁 数 据

Hadley Wickham 博士是 R 语言社区的知名成员。他在 *Journal of Statistical Software* 上发表的论文 *Tidy Data* 中提出了整洁数据的概念。整洁数据是一种构建数据集的框架，以便于很容易地对数据进行分析和可视化，它可以被视为在数据清理时要达到的目标。一旦理解了什么是整洁数据，数据分析、可视化和收集会变得更加容易。

Hadley Wickham 在论文中提出整洁数据需满足的 3 个标准：①每一行代表一个观测值；②每一列代表一个变量；③每一种观测单元构成一个表格。换句话说，整洁数据的每一行代表一个单独的观测结果（如一个样本），每一列代表数据集的一个属性，每个表格代表一个观测单元（如一个实验）。这样的数据结构可以方便地进行数据分析和可视化。

随后，Hadley Wickham 在其著作 *R For Data Science* 中给出了整洁数据的最新定义，该定义侧重于单个数据集（例如表格）：①每个变量必须有自己的列；②每个观测值必须有自己的行；③每个值必须有自己的单元格。

本章将借用 Hadley Wickham 博士在论文中给出的示例介绍整理数据的各种方法。

学习目标

(1) 确定整洁数据的组成部分。

(2) 确定常见的数据错误。

(3) 使用函数和方法处理和整理数据。

声明：本章使用的数据在加载到 Pandas 中时会出现 NaN 缺失值提示（详见第 9 章）。在原始 CSV 文件中，它们将显示为空值（empty value）。因为整洁数据对于我们应该如何从技术上（而不是道德上）思考数据非常重要，因此整洁数据的概念应该尽早地在书中出现，故将本章前移。当然，为了避免出现缺失值，还可以采取改变数据集的策略，但作者没有这样做，原因是这样做就无法遵循 Hadley Wickham 博士论文中使用的数据，且这样的数据集将不再真实。

4.1　包含值而非变量的列

数据可以有包含值而非变量的列,这种格式通常更便于数据的收集和展示。

4.1.1　固定一列

本节使用皮尤研究中心(Pew Research Center,PRC)提供的有关美国收入和宗教信仰的 pew 数据集,并通过此数据集说明如何处理包含值而非变量的列。首先,导入 pew 数据集:

```
import pandas as pd
pew = pd.read_csv('data/pew.csv')
```

在查看该数据集时发现,并非每列都是一个变量。与收入有关的数值分散在多个列中。对于在表格中呈现数据来说,这种格式是很好的选择,但是对于数据分析而言,该表格还需要进行重塑,以便可以获得 religion、income 和 count 3 个变量。

【例 4.1】　显示 pew 数据集的前几列。

```
# show only the first few columns
print(pew.iloc[:, 0:5])
```

运行后结果如下:

```
      religion            < $ 10k    $ 10 - 20k    $ 20 - 30k    $ 30 - 40k
0     Agnostic            27         34            60            81
1     Atheist             12         27            37            52
2     Buddhist            27         21            30            34
3     Catholic            418        617           732           670
4     Don't know/refused  15         14            15            11
..    ...                 ...        ...           ...           ...
13    Orthodox            13         17            23            32
14    Other Christian     9          7             11            13
15    Other Faiths        20         33            40            46
16    Other World Religions 5        2             3             4
17    Unaffiliated        217        299           374           365
[18 rows x 5 columns]
```

这种数据视图也被称为"宽"(wide)数据。为将其转换为整洁的"长"(long)数据格式,需要对 DataFrame 对象进行逆透视或融合或聚合(unpivot/melt/gather)处理,具体取决于所使用的统计编程语言。

> **注释**:通常使用 R 语言中的术语 pivot 指代从宽数据到长数据的转换,反之亦然。通常会用 pivot_longer 指定从宽数据到长数据的转换,用 pivot_wider 指定从长数据到宽数据的转换。
>
> 本章中,pivot_longer 指的是 DataFrame 对象的 .melt()方法,pivot_wider 指的是 DataFrame 对象的 .pivot()方法。

Pandas 的 DataFrame 对象中有一个叫作.melt()的方法,可以将 DataFrame 重塑为整洁格式,其参数如下。

(1) id_vars:该参数是一个容器(列表、元组或数组 ndarray),所表示的变量要保持原样。

(2) value_vars:该参数指定要融合(或逆透视)的列。默认情况下,它将融合未在 id_vars 参数中指定的所有列。

(3) var_name:该字符串用于指定 value_vars 融合后新列的名称。默认情况下为 variable。

(4) value_name:该字符串用于指定新列的名称,代表 var_name 对应的值。默认情况下为 value。

【**例 4.2**】 使用.melt()方法,在不指定 value_vars 参数的情况下,透视除 pew 数据集中 religion 列之外的所有列。

```
# we do not need to specify a value_vars since we want to pivot
# all the columns except for the 'religion' column
pew_long = pew.melt(id_vars = 'religion')

print(pew_long)
```

运行后结果如下:

```
        religion                variable              value
0       Agnostic                < $ 10k               27
1       Atheist                 < $ 10k               12
2       Buddhist                < $ 10k               27
3       Catholic                < $ 10k               418
4       Don't know/refused      < $ 10k               15
..      ...                     ...                   ...
175     Orthodox                Don't know/refused    73
176     Other Christian         Don't know/refused    18
177     Other Faiths            Don't know/refused    71
178     Other World Religions   Don't know/refused    8
179     Unaffiliated            Don't know/refused    597
[180 rows x 3 columns]
```

> **注意**:在 pandas 中,.melt()方法也可以以函数 pd.melt()的形式来使用。
>
> 下面的两行代码是等效的:
>
> ```
> # melt method
> pew_long = pew.melt(id_vars = 'religion')
>
> # melt function
> pew_long = pd.melt(pew, id_vars = 'religion')
> ```
>
> 在内部,.melt()方法会将函数调用重定向到 Pandas 的 pd.melt()函数。使用.melt()方法的目的是使 Pandas API 更加一致,也允许我们通过方法链式调用(参见附录 U)。

【例 4.3】　更改默认设置，对逆透视或融合后的列进行命名。

```
pew_long = pew.melt(
id_vars = "religion", var_name = "income", value_name = "count"
)
print(pew_long)
```

运行后结果如下：

```
      religion                income              count
0     Agnostic                < $ 10k             27
1     Atheist                 < $ 10k             12
2     Buddhist                < $ 10k             27
3     Catholic                < $ 10k             418
4     Don't know/refused      < $ 10k             15
..    ...                     ...                 ...
175   Orthodox                Don't know/refused  73
176   Other Christian         Don't know/refused  18
177   Other Faiths            Don't know/refused  71
178   Other World Religions   Don't know/refused  8
179   Unaffiliated            Don't know/refused  597
[180 rows x 3 columns]
```

4.1.2　固定多列

在对其余列进行逆透视时，并不是每个数据集都有一个列可以固定不动。

【例 4.4】　查看 Billboard 数据集前面的部分列。

```
billboard = pd.read_csv('data/billboard.csv')

# look at the first few rows and columns
print(billboard.iloc[0:5, 0:16])
```

运行后结果如下：

```
      year    artist          track                   time    date.entered
0     2000    2 Pac           Baby Don't Cry(Keep...  4:22    2000 - 02 - 26
1     2000    2Ge + her       The Hardest Part Of...  3:15    2000 - 09 - 02
2     2000    3 Doors Down    Kryptonite              3:53    2000 - 04 - 08
3     2000    3 Doors Down    Loser                   4:24    2000 - 10 - 21
4     2000    504 Boyz        Wobble Wobble           3:35    2000 - 04 - 15

      wk1   wk2    wk3    wk4    wk5    wk6    wk7    wk8    wk9    wk10   wk11
0     87    82.0   72.0   77.0   87.0   94.0   99.0   NaN    NaN    NaN    NaN
1     91    87.0   92.0   NaN    NaN    NaN    NaN    NaN    NaN    NaN    NaN
2     81    70.0   68.0   67.0   66.0   57.0   54.0   53.0   51.0   51.0   51.0
3     76    76.0   72.0   69.0   67.0   65.0   55.0   59.0   62.0   61.0   61.0
4     57    34.0   25.0   17.0   17.0   31.0   36.0   49.0   53.0   57.0   64.0
```

从以上输出的数据可以看到，每周都对应一列。再次强调，这种数据形式没有任何问题。以这种形式输入数据很方便，并且数据以表格形式呈现更易于理解其含义。但是，有时候需要对数据进行融合，例如绘制一个每周排行的分面图所用的分面变量就需要是 DataFrame 对象中的一个列。

【例 4.5】 使用列表查看 Billboard 数据集的变量。

```
# use a list to reference more than 1 variable
billboard_long = billboard.melt(
 id_vars = ["year", "artist", "track", "time", "date.entered"],
 var_name = "week",
 value_name = "rating",
)

print(billboard_long)
```

运行后结果如下：

```
     year artist          track                time  date.entered  week  rating
0    2000  2 Pac          Baby Don't Cry (Keep...  4:22  2000 − 02 − 26  wk1   87.0
1    2000  2Ge + her      The Hardest Part Of ...  3:15  2000 − 09 − 02  wk1   91.0
2    2000  3 Doors Down   Kryptonite               3:53  2000 − 04 − 08  wk1   81.0
3    2000  3 Doors Down   Loser                    4:24  2000 − 10 − 21  wk1   76.0
4    2000  504 Boyz       Wobble Wobble            3:35  2000 − 04 − 15  wk1   57.0
...  ...   ...            ...                      ...   ...             ...   ...
24087 2000 Yankee Grey    Another Nine Minutes     3:10  2000 − 04 − 29  wk76  NaN
24088 2000 Yearwood, Trisha Real Live Woman        3:55  2000 − 04 − 01  wk76  NaN
24089 2000 Ying Yang Twins Whistle While You Tw... 4:19  2000 − 03 − 18  wk76  NaN
24090 2000 Zombie Nation  Kernkraft 400            3:30  2000 − 09 − 02  wk76  NaN
24091 2000 matchbox twenty Bent                    4:12  2000 − 04 − 29  wk76  NaN
[24092 rows x 7 columns]
```

4.2　包含多个变量的列

有时数据集中的列可能表示多个变量，处理健康数据时经常会遇到这种形式。下面以 Ebola 数据集为例来进行说明。

【例 4.6】 输出 Ebola 数据集的所有列名。

```
ebola = pd.read_csv('data/country_timeseries.csv')
print(ebola.columns)
```

运行后结果如下：

```
Index(['Date', 'Day', 'Cases_Guinea', 'Cases_Liberia', 'Cases_SierraLeone', 'Cases_Nigeria',
       'Cases_Senegal', 'Cases_UnitedStates', 'Cases_Spain', 'Cases_Mali', 'Deaths_
       Guinea', 'Deaths_Liberia', 'Deaths_SierraLeone', 'Deaths_Nigeria', 'Deaths_
       Senegal', 'Deaths_UnitedStates', 'Deaths_Spain', 'Deaths_Mali'],
dtype = 'object')
```

【例 4.7】 输出 Ebola 数据集中指定的行和列。

```
# print select rows and columns
print(ebola.iloc[:5, [0, 1, 2,10]])
```

运行后结果如下：

```
     Date        Day     Cases_Guinea     Deaths_Guinea
0    1/5/2015    289     2776.0           1786.0
1    1/4/2015    288     2775.0           1781.0
```

2	1/3/2015	287	2769.0	1767.0
3	1/2/2015	286	NaN	NaN
4	12/31/2014	284	2730.0	1739.0

实际上,列名 Cases_Guinea 和 Deaths_Guinea 包含两个变量:个人状态(分别是确诊和死亡)、国家名称(Guinea)。数据也以需要进行重塑的宽格式进行排列(使用.melt()方法)。

首先解决将数据融合为长格式的问题:

```
ebola_long = ebola.melt(id_vars = ['Date', 'Day'])
print(ebola_long)
```

运行后结果如下:

```
      Date        Day   variable       value
0     1/5/2015    289   Cases_Guinea   2776.0
1     1/4/2015    288   Cases_Guinea   2775.0
2     1/3/2015    287   Cases_Guinea   2769.0
3     1/2/2015    286   Cases_Guinea   NaN
4     12/31/2014  284   Cases_Guinea   2730.0
...   ...         ...   ...            ...
1947  3/27/2014   5     Deaths_Mali    NaN
1948  3/26/2014   4     Deaths_Mali    NaN
1949  3/25/2014   3     Deaths_Mali    NaN
1950  3/24/2014   2     Deaths_Mali    NaN
1951  3/22/2014   0     Deaths_Mali    NaN
[1952 rows x 4 columns]
```

从概念上讲,可以根据列名中的下画线拆分感兴趣的列。第一部分是新的状态列,第二部分是新的国家列,这需要在 Python 中进行字符串解析和拆分(第 11 章将对此进行详细介绍)。在 Python 中,字符串是一个对象,类似于 Pandas 的 Series 和 DataFrame 对象。第 2 章介绍了 Series 对象可以有.mean()等方法,而 DataFrame 对象可以有.to_csv()等方法。字符串对象也有很多方法。本例中会用到.split()方法,该方法可以获取一个字符串并根据给定的分隔符将其"拆分"。默认情况下,.split()方法将根据空格拆分字符串,但在本例中我们可以传入下画线"_"。要想访问字符串方法,需要使用.str.属性。.str.是一种特殊类型的属性,Pandas 称为访问器(accessor),因为它可以访问字符串方法(有关字符串的更多信息,参阅第 11 章)。访问 Python 字符串方法并允许在整个列上进行操作,这将成为拆分存储在每个值中的多个字符串的关键。

4.2.1 单独拆分和添加列

【例 4.8】 利用.str.访问器调用.split()方法,并使用下画线拆分 Ebola 数据集的variable 列。

```
# get the variable column
# access the string methods
# and split the column based on a delimiter
variable_split = ebola_long.variable.str.split('_')
print(variable_split[:5])
```

运行后结果如下：

```
0 [Cases, Guinea]
1 [Cases, Guinea]
2 [Cases, Guinea]
3 [Cases, Guinea]
4 [Cases, Guinea]
Name: variable, dtype: object
```

依据下画线进行拆分后，拆分结果会返回到一个列表中，可以根据以下特征判断其是否是一个列表：

(1) 了解 Python 基本字符串对象中的 .split() 方法；

(2) 在输出中可以直观地看到方括号[]；

(3) 获取 Series 对象中某一项的 type() 方法。

例如，对于整个容器：

```
# the entire container
print(type(variable_split))
```

运行后结果如下：

```
< class 'pandas.core.series.Series'>
```

对于容器的第一个元素：

```
# the first element in the container
print(type(variable_split[0]))
```

运行后结果如下：

```
< class 'list'>
```

现在该列已被拆分为多个部分，下一步是将这些部分指派给一个新的列。

【例 4.9】 将拆分后的 Ebola 数据集的 variable 列指派给新的列。

(1) 首先需要提取 status 列中所有索引为 0 的元素以及 country 列中所有索引为 1 的元素：

```
status_values = variable_split.str.get(0)
country_values = variable_split.str.get(1)
print(status_values)
```

此时需要再次访问字符串方法，然后使用 .get() 方法获取每行中所需的索引，运行后结果如下：

```
          status
0         Cases
1         Cases
2         Cases
3         Cases
4         Cases
...       ...
1947      Deaths
1948      Deaths
1949      Deaths
1950      Deaths
```

```
1951            Deaths
Name: variable, Length: 1952, dtype: object
```

（2）得到所需的向量后，将它们添加到 DataFrame 对象中：

```
ebola_long['status'] = status_values
ebola_long['country'] = country_values

print(ebola_long)
```

运行后结果如下：

```
        Date        Day     variable        value       status      country
0       1/5/2015    289     Cases_Guinea    2776.0      Cases       Guinea
1       1/4/2015    288     Cases_Guinea    2775.0      Cases       Guinea
2       1/3/2015    287     Cases_Guinea    2769.0      Cases       Guinea
3       1/2/2015    286     Cases_Guinea    NaN         Cases       Guinea
4       12/31/2014  284     Cases_Guinea    2730.0      Cases       Guinea
...     ...         ...     ...             ...         ...         ...
1947    3/27/2014   5       Deaths_Mali     NaN         Deaths      Mali
1948    3/26/2014   4       Deaths_Mali     NaN         Deaths      Mali
1949    3/25/2014   3       Deaths_Mali     NaN         Deaths      Mali
1950    3/24/2014   2       Deaths_Mali     NaN         Deaths      Mali
1951    3/22/2014   0       Deaths_Mali     NaN         Deaths      Mali
[1952 rows x 6 columns]
```

4.2.2 在单个步骤中进行拆分和组合

实际上，可以在一个步骤中完成上述操作。查看 .str.split() 方法的文档（Pandas API 文档> Serires > String Handling 中的（.str.）> .split() 方法），其中有一个名为 expand 的参数，默认值为 False，但若将其设置为 True，它将返回一个 DataFrame 对象，其中每个拆分结果都在单独的一列中，而不是在列表容器的 Series 对象中。

【例 4.10】 重置 ebola_long 的数据，并用下画线扩展。

```
# reset our ebola_long data
ebola_long = ebola.melt(id_vars = ['Date', 'Day'])

# split the column by _ into a dataframe using expand
variable_split = ebola_long.variable.str.split('_', expand = True)

print(variable_split)
```

运行后结果如下：

```
        0           1
0       Cases       Guinea
1       Cases       Guinea
2       Cases       Guinea
3       Cases       Guinea
4       Cases       Guinea
...     ...         ...
1947    Deaths      Mali
1948    Deaths      Mali
1949    Deaths      Mali
```

```
1950  Deaths Mali
1951  Deaths Mali
[1952 rows x 2 columns]
```

自此,就可以使用 Python 和 Pandas 的多重赋值功能(参见附录 Q)将新拆分的列直接赋给原始的 DataFrame 中。由于输出 variable_split 返回了一个包含两列的 DataFrame 对象,因此可以将两个新列赋给 DataFrame ebola_long。

```
ebola_long[['status', 'country']] = variable_split
print(ebola_long)
```

运行后结果如下:

```
        Date       Day   variable       value    status    country
0       1/5/2015   289   Cases_Guinea   2776.0   Cases     Guinea
1       1/4/2015   288   Cases_Guinea   2775.0   Cases     Guinea
2       1/3/2015   287   Cases_Guinea   2769.0   Cases     Guinea
3       1/2/2015   286   Cases_Guinea   NaN      Cases     Guinea
4       12/31/2014 284   Cases_Guinea   2730.0   Cases     Guinea
...     ...        ...   ...            ...       ...       ...
1947    3/27/2014  5     Deaths_Mali    NaN      Deaths    Mali
1948    3/26/2014  4     Deaths_Mali    NaN      Deaths    Mali
1949    3/25/2014  3     Deaths_Mali    NaN      Deaths    Mali
1950    3/24/2014  2     Deaths_Mali    NaN      Deaths    Mali
1951    3/22/2014  0     Deaths_Mali    NaN      Deaths    Mali
[1952 rows x 6 columns]
```

还可以选择使用连接函数(pd.concat())来完成此操作(参见第 6 章)。

4.3　行与列中的变量

有时,数据会被格式化,使得变量同时位于行和列中。也就是说,以本章前几节所述格式的组合形式出现。整理这些数据的大部分方法前面已经介绍过了(.melt()方法以及一些带有.str.访问器属性的字符串解析方法)。下面介绍若某一列数据实际上包含两个变量而不是一个变量的情形。对于此类情形,我们将不得不将变量"透视"到单独的列中,即从长数据转换到宽数据。

```
weather = pd.read_csv('data/weather.csv')
print(weather.iloc[:5, :11])
```

运行后结果如下:

```
     id        year   month   element   d1    d2     d3     d4    d5     d6    d7
0    MX17004   2010   1       tmax      NaN   NaN    NaN    NaN   NaN    NaN   NaN
1    MX17004   2010   1       tmin      NaN   NaN    NaN    NaN   NaN    NaN   NaN
2    MX17004   2010   2       tmax      NaN   27.3   24.1   NaN   NaN    NaN   NaN
3    MX17004   2010   2       tmin      NaN   14.4   14.4   NaN   NaN    NaN   NaN
4    MX17004   2010   3       tmax      NaN   NaN    NaN    NaN   32.1   NaN   NaN
```

天气数据中包括每个月的每一天(d1,d2,…,d31)记录的最低(tmin)和最高(tmax)温度。element 列中包含的变量需要转换后才能成为新列,日期变量需要被"融合"为行值。

再次强调,当前的数据格式没有任何问题。这种格式只是不利于分析,但在报告中呈现数据时,这种格式很适合。

首先处理 day 值:

```
weather_melt = weather.melt(
id_vars = ["id", "year", "month", "element"], var_name = "day",
value_name = "temp",
)

print(weather_melt)
```

运行后结果如下:

```
        id      year   month  element   day   temp
0      MX17004  2010   1      tmax      d1    NaN
1      MX17004  2010   1      tmin      d1    NaN
2      MX17004  2010   2      tmax      d1    NaN
3      MX17004  2010   2      tmin      d1    NaN
4      MX17004  2010   3      tmax      d1    NaN
..     ...      ...    ...    ...       ...   ...
677    MX17004  2010   10     tmin      d31   NaN
678    MX17004  2010   11     tmax      d31   NaN
679    MX17004  2010   11     tmin      d31   NaN
680    MX17004  2010   12     tmax      d31   NaN
681    MX17004  2010   12     tmin      d31   NaN
[682 rows x 6 columns]
```

接下来,需要向上透视存储在 element 列中的变量。

```
weather_tidy = weather_melt.pivot_table(
 index = ['id', 'year', 'month', 'day'],
 columns = 'element',
 values = 'temp'
)

print(weather_tidy)
```

运行后结果如下:

```
element                    tmax    tmin
id        year  month  day
MX17004   2010  1      d30   27.8   14.5
2                      d11   d29.7  13.4
                       d2    27.3   14.4
                       d23   29.9   10.7
                       d3    24.1   14.4
...              ...   ...   ...    ...
                11     d27   27.7   14.2
                       d26   28.1   12.1
                       d4    27.2   12.0
                12     d1    29.9   13.8
                       d6    27.8   10.5
[33 rows x 2 columns]
```

查看透视表,可以注意到 element 列中的每个值现在都是一个单独的列。既可以将该透视表保持为当前状态,也可以将分层的列平铺:

```
weather_tidy_flat = weather_tidy.reset_index()
print(weather_tidy_flat)
```

运行后结果如下：

```
element   id        year   month   day    tmax    tmin
0         MX17004   2010   1       d30    27.8    14.5
1         MX17004   2010   2       d11    29.7    13.4
2         MX17004   2010   2       d2     27.3    14.4
3         MX17004   2010   2       d23    29.9    10.7
4         MX17004   2010   2       d3     24.1    14.4
..        ...       ...    ...     ...    ...     ...
28        MX17004   2010   11      d27    27.7    14.2
29        MX17004   2010   11      d26    28.1    12.1
30        MX17004   2010   11      d4     27.2    12.0
31        MX17004   2010   12      d1     29.9    13.8
32        MX17004   2010   12      d6     27.8    10.5
[33 rows x 6 columns]
```

同样地，还可以直接应用这些方法，而不需要创建中间的 DataFrame 对象：

```
weather_tidy = (
weather_melt
    .pivot_table(
    index = ['id', 'year', 'month', 'day'],
    columns = 'element',
    values = 'temp')
    .reset_index()
)

print(weather_tidy)
```

运行后结果如下：

```
element   id        year   month   day    tmax    tmin
0         MX17004   2010   1       d30    27.8    14.5
1         MX17004   2010   2       d11    29.7    13.4
2         MX17004   2010   2       d2     27.3    14.4
3         MX17004   2010   2       d23    29.9    10.7
4         MX17004   2010   2       d3     24.1    14.4
..        ...       ...    ...     ...    ...     ...
28        MX17004   2010   11      d27    27.7    14.2
29        MX17004   2010   11      d26    28.1    12.1
30        MX17004   2010   11      d4     27.2    12.0
31        MX17004   2010   12      d1     29.9    13.8
32        MX17004   2010   12      d6     27.8    10.5
[33 rows x 6 columns]
```

本章小结

本章探讨了如何将数据重塑为有利于数据分析、可视化和收集的格式。基于 Hadley Wickham 博士在论文"Tidy Data"中给出的概念，展示了重塑数据的各种函数和方法。这是一项重要的技能，因为有些函数需要将数据组织为某种形式，不管是整洁的还是不整洁的，才能发挥作用。对于数据科学家和分析师来说，知道如何重塑数据是一项重要的技能。

第5章

函数的应用

在清理数据的过程中,学习.apply()方法是基础。它还涉及编程中的一些关键概念,主要是编写函数。.apply()方法可以将函数"应用于"(即运行于)DataFrame 中的每一行或每一列,无须为每个元素单独编写代码。

写过程序的读者,对于应用函数的概念应该很熟悉。它类似于在每一行或每一列上编写一个 for 循环并调用函数,或对函数进行调用 map()。通常,这是跨 DataFrame 应用函数的首选方式,因为它往往比 Python 中编写 for 循环要快得多。

如果没有编程经验,那么请认真学习如何轻松地将自定义计算整合到我们的数据中,这些计算可以在我们的数据中轻松地进行重复。

学习目标

(1)创建和使用函数。
(2)使用.apply()方法对 Series 和 DataFrames 进行迭代计算。
(3)确定 Series 和 DataFrame 的哪些部分被传递至.apply()方法中。
(4)使用 Python 装饰器创建向量化函数。

> **声明**:在第二版中,本章也被前移了。这是本书中为数不多的依赖于完全玩具化的一个例子来简化所介绍内容的部分。稍后,我们将在本章学习的技能的基础上再接再厉。

5.1 函数入门

函数是使用.apply()方法的核心元素。有关函数的更多信息请参阅附录 O,此处仅做一个简短的介绍。

函数是对 Python 代码进行分组和重用的一种方法。如果某段代码经常会被复制粘贴,并且使用时仅做少量的更改,就应该考虑将该段代码写入一个函数中。要想创建一个函数,首先需要定义它(使用 def 关键字)。函数体采用缩进格式。

由于每行长度的限制,本书使用两个空格进行缩进,因为它可以创建更容易访问的代码,并且对使用盲文阅读器的人(braille reader)更友好。

基本的函数框架如下所示:

```
def my_function(): # define a new function called my_function
    # indentation for
    # function code
    pass # this statement is here to make a valid empty function
```

既然 Pandas 是用于数据分析的,接下来会编写更多"实用的"函数。

【例 5.1】 计算给定值的平方。

```
def my_sq(x):
    """Squares a given value
    """
    return x ** 2
```

【例 5.2】 计算两个数的平均值。

```
def avg_2(x, y):
    """Calculates the average of 2 numbers
    """
    return (x + y) / 2
```

三重引号"""中的文本是"文档字符串"(docstring)。在查找某个函数的帮助文档时,可以看到该文本。还可以使用这种文档字符串为自定义的函数创建帮助文档。

本书中一直在使用函数和方法。如果想要使用自定义的函数和方法,可以像使用库函数一样调用它们即可。

```
my_calc_1 = my_sq(4)
print(my_calc_1)
```

运行后结果如下:

```
16
```

```
my_calc_2 = avg_2(10, 20)
print(my_calc_2)
```

运行后结果如下:

```
15.0
```

5.2 函数应用基础

现在,已经知道如何编写函数了。那么如何在 Pandas 中使用它们呢? 在处理 DataFrames 时,你更有可能希望在数据的行或列之间使用函数。

【例 5.3】 创建一个包含两列的 DataFrames。

```
import pandas as pd

df = pd.DataFrame({"a": [10, 20, 30], "b": [20, 30, 40]})
print(df)
```

运行后结果如下：

```
     a    b
0   10   20
1   20   30
2   30   40
```

可以在一个 Series(即一个单独的列或行)上.使用自定义的函数。

【例 5.4】 使用自定义函数来计算 a 列的平方。

```
print(df['a'] ** 2)
```

运行后结果如下：

```
0        100
1        400
2        900
Name: a, dtype: int64
```

实际上,在这个非常简单的例子中也可以直接对该列进行平方运算,这样的话就不必使用自定义的函数了。

5.2.1 Series 的.apply()方法

在 Pandas 中,如果使用一对方括号[]来子集化单独的一列或行,返回对象的 type()是 Series。以下为两个示例：

【例 5.5】 使用方括号[]分别子集化数据集第一列和第一行。

```
# get the first column
print(type(df['a']))
# get the first row
print(type(df.iloc[0]))
```

运行后结果分别如下：

```
<class 'pandas.core.series.Series'>
<class 'pandas.core.series.Series'>
```

Series 有一个.apply()方法。要想使用.apply()方法需要给它传递一个函数,以便在 Series 的每个元素上应用该函数。

【例 5.6】 对列 a 中的每个值进行平方运算。

```
# apply our square function on the 'a' column
sq = df['a'].apply(my_sq)
print(sq)
```

运行后结果如下：

```
0    100
1    400
2    900
Name: a, dtype: int64
```

> **注释**：当将函数传递给.apply()方法时,不需要使用圆括号( ),即传递的是 my_sq 而不是 my_sq()。

> 在更专业的术语中，这被称为函数工厂（function factory）。此处只是传递给.apply() 方法一个将会使用的函数的引用，但是现在并没有调用该函数。

下面，在例5.6的基础上编写一个带有两个参数的函数，第一个参数是一个值，表示幂运算的底数；第二个参数是指数。目前，在my_sq()函数中已经对指数2进行了"硬编码"。

```
def my_exp(x, e):
return x ** e
```

现在，如果想要调用该函数，必须为它提供两个参数。

```
# pass in the exponent,
3 cubed = my_exp(2, 3)
print(cubed)
```

运行后结果如下：

```
8
```

```
# if we don't pass in all the parameters
my_exp(2)
```

运行后结果如下：

```
TypeError: my_exp() missing 1 required positional argument: 'e'
```

但是，如果想要在Series上应用该函数，还需要传入第二个参数。为此，可以将第二个参数作为关键字参数（keyword argument）传递到.apply()方法中。

```
# the exponent, e, to 2
ex = df['a'].apply(my_exp, e = 2)
print(ex)
```

运行后结果如下：

```
0        100
1        400
2        900
Name: a, dtype: int64
```

```
# exponent, e, to 3
ex = df['a'].apply(my_exp, e = 3)
print(ex)
```

运行后结果如下：

```
0       1000
1       8000
2      27000
Name: a, dtype: int64
```

5.2.2　DataFrame的.apply()方法

前面已经学习了如何在一维Series上应用函数，下面比较在处理DataFrame时会有何不同。以下仍使用前面DataFrame的例子：

```
df = pd.DataFrame({"a": [10, 20, 30], "b": [20, 30, 40]})
print(df)
```

运行后结果如下：

```
    a    b
0   10   20
1   20   30
2   30   40
```

DataFrame 通常至少有两个维度。因此，当在 DataFrame 上应用函数时，首先需要指定在哪个坐标轴上应用函数，例如逐列或逐行。

首先编写一个函数，用于接收一个值并将其输出。下面的函数没有 return 语句，只是在屏幕上显示传递给它的内容：

```
def print_me(x): print(x)
```

下面，在 DataFrame 上使用.apply()方法应用该函数。语法与在 Series 上使用.apply()方法类似，但需要指定应用该函数时是按列还是按行。

如果想要按列应用该函数，可以给.apply()方法传递参数 axis＝0 或 axis＝"index"。如果想要按行应用该函数，可以给.apply()方法传递参数 axis＝1 或 axis＝"columns"（作者发现坐标轴参数的 index 和 columns 文本规范有违直觉，所以本书通常会使用带有注释的 0 或 1 符号进行指定。在实际中，出于性能原因，几乎从不会设置 axis＝1 或 axis＝"columns"）。

1. 逐列应用

在使用.apply()方法逐列应用函数时（即对每一列操作），可以使用默认参数 axis＝0：

```
df.apply(print_me, axis = 0)
```

运行后结果如下：

```
0       10
1       20
2       30
Name: a, dtype: int64
0       20
1       30
2       40
Name: b, dtype: int64
a       None
b       None
```

将该输出结果与以下输出结果进行比较：

```
print(df['a'])
print(df['b'])
```

运行后结果分别如下：

```
0       10
1       20
2       30
Name: a, dtype: int64
0       20
1       30
```

```
2       40
Name: b, dtype: int64
```

可以看出,输出结果完全相同。当在 DataFrame 上应用一个函数时(本例中,设置参数 axis＝0,逐列操作),整个坐标轴(比如列)被传递到函数的第一个参数中。为进一步说明这一点,下面编写一个函数来计算 3 个数(数据集各列包含的值)的平均值:

```
def avg_3(x, y, z):
    return (x + y + z) / 3
```

如果试图在列中应用这个函数:

```
# will cause an error
print(df.apply(avg_3))
```

会引发错误:

```
TypeError: avg_3() missing 2 required positional arguments: 'y' and 'z'
```

从错误消息(最后一行)中可以看到,该函数需要 3 个参数(x、y 和 z),但没有传入 y 和 z 参数(也就是第二个和第三个参数)。再次重申,在使用 .apply() 方法时,整列被传递到第一个参数中。为使该函数在 .apply() 方法中正常工作,需要重写部分代码:

```
def avg_3_apply(col):
    """The avg_3 function but apply compatible
    by taking in all the values as the first argument
    and parsing out the values within the function """
    x = col[0]
    y = col[1]
    z = col[2]
    return (x + y + z) / 3

print(df.apply(avg_3_apply))
```

运行后结果如下:

```
a       20.0
b       30.0
dtype: float64
```

现在,已经重新编写了该函数,使它可以接收所有的列值。当应用函数时,会得到 2 个值(分别对应 DataFrame 中的每一列),每个值表示 3 个特定值的平均值。

2. 逐行应用

逐行操作与逐列操作的原理基本相同,唯一不同的是需要使用不同的坐标轴。现在将 .apply() 方法中的参数设置为 axis＝1,这意味着整行将会作为函数的第一个参数进行传递,而不是整列。

由于 DataFrame 例子中有两列三行。因此,刚刚编写的 avg_3_apply() 函数不适用于逐行操作:

```
# will cause an error
print(df.apply(avg_3_apply, axis = 1))
```

会引发错误:

```
IndexError: index 2 is out of bounds for axis 0 with size 2
```

此处存在的主要问题是 index out of bounds(索引超出界限)。将每行数据作为第一个参数传入了函数,但在索引时超出了范围(每一行只有两个值,但试图获取索引 2 的值,即并不存在的第三个元素)。如果想要逐行计算平均值,必须编写如下新的函数:

```
def avg_2_apply(row):
    """Taking the average of row value.
    Assuming that there are only 2 values in a row.
    """
    x = row[0]
    y = row[1]
    return (x + y) / 2

print(df.apply(avg_2_apply, axis = 0))
```

运行后结果如下:

```
a            15.0
b            25.0
dtype: float64
```

5.3 向量化函数

在使用.apply()方法时,可以按列或按行应用函数。在 5.2 节中,如果想要应用函数,必须重新编写该函数,因为整个列或行将被传递到函数的第一个参数中。但是,在某些情况下采用这种方式重写函数是不可行的。可以利用 vectorize()函数和装饰器(decorator)对所有函数进行向量化。对代码进行向量化也可以提升运行性能(参阅附录 V)。

首先创建一个 DataFrame:

```
df = pd.DataFrame({"a": [10, 20, 30], "b": [20, 30, 40]})
print(df)
```

运行后结果如下:

```
    a    b
0   10   20
1   20   30
2   30   40
```

下面是平均值函数,之后可以按行应用它:

```
def avg_2(x, y):
    return (x + y) / 2
```

对于向量化函数,希望能够分别传入 x 和 y 的值向量,并按相同的顺序得到给定 x 和 y 值的平均值。换句话说,想要编写的函数是 avg_2(df['a'], df['y']),得到的结果是 $[15.0, 25.0, 35.0]$:

```
print(avg_2(df['a'], df['b']))
```

运行后结果如下:

```
0          15.0
```

```
1        25.0
2        35.0
dtype: float64
```

这种方法之所以有效，是因为函数内部的计算本质上是向量化的。也就是说，如果将两个数值列相加，Pandas（以及 NumPy 库）会自动执行逐元素加法。同样，当除以一个标量时，它会"广播"该标量，并将每个元素除以该标量。

下面修改该函数，使其执行非向量化计算：

```
import numpy as np

def avg_2_mod(x, y):
    """Calculate the average, unless x is 20
    If the value is 20, return a missing value
    """
    if (x == 20):
        return(np.NaN)
        else:
        return (x + y) / 2
```

运行该函数时会引发一个错误：

```
# will cause an error
print(avg_2_mod(df['a'], df['b']))
```

ValueError: The truth value of a Series is ambiguous. Use a.empty, a.bool(), a.item(), a.any() or a.all().

但是，如果传递给它的是单个的值而不是向量，它就可以正常工作：

```
print(avg_2_mod(10, 20))
```

运行后结果如下：

```
15.0
```

```
print(avg_2_mod(20, 30))
```

运行后结果如下：

```
nan
```

5.3.1　使用 NumPy

下面，更改函数以便当给它一个值向量时可以逐个元素执行计算。可以使用 NumPy 库中的 vectorize()函数来实现。将 np.vectorize()传递给要向量化的函数来创建一个新函数：

```
import numpy as np

# np.vectorize actually creates a new function
avg_2_mod_vec = np.vectorize(avg_2_mod)

# use the newly vectorized function
print(avg_2_mod_vec(df['a'], df['b']))
```

运行后结果如下：

```
[15. nan 35.]
```

如果没有某个函数的源代码，可以如上所示将其向量化。但是，如果该函数是自定义的，则可以使用 Python 装饰器自动地向量化函数，而无须创建新函数。装饰器是一个将其他函数作为输入的函数，并且可以修改该函数的输出。

```
# to use the vectorize decorator
# we use the @ symbol before our function definition
@np.vectorize
def v_avg_2_mod(x, y):
    """Calculate the average, unless x is 20
    Same as before, but we are using the vectorize decorator
    """
    if (x == 20):
        return(np.NaN)
        else:
        return (x + y) / 2


# we can then directly use the vectorized function
# without having to create a new function
print(v_avg_2_mod(df['a'], df['b']))
```

运行后结果如下：

```
[15. nan 35.]
```

5.3.2　使用 Numba 库

Numba 库是专门用于优化 Python 代码的，尤其是针对执行数学计算的数组计算。它也有一个类似于 NumPy 的 vectorize 装饰器。

```
import numba

@numba.vectorize
def v_avg_2_numba(x, y):
    """Calculate the average, unless x is 20
    Using the numba decorator.
    """
    # we now have to add type information to our function
    if (int(x) == 20):
        return(np.NaN) else:
        return (x + y) / 2
```

Numba 库进行了很好的优化，所以并不支持 Pandas 对象。运行该函数时会引发一个错误：

```
print(v_avg_2_numba(df['a'], df['b']))
```

运行后结果如下：

```
ValueError: Cannot determine Numba type of
< class 'pandas.core.series.Series'>
```

实际上，必须使用 Series 对象的 .values 属性传递数据的 NumPy 数组：

```
# passing in the numpy array
print(v_avg_2_numba(df['a'].values, df['b'].values))
```

运行后结果如下：

```
[15. nan 35.]
```

5.4 Lambda 函数

有时，在.apply()方法中使用的函数非常简单，没有必要创建一个单独的函数。

再来看看之前简单的 DataFrame 例子以及求平方函数：

```
df = pd.DataFrame({'a': [10, 20, 30],
                   'b': [20, 30, 40]})
print(df)
```

运行后结果如下：

```
    a   b
0   10  20
1   20  30
2   30  40
```

求平方函数代码如下：

```
def my_sq(x):
    return x ** 2

df['a_sq'] = df['a'].apply(my_sq)
print(df)
```

运行后结果如下：

```
    a   b   a_sq
0   10  20  100
1   20  30  400
2   30  40  900
```

可以看到，实际的函数只有一行简单的代码。通常情况下，人们会选择直接在 apply() 函数中编写该行代码，这种方法被称为使用 Lambda 函数。可以使用 Lambda 函数重写上面的代码：

```
df['a_sq_lamb'] = df['a'].apply(lambda x: x ** 2)
print(df)
```

运行后结果如下：

```
    a   b   a_sq    a_sq_lamb
0   10  20  100     100
1   20  30  400     400
2   30  40  900     900
```

编写 Lambda 函数（匿名函数），要用到 lambda 关键字。由于 apply() 函数会将整个坐标轴作为第一个参数进行传递，因此，Lambda 函数仅需要一个参数 x。lambda x 中的 x 类似于 def my_sq(x)中的 x,a 列中的每个值都将单独传递到 Lambda 函数中。然后可以直接编写函数,而无须定义它,计算结果会自动返回。

虽然可以编写复杂的包含多行的 Lambda 函数,但通常人们只在需要单行计算时才会使用 Lambda 函数。如果 Lambda 函数中包含过多的代码,会变得难以阅读。

本章小结

本章介绍了一个非常重要的概念,即创建可用于目标数据的函数。并非所有的数据清理或操作都可以通过内置函数来完成。在处理和分析数据时,很多时候都需要编写自定义函数。这是数据分析中不可或缺的一部分。

本章用来创建和使用函数的例子非常简单,随着对 Pandas 库的了解越来越多,可以不断尝试和探索更复杂的案例。

第二部分

数 据 处 理

本部分内容包括：

第 6 章　数据组合；

第 7 章　数据规范化；

第 8 章　分组操作：分割-应用-组合。

前面已经介绍了处理数据的基本原理，本部分将详细介绍如何处理数据。数据并不总是由一个部分组成的。首先从第 6 章组合多个数据集开始，将其连接在一起或通过值将其连接。组合数据（combining data）通常是在整洁数据过程中所要做的事情（已在第 4 章介绍），但规范化数据（normalizing data）是将数据分割为单独部分的过程。分割数据似乎有违直觉，但这通常涉及数据存储，是数据库通常要做的事情（第 7 章）。最后，第 8 章将更详细地介绍第 1 章中首次引入的分组操作。

第6章

数 据 组 合

到目前为止,已经介绍了如何使用 Pandas 加载数据并进行基本的可视化。本章将重点介绍各种数据清理任务。通过将多个数据集组合在一起,构建一个用于分析的数据集。

学习目标

(1) 确定何时需要合并数据。
(2) 确定是否需要将数据连接或合并在一起。
(3) 使用适当的函数或方法来组合多个数据集。
(4) 由多个文件生成一个数据集。
(5) 评估数据是否已正确合并。

6.1 组合数据集

第 4 章首次讨论了整洁数据原则。本章将介绍论文"Tidy Data"提到的第三个标准,即每种类型的观测单位都构成一张表格。

当数据整理好后,可能需要将各种表组合在一起才能回答某个问题。例如,公司信息保存在一张单独的表中,而其股票价格保存在另一张表中。如果想查看科技行业所有的股票价格,可能需要先从公司信息表中找出所有科技公司,然后将这些数据与股票价格数据相结合,才能获得回答问题所需的数据。为了减少冗余信息(不必将公司信息与每个股票价格条目存储在一起),数据可能被拆分到不同的表中,但这也就意味着数据分析师必须自己组合相关数据来回答相关的问题。

有时,单个数据集也可能会被拆分成多个部分。例如,对于时间序列数据,每个日期可能在一个单独的文件中,文件可能被分割为多个部分以使单个文件更小。可能还需要将多个来源的数据结合起来回答某个问题(例如将经度和纬度与邮政编码结合起来)。在这两种情况下,都需要将数据合并到一个单独的 DataFrame 中进行分析。

6.2 连接

从概念上来说,组合数据的一种简单方式是连接(concatenation)。连接可以理解为将某行或列追加到数据中。如果数据被分割为多个部分,或者执行了某个计算并想将其追加到数据集中,那么就可以使用连接。

【例 6.1】 载入示例数据集。

```
import pandas as pd

df1 = pd.read_csv('data/concat_1.csv') df2 =
pd.read_csv('data/concat_2.csv') df3 =
pd.read_csv('data/concat_3.csv')

print(df1)
print(df2)
print(df3)
```

运行后结果如下:

```
    A     B     C     D
0   a0    b0    c0    d0
1   a1    b1    c1    d1
2   a2    b2    c2    d2
3   a3    b3    c3    d3

    A     B     C     D
0   a4    b4    c4    d4
1   a5    b5    c5    d5
3   a6    b6    c6    d6
3   a7    b7    c7    d7

    A     B     C     D
0   a8    b8    c8    d8
1   a9    b9    c9    d9
2   a10   b10   c10   d10
3   a11   b11   c11   d11
```

连接可以通过 Pandas 的 concat()函数实现。

6.2.1 查看 DataFrame 的组成

2.3.1 节讨论了 DataFrame 的 3 个组成部分、.index、.columns 和.values。本章会大量使用.index 和.columns。

.index 指的是 DataFrame 左侧的标签,默认情况下,它们将从 0 开始编号。通过.index 获取 DataFrame 的标签:

```
print(df1.index)
```

运行后结果如下:

```
RangeIndex(start = 0, stop = 4, step = 1)
```

index 就是 DataFrame 的一个"坐标轴",Pandas 将按坐标轴进行自动对齐。另一个坐标轴是"列",可以通过.columns 获取 DataFrame 的列名:

```
print(df1.columns)
```

运行后结果如下:

```
Index(['A', 'B', 'C', 'D'], dtype = 'object')
```

为完整起见,DataFrame 的主体使用.values 表示为一个 NumPy 数组,示例如下:

```
print(df1.values)
```

运行后结果如下:

```
[['a0' 'b0' 'c0' 'd0']
['a1' 'b1' 'c1' 'd1']
['a2' 'b2' 'c2' 'd2']
['a3' 'b3' 'c3' 'd3']]
```

6.2.2　添加行

在 Pandas 中,使用 concat()函数将 DataFrame 堆叠(即连接)在一起。要连接的所有 DataFrame 都以列表形式进行传递。

【例6.2】　使用 concat()函数将示例数据集的各部分连接起来。

```
row_concat = pd.concat([df1, df2, df3])
print(row_concat)
```

运行后结果如下:

```
    A    B    C    D
0   a0   b0   c0   d0
1   a1   b1   c1   d1
2   a2   b2   c2   d2
3   a3   b3   c3   d3
0   a4   b4   c4   d4
..  ...  ...  ...  ...
3   a7   b7   c7   d7
0   a8   b8   c8   d8
1   a9   b9   c9   d9
2   a10  b10  c10  d10
3   a11  b11  c11  d11
[12 rows x 4 columns]
```

concat()函数会将 DataFrame 简单地堆叠在一起。如果查看行名(即行索引)会发现,它们只是原始行索引的堆叠版本。如果应用表 2.3 中取数据子集化的各种方法,可以按预期进行子集划分。

```
# subset the fourth row of the concatenated dataframe
print(row_concat.iloc[3, :])
```

运行后结果如下:

```
A    a3
B    b3
C    c3
```

```
D    d3
Name: 3, dtype: object
```

问题：当使用.loc[]对新 DataFrame 进行子集划分时，会发生什么呢？

在 2.1.1 节中介绍了创建 Series 的过程。例如，如果创建一个新的 Series：

```
# create a new row of data
new_row_series = pd.Series(['n1', 'n2', 'n3', 'n4'])
print(new_row_series)
```

运行后结果如下

```
0    n1
1    n2
2    n3
3    n4
dtype: object
```

但是如果将新建的 Series 追加到 DataFrame，就会出现问题：

```
# attempt to add the new row to a dataframe
print(pd.concat([df1, new_row_series]))
```

运行后结果如下：

```
     A     B     C     D     0
0    a0    b0    c0    d0    NaN
1    a1    b1    c1    d1    NaN
2    a2    b2    c2    d2    NaN
3    a3    b3    c3    d3    NaN
0    NaN   NaN   NaN   NaN   n1
1    NaN   NaN   NaN   NaN   n2
2    NaN   NaN   NaN   NaN   n3
3    NaN   NaN   NaN   NaN   n4
```

很显然，以上结果中出现了很多 NaN 值。NaN 是 Python 用于表示"缺失值"的方式（第 9 章将详细介绍缺失值）。本来想将新值追加为一行，但并未实现。事实上，这些代码不仅没有将值追加为一行，而且还创建了一个与其他内容完全不匹配的新列。

思考一下这里到底发生了什么。首先，Series 中并没有一个匹配的列，所以 new_row 被添加到一个新列中。其余的值被连接到 DataFrame 的底部，并保留了原始索引值。

为解决该问题，需要将 Series 转换为 DataFrame。该 DataFrame 包含一行数据，列名是数据将要绑定的列名。

【例 6.3】 将创建的 Series 连接到已有的 DataFrame。

（1）将 Series 转换为 DataFrame：

```
new_row_df = pd.DataFrame(
    # note the double brackets to create a "row" of data
    data = [["n1", "n2", "n3", "n4"]],
    columns = ["A", "B", "C", "D"],
)

print(new_row_df)
```

运行后结果如下：

```
   A    B    C    D
0  n1   n2   n3   n4
```

（2）将新的一行连接到 DataFrame 的底部：

```
# concatenate the row of data
print(pd.concat([df1, new_row_df]))
```

运行后结果如下：

```
   A    B    C    D
0  a0   b0   c0   d0
1  a1   b1   c1   d1
2  a2   b2   c2   d2
3  a3   b3   c3   d3
0  n1   n2   n3   n4
```

concat()是一个通用函数，可以同时连接多个对象。

如果只想连接或追加数据，可以使用 ignore_index 参数重置连接后的行索引：

```
row_concat_i = pd.concat([df1, df2, df3], ignore_index = True)
print(row_concat_i)
```

运行后结果如下：

```
     A     B     C     D
0    a0    b0    c0    d0
1    a1    b1    c1    d1
2    a2    b2    c2    d2
3    a3    b3    c3    d3
4    a4    b4    c4    d4
..   ...   ...   ...   ...
7    a7    b7    c7    d7
8    a8    b8    c8    d8
9    a9    b9    c9    d9
10   a10   b10   c10   d10
11   a11   b11   c11   d11
[12 rows x 4 columns]
```

6.2.3　添加列

连接列与连接行的做法非常相似，主要区别是 concat()函数中的 axis 参数。axis 的默认值为 0（或 index），因此它将按行连接数据。如果传递给函数的参数为 axis＝1（或 axis＝"columns"），则将按列连接数据。

```
col_concat = pd.concat([df1, df2, df3], axis = "columns")
print(col_concat)
```

```
   A    B    C    D    A    B    C    D    A     B     C     D
0  a0   b0   c0   d0   a4   b4   c4   d4   a8    b8    c8    d8
1  a1   b1   c1   d1   a5   b5   c5   d5   a9    b9    c9    d9
2  a2   b2   c2   d2   a6   b6   c6   d6   a10   b10   c10   d10
3  a3   b3   c3   d3   a7   b7   c7   d7   a11   b11   c11   d11
```

如果尝试基于列名对数据进行子集划分或取数据子集，那么得到的结果类似于按行索引连接并按行索引进行子集划分或取数据子集。

【例 6.4】 基于列名 A 提取数据子集。

```
print(col_concat['A'])
```

运行结果如下：

```
   A   A   A
0  a0  a4  a8
1  a1  a5  a9
2  a2  a6  a10
3  a3  a7  a11
```

【例 6.5】 不使用任何 Pandas 函数，直接为 DataFrame 添加一列数据。

```
col_concat['new_col_list'] = ['n1', 'n2', 'n3', 'n4']
print(col_concat)
```

无须使用函数，只要为想要赋予新列的向量传递一个新的列名称即可，运行结果如下：

```
   A   B   C   D   A   B   C   D   A    B    C    D    new_col_list
0  a0  b0  c0  d0  a4  b4  c4  d4  a8   b8   c8   d8   n1
1  a1  b1  c1  d1  a5  b5  c5  d5  a9   b9   c9   d9   n2
2  a2  b2  c2  d2  a6  b6  c6  d6  a10  b10  c10  d10  n3
3  a3  b3  c3  d3  a7  b7  c7  d7  a11  b11  c11  d11  n4
```

【例 6.6】 使用 concat() 函数为 DataFrame 添加一列数据。

```
col_concat['new_col_series'] = pd.Series(['n1', 'n2', 'n3', 'n4'])
print(col_concat)
```

运行结果如下：

```
   A   B   C   D   A   B   C   D   A    B    C    D    new_col_list  new_col_series
0  a0  b0  c0  d0  a4  b4  c4  d4  a8   b8   c8   d8   n1            n1
1  a1  b1  c1  d1  a5  b5  c5  d5  a9   b9   c9   d9   n2            n2
2  a2  b2  c2  d2  a6  b6  c6  d6  a10  b10  c10  d10  n3            n3
3  a3  b3  c3  d3  a7  b7  c7  d7  a11  b11  c11  d11  n4            n4
```

使用 concat() 函数时，只要给它传递一个 DataFrame，它就可以正常工作，但是这种方法需要编写更多的代码。

【例 6.7】 使用重置列索引为 DataFrame 添加一列数据。

```
print(pd.concat([df1, df2, df3], axis = "columns", ignore_index = True))
```

运行结果如下：

```
   0   1   2   3   4   5   6   7   8    9    10   11
0  a0  b0  c0  d0  a4  b4  c4  d4  a8   b8   c8   d8
1  a1  b1  c1  d1  a5  b5  c5  d5  a9   b9   c9   d9
2  a2  b2  c2  d2  a6  b6  c6  d6  a10  b10  c10  d10
3  a3  b3  c3  d3  a7  b7  c7  d7  a11  b11  c11  d11
```

使用重置列索引避免了列名重复。

6.2.4 不同索引下的连接操作

到目前为止，所介绍的示例中均假定执行的是行或列连接，还假定新行有相同的列名，或者新列有相同的行索引。

本节将介绍若行索引和列索引不同时会怎样。

1. 连接具有不同列的行

为方便介绍后续示例，首先调整 DataFrame。

【例 6.8】　调整 DataFrame，重新命名列。

```
# rename the columns of our dataframes
df1.columns = ['A', 'B', 'C', 'D']
df2.columns = ['E', 'F', 'G', 'H']
df3.columns = ['A', 'C', 'F', 'H']
print(df1)
print(df2)
print(df3)
```

运行后，3 个 DataFrame 分别如下：

```
    A    B    C    D
0   a0   b0   c0   d0
1   a1   b1   c1   d1
2   a0   b2   c2   d2
3   a3   b3   c3   d3

    E    F    G    H
0   a4   b4   c4   d4
1   a5   b5   c5   d5
2   a6   b6   c6   d6
3   a7   b7   c7   d7

    A    C    F    H
0   a8   b8   c8   d8
2   a9   b9   c9   d9
5   a10  b10  c10  d10
7   a11  b11  c11  d11
```

如果像 6.2.2 节那样尝试连接 3 个 DataFrame，可以发现连接过程所做的远不止将一个 DataFrame 简单地堆叠在另一个之上。连接过程中，DataFrame 的列会自动对齐，同时 NaN 会填充至任何缺失的区域。

```
row_concat = pd.concat([df1, df2, df3])
print(row_concat)
```

运行结果如下：

```
      A    B    C    D    E    F    G    H
0     a0   b0   c0   d0   NaN  NaN  NaN  NaN
1     a1   b1   c1   d1   NaN  NaN  NaN  NaN
2     a2   b2   c2   d2   NaN  NaN  NaN  NaN
3     a3   b3   c3   d3   NaN  NaN  NaN  NaN
0     NaN  NaN  NaN  NaN  a4   b4   c4   d4
..    ...  ...  ...  ...  ...  ...  ...  ...
3     NaN  NaN  NaN  NaN  a7   b7   c7   d7
0     a8   NaN  b8   NaN  NaN  c8   NaN  d8
1     a9   NaN  b9   NaN  NaN  c9   NaN  d9
2     a10  NaN  b10  NaN  NaN  c10  NaN  d10
```

```
3    a11   NaN   b11   NaN   NaN   c11   NaN   d11
[12 rows x 8 columns]
```

避免包含 NaN 值的方法之一是，仅保留要连接的对象列表中共享的那些列。concat() 函数中的 join 参数可以实现这一点。默认情况下，其值为 outer，这意味着将保留所有的列。但是，可以设置 join＝inner，以便仅保留数据集之间共享的列。

【例 6.9】 连接 3 个 DataFrame 并保留所有的列。

```
print(pd.concat([df1, df2, df3], join = 'inner'))
```

因为 3 个 DataFrame 没有共同的列，所以得到的是一个空的 DataFrame，运行后结果如下：

```
Empty DataFrame Columns: []
Index: [0, 1, 2, 3, 0, 1, 2, 3, 0, 1, 2, 3]
[12 rows x 0 columns]
```

如果这些要连接的 DataFrame 中有共同的列：

```
print(pd.concat([df1,df3], ignore_index = False, join = 'inner'))
```

运行后，可以发现返回的仅是它们共有的列：

```
     A     C
0    a0    c0
1    a1    c1
2    a2    c2
3    a3    c3
0    a8    b8
1    a9    b9
2    a10   b10
3    a11   b11
```

2. 连接具有不同行的列

获取数据并再次修改它们，使它们具有不同的行索引。这里基于例 6.8 中的数据进行修改。

【例 6.10】 再次修改之前的 3 个 DataFrame，使其分别具有不同的行索引。

```
df1.index = [0, 1, 2, 3]
df2.index = [4, 5, 6, 7]
df3.index = [0, 2, 5, 7]

print(df1)
print(df2)
print(df3)
```

运行后，3 个 DataFrame 分别如下：

```
     A     B     C     D
0    a0    b0    c0    d0
1    a1    b1    c1    d1
2    a0    b2    c2    d2
3    a3    b3    c3    d3
```

```
       E     F     G     H
4      a4    b4    c4    d4
5      a5    b5    c5    d5
6      a6    b6    c6    d6
7      a7    b7    c7    d7

       A     C     F     H
0      a8    b8    c8    d8
2      a9    b9    c9    d9
5      a10   b10   c10   d10
7      a11   b11   c11   d11
```

【例 6.11】 沿着 axis＝"columns"(axis＝1)连接 3 个 DataFrame。

```
col_concat = pd.concat([df1, df2, df3], axis = "columns")
print(col_concat)
```

连接时,新的 DataFrame 将按列进行添加,并匹配相应的行索引。索引未对齐的地方会出现缺失值 NaN:

```
     A    B    C    D    E    F    G    H    A    C    F    H
0    a0   b0   c0   d0   NaN  NaN  NaN  NaN  a8   b8   c8   d8
1    a1   b1   c1   d1   NaN  NaN  NaN  NaN  NaN  NaN  NaN  NaN
2    a2   b2   c2   d2   NaN  NaN  NaN  NaN  a9   b9   c9   d9
3    a3   b3   c3   d3   NaN  NaN  NaN  NaN  NaN  NaN  NaN  NaN
4    NaN  NaN  NaN  NaN  a4   b4   c4   d4   NaN  NaN  NaN  NaN
5    NaN  NaN  NaN  NaN  a5   b5   c5   d5   a10  b10  c10  d10
6    NaN  NaN  NaN  NaN  a6   b6   c6   d6   NaN  NaN  NaN  NaN
7    NaN  NaN  NaN  NaN  a7   b7   c7   d7   a11  b11  c11  d11
```

【例 6.12】 通过设置参数 join＝"inner",仅保留索引匹配的结果。

```
print(pd.concat([df1, df3], axis = "columns", join = 'inner'))
```

运行后结果如下:

```
     A    B    C    D    A    C    F    H
0    a0   b0   c0   d0   a8   b8   c8   d8
2    a2   b2   c2   d2   a9   b9   c9   d9
```

6.3　跨多张表的观测单元

数据被拆分为多个文件的原因之一是出于文件大小的考虑。将数据分割为多个部分后,每个部分就可以变得更小。当需要在互联网上或通过电子邮件共享数据时,这样做会有较大的便利,因为许多服务限制了可以打开或共享的文件的大小。数据集被分割还可能与数据的收集过程有关,例如包含股票信息的数据集是按天进行创建的。

前面已经介绍了数据的合并和连接,本节重点介绍快速加载多个数据源并将其组合在一起的技术。

本例中,所有的 Billboard 评级数据都有一个模式:

```
data/billboard - by_week/billboard - XX.csv
```

其中，XX 代表周数（例如 03）。可以使用 Python 内置 pathlib 模块中的模式匹配函数来获取与特定模式匹配的所有文件名的列表。

```
from pathlib import Path

# from my current directory fine (glob) the this pattern
billboard_data_files = (
    Path(".")
    .glob("data/billboard - by_week/billboard - * .csv")
)

# this line is optional if you want to see the full list of files billboard_data_files = sorted
(list(billboard_data_files))

print(billboard_data_files)
```

运行后结果如下：

```
[PosixPath('data/billboard - by_week/billboard - 01.csv'),
        PosixPath('data/billboard - by_week/billboard - 02.csv'),
        PosixPath('data/billboard - by_week/billboard - 03.csv'),
        PosixPath('data/billboard - by_week/billboard - 04.csv'),
        PosixPath('data/billboard - by_week/billboard - 05.csv'),
. .       ...        ...        ...         ...
PosixPath('data/billboard - by_week/billboard - 72.csv'),
        PosixPath('data/billboard - by_week/billboard - 73.csv'),
        PosixPath('data/billboard - by_week/billboard - 74.csv'),
        PosixPath('data/billboard - by_week/billboard - 75.csv'),
        PosixPath('data/billboard - by_week/billboard - 76.csv')]
```

billboard_data_files 的 tape（）是一个生成器对象。因此，如果使用 billboard_data_files，则会丢失其内容。如果想要查看完整的列表，则需要运行：

```
billboard_data_files = list(billboard_data_files)
```

现在，已经有了想要加载的文件名列表，将每个文件加载到一个 DataFrame 中可以选择单独加载每个文件：

```
billboard01 = pd.read_csv(billboard_data_files[0]) billboard02 =
            pd.read_csv(billboard_data_files[1]) billboard03 =
            pd.read_csv(billboard_data_files[2])

# just look at one of the data sets we loaded
print(billboard01)
```

运行后结果如下：

	year	artist	track	time		date. entered	week	rating
0	2000	2 Pac	Baby Don't Cry (Keep...	4:22	0	2000 - 02 - 26	wk1	87.0
1	2000	2Ge + her	The Hardest Part Of ...	3:15	1	2000 - 09 - 02	wk1	91.0
2	2000	3 Doors Down	Kryptonite	3:53	2	2000 - 04 - 08	wk1	81.0
3	2000	3 Doors Down	Loser	4:24	3	2000 - 10 - 21	wk1	76.0
4	2000	504 Boyz	Wobble Wobble	3:35	4	2000 - 04 - 15	wk1	57.0
...	...	...	...	...	...	...	...	...
312	2000	Yankee Grey	Another Nine Minutes	3:10	312	2000 - 04 - 29	wk1	86.0

313	2000	Yearwood, Trisha	Real Live Woman		3:55	313	2000 – 04 – 01		wk1	85.0
314	2000	Ying Yang Twins	Whistle While You Tw...		4:19	314	2000 – 03 – 18		wk1	95.0
315	2000	Zombie Nation	Kernkraft 400		3:30	315	2000 – 09 – 02		wk1	99.0
316	2000	matchbox twenty	Bent		4:12	316	2000 – 04 – 29		wk1	60.0

[317 rows x 7 columns]

可以像在 6.2 节中所做的那样将它们连接起来。

【**例 6.13**】　查看 3 个 DataFrame 的大小以及连接后的 DataFrame 大小。

（1）3 个 DataFrame 的大小。

```
# shape of each dataframe
print(billboard01.shape)
print(billboard02.shape)
print(billboard03.shape)
```

运行后结果如下：

```
(317, 7)
(317, 7)
(317, 7)
```

（2）连接后的 DataFrame 大小。

```
# concatenate the dataframes together
billboard = pd.concat([billboard01, billboard02, billboard03])

# shape of final concatenated taxi data
print(billboard.shape)
```

运行后结果如下：

```
(951, 7)
```

（3）写检查代码，以确保行数连接正确。

```
assert (
    billboard01.shape[0]
    + billboard02.shape[0]
    + billboard03.shape[0]
    == billboard.shape[0]
)
```

当数据被分割成许多部分时，手动保存每个 DataFrame 会很烦琐。为解决该问题，可以使用循环和列表解析（list comprehension）来实现流程自动化。

6.3.1　使用循环加载多个文件

加载多个文件时，一种更简单的方法是先创建一个空白列表，然后使用循环遍历每个 CSV 文件，将其加载到 Pandas 的 DataFrame 中，最后将 DataFrame 追加到列表中。最终想要的数据类型是一个 DataFrame 列表，concat() 函数就是用来连接一个 DataFrame 列表的。

【**例 6.14**】　使用 Path.glob() 方法创建列表。

```
# this part was the same as earlier
from pathlib import Path
```

```
billboard_data_files = (
    Path(".")
    .glob("data/billboard - by_week/billboard - * .csv")
)

# create an empty list to append to
list_billboard_df = []

# loop though each CSV filename
for csv_filename in billboard_data_files:
    # you can choose to print the filename for debugging
    # print(csv_filename)

    # load the CSV file into a dataframe
    df = pd.read_csv(csv_filename)

    # append the dataframe to the list that will hold the dataframes
    list_billboard_df.append(df)

# print the length of the dataframe
print(len(list_billboard_df))
```

Path. glob()方法会返回一个生成器(见附录 P)。这意味着当遍历列表中的每个元素时,相应的元素就会"用完",即不复存在。这样可以节省大量的计算资源,因为 Python 不需要一次性将所有内容都存储在内存中。但缺点是,如果打算多次使用它,则需要重新创建生成器。可以选择使用 list()函数将生成器转换为普通的 Python 列表,以便永久存储所有的元素。

【例 6.15】 使用函数 list(billboard_data_files)将生成器转换为列表。

```
# type of the first element
print(type(list_billboard_df[0]))
```

运行后结果如下:

```
< class 'pandas.core.frame.DataFrame'>
```

```
# look at the first dataframe
print(list_billboard_df[0])
```

运行后结果如下:

	year	artist	track	time	date. entered	week	rating
0	2000	2 Pac	Baby Don't Cry (Keep...	4:22	2000 - 02 - 26	wk15	NaN
1	2000	2Ge + her	The Hardest Part Of ...	3:15	2000 - 09 - 02	wk15	NaN
2	2000	3 Doors Down	Kryptonite	3:53	2000 - 04 - 08	wk15	38.0
3	2000	3 Doors Down	Loser	4:24	2000 - 10 - 21	wk15	72.0
4	2000	504 Boyz	Wobble Wobble	3:35	2000 - 04 - 15	wk15	32.0
...	...	...	...	...	...	...	...
312	2000	Yankee Grey	Another Nine Minutes	3:10	2000 - 04 - 29	wk15	NaN
313	2000	Yearwood, Trisha	Real Live Woman	3:55	2000 - 04 - 01	wk15	NaN
314	2000	Ying Yang Twins	Whistle While You Tw...	4:19	2000 - 03 - 18	wk15	NaN

| 315 | 2000 Zombie Nation | Kernkraft 400 | 3:30 2000 - 09 - 02 | wk15 | NaN |
| 316 | 2000 matchbox twenty | Bent | 4:12 2000 - 04 - 29 | wk15 | 3.0 |

[317 rows x 7 columns]

现在已经有一个 DataFrame 列表,可以将它们连接起来,最后得到其大小为(24092，7)：

```
billboard_loop_concat = pd.concat(list_billboard_df)
print(billboard_loop_concat.shape)
```

6.3.2 使用列表解析加载多个文件

Python 有一个"惯用语",用于循环遍历某些内容并将其添加至列表中,称为列表解析 (list comprehension)。可以用列表解析(详见附录 K)重写之前的循环代码,如下所示(未加注释)：

```
# we have to re - create the generator because we
# "used it up" in the previous example
billboard_data_files = (
    Path(".")
    .glob("data/billboard - by_week/billboard - *.csv")
)
# the loop code without comments list_billboard_df = []
for csv_filename in billboard_data_files:
    df = pd.read_csv(csv_filename)
    list_billboard_df.append(df)


billboard_data_files = (
    Path(".")
    .glob("data/billboard - by_week/billboard - *.csv")
)

# same code in a list comprehension
billboard_dfs = [pd.read_csv(data) for data in billboard_data_files]
```

> **警告**：若收到 ValueError：No object to concatenate 出错消息,意味着没有重新创建 billboard_data_files 生成器。

列表解析返回的结果是一个列表,与之前的循环示例类似,列表长度为 76：

```
print(type(billboard_dfs))
print(len(billboard_dfs))
```

最后,如前所示将结果连接起来：

```
billboard_concat_comp = pd.concat(billboard_dfs)
print(billboard_concat_comp)
```

运行后结果为：

```
  year artist          track              time \
                                          date.entered  week rating
0 2000 2 Pac          Baby Don't Cry (Keep... 4:22  2000 - 02 - 26  wk15  NaN
1 2000 2Ge + her      The Hardest Part Of ... 3:15  2000 - 09 - 02  wk15  NaN
2 2000 3 Doors Down   Kryptonite              3:53  2000 - 04 - 08  wk15  38.0
```

```
3    2000   3 Doors Down      Loser                    4:24    2000 − 10 − 21   wk15   72.0
4    2000   504 Boyz          Wobble Wobble            3:35    2000 − 04 − 15   wk15   78.0
...   ...                     ...                      ...     ...              ...    ...
312  2000 Yankee Grey         Another Nine Minutes     3:10    2000 − 04 − 29   wk18   NaN
313  2000 Yearwood, Trisha    Real Live Woman          3:55    2000 − 04 − 01   wk18   NaN
314  2000 Ying Yang Twins     Whistle While You Tw...   4:19    2000 − 03 − 18   wk18   NaN
315  2000 Zombie Nation       Kernkraft 400            3:30    2000 − 09 − 02   wk18   NaN
316  2000 matchbox twenty     Bent                     4:12    2000 − 04 − 29   wk18   3.0
[24092 rows x 7 columns]
```

6.4　合并多个数据集

6.3 节中提及了数据库的若干概念。在数据库中,想要合并数据表时会用到 join = "inner"和默认的 join = "outer"参数。

除了使用行索引或列索引来进行连接,可能会想要基于共有数据值将两个或更多的 DataFrame 组合在一起。在数据库领域中,该操作被称为连接(join)。

Pandas 为此提供了一个底层为 merge()函数的.join()方法。.join()将依据索引合并 DataFrame 对象,但是 merge()函数更加直观、灵活。

如果想要按行索引来合并 DataFrame,可以考虑使用.join()方法。本节的示例会用到 以下和调查有关的 DataFrame:

```
person = pd.read_csv('data/survey_person.csv')
site = pd.read_csv('data/survey_site.csv')
survey = pd.read_csv('data/survey_survey.csv')
visited = pd.read_csv('data/survey_visited.csv')
```

分别输出显示如下。

(1) person:

```
     ident        personal      family
0    dyer         William       Dyer
1    pb           Frank         Pabodie
2    lake         Anderson      Lake
3    roe          Valentina     Roerich
4    danforth     Frank         Danforth
```

(2) site:

```
     name      lat        long
0    DR − 1    − 49.85    − 128.57
1    DR − 3    − 47.15    − 126.72
2    MSK − 4   − 48.87    − 123.40
```

(3) survey:

```
     taken        person        quant        reading
0    619          dyer          rad          9.82
1    619          dyer          sal          0.13
2    622          dyer          rad          7.80
3    622          dyer          sal          0.09
4    734          pb            rad          8.41
```

```
  ...   ...       ...        ...
16    752       roe        sal        41.60
17    837       lake       rad        1.46
18    837       lake       sal        0.21
19    837       roe        sal        22.50
20    844       roe        rad        11.25
```

（4）visited：

```
       ident       site       dated
0      619         DR - 1     1927 - 02 - 08
1      622         DR - 1     1927 - 02 - 10
2      734         DR - 3     1939 - 01 - 07
3      735         DR - 3     1930 - 01 - 12
4      751         DR - 3     1930 - 02 - 26
5      752         DR - 3     NaN
6      837         MSK - 4    1932 - 01 - 14
7      844         DR - 1     1932 - 03 - 22
```

数据被分割为多个部分，每个部分都是一个观测单元。如果想要查看每个站点的日期以及该站点的经纬度信息，必须组合（及合并）多个 DataFrame。可以使用 Pandas 中的 .merge()方法来完成此操作。

在调用该方法时，被调用的 DataFrame 称为"左 DataFrame"。在 .merge()方法中，第一个参数是"右 DataFrame"，即 left.merge(right)。随后的参数 how 会影响最终合并结果的外观。表 6.1 中给出了更多详细信息。

表 6.1　Pandas 的参数 how 与 SQL 中函数的对应关系

Pandas	SQL	说　明
left	left outer	从左侧保留所有的键
right	right outer	从右侧保留所有的键
outer	full outer	从左右两侧保留所有的键
inner	inner	仅保留左右两侧均有的键

接下来设置 on 参数，该参数指定了要匹配的列。如果左侧列和右侧列的名称不同，可以使用 left_on 和 right_on 参数代替。

6.4.1　一对一合并

最简单的合并仅涉及两个 DataFrame，将其中一列与另一列连接，并且想要连接的列不含任何重复值。

【例 6.16】　修改名为 visited 的 DataFrame，使其不含重复的 site 列数值，使用一对一合并两个 DataFrame。

（1）获取 visited 的子集：

```
visited_subset = visited.loc[[0, 2, 6], :]
print(visited_subset)
```

运行后结果如下：

```
    ident    site      dated
0   619      DR-1      1927-02-08
2   734      DR-3      1939-01-07
6   837      MSK-4     1932-01-14
```

（2）获取子集中 site 列数值的计数：

```
# get a count of the values in the site column
print(
    visited_subset["site"].value_counts()
)
```

运行后结果如下：

```
DR-1            1
DR-3            1
MSK-4           1
Name: site, dtype: int64
```

（3）使用以下代码执行一对一的合并操作：

```
# the default value for 'how' is 'inner'
# so it doesn't need to be specified
o2o_merge = site.merge(
    visited_subset, left_on = "name", right_on = "site"
)
print(o2o_merge)
```

运行后结果如下：

```
    name    lat       long       ident    site     dated
0   DR-1    -49.85    -128.57    619      DR-1     1927-02-08
1   DR-3    -47.15    -126.72    734      DR-3     1939-01-07
2   MSK-4   -48.87    -123.40    837      MSK-4    1932-01-14
```

从两个独立的 DataFrame 中创建了一个新的 DataFrame，其中行是基于一组特定列匹配的。在 SQL 语言中，用于匹配的列称为"键"。

6.4.2 多对一合并

还是执行与 6.4.1 节相同的合并，但这次不使用子集化 DataFrame，此操作称为多对一合并。在这类合并中，有一个 DataFrame 具有重复的键值。

【例 6.17】 修改名为 visited 的 DataFrame，使其不含重复的 site 列数值，使用多对一合并两个 DataFrame。

（1）获取子集中 site 列数值的计数：

```
# get a count of the values in the site column
print(
    visited["site"].value_counts()
)
```

运行后结果如下：

```
DR-3            4
DR-1            3
MSK-4           1
Name: site, dtype: int64
```

（2）在合并中，复制含单个观察值的 DataFrame：

```
m2o_merge = site.merge(visited, left_on = 'name', right_on = 'site')
print(m2o_merge)
```

运行后结果如下：

```
    name    lat       long       ident    site      dated
0   DR-1   -49.85    -128.57    619      DR-1     1927-02-08
1   DR-1   -49.85    -128.57    622      DR-1     1927-02-10
2   DR-1   -49.85    -128.57    844      DR-1     1932-03-22
3   DR-3   -47.15    -126.72    734      DR-3     1939-01-07
4   DR-3   -47.15    -126.72    735      DR-3     930-01-12
5   DR-3   -47.15    -126.72    751      DR-3     1930-02-26
6   DR-3   -47.15    -126.72    752      DR-3     NaN
7   MSK-4  -48.87    -123.40    837      MSK-4    1932-01-14
```

如上所示，site 列的数据（name、lat 以及 long）被复制并与 visited 数据相匹配。

6.4.3 多对多合并

有时候，还希望基于多个列进行匹配。

> 注意：所有执行合并操作的代码使用的都是 .merge() 方法。唯一使结果不同的是左侧和右侧 DataFrame 是否有重复的键。
>
> 在实践中，通常不希望进行多对多合并。因为这意味着键的笛卡儿乘积被连接在一起。也就是说，重复值的每一个组合都会被组合在一起。

【例 6.18】 合并形成两个 DataFrame：第一个由 person 与 survey 合并而成，第二个由 visited 与 survey 合并而成。

```
ps = person.merge(survey, left_on = 'ident', right_on = 'person')
vs = visited.merge(survey, left_on = 'ident', right_on = 'taken')
print(ps)
print(vs)
```

运行后得到的两个 DataFrame 分别如下：

```
    ident   personal    family     taken    person    quant    reading
0   dyer    William     Dyer       619      dyer      rad      9.82
1   dyer    William     Dyer       619      dyer      sal      0.13
2   dyer    William     Dyer       622      dyer      rad      7.80
3   dyer    William     Dyer       622      dyer      sal      0.09
4   pb      Frank       Pabodie    734      pb        rad      8.41
... ...     ...         ...        ...      ...       ...      ...
14  lake    Anderson    Lake       837      lake      rad      1.46
15  lake    Anderson    Lake       837      lake      sal      0.21
16  roe     Valentina   Roerich    752      roe       sal      41.60
17  roe     Valentina   Roerich    837      roe       sal      22.50
18  roe     Valentina   Roerich    844      roe       rad      11.25
[19 rows x 7 columns]

    ident   site        dated      taken    person    quant    reading
0   619     DR-1        1927-02-08 619      dyer      rad      9.82
```

1	619	DR – 1	1927 – 02 – 08	619	dyer	sal	0.13
2	622	DR – 1	1927 – 02 – 10	622	dyer	rad	7.80
3	622	DR – 1	1927 – 02 – 10	622	dyer	sal	0.09
4	734	DR – 3	1939 – 01 – 07	734	pb	rad	8.41
...	...	...	...	...	...	...	...
16	752	DR – 3	NaN	752	roe	sal	41.60
17	837	MSK – 4	1932 – 01 – 14	837	lake	rad	1.46
18	837	MSK – 4	1932 – 01 – 14	837	lake	sal	0.21
19	837	MSK – 4	1932 – 01 – 14	837	roe	sal	22.50
20	844	DR – 1	1932 – 03 – 22	844	roe	rad	11.25

[21 rows x 7 columns]

如上所示,因为左 DataFrame 和右 DataFrame 的键中均有重复值,所以执行了多对多合并。

【例 6.19】 计算合并后的两个 DataFrame 中 quant 列中重复值的数量。

```
print(
 ps["quant"].value_counts()
)
```

第一个合并 DataFrame 中的运行结果:

```
rad             8
sal             8
temp            3
Name: quant, dtype: int64
```

第二个合并 DataFrame 中的运行结果:

```
sal             9
rad             8
temp            4
Name: quant, dtype: int64
```

要想执行多对多合并,可以把要匹配的多个列以 Python 列表的形式传入 merge()即可:

```
ps_vs = ps.merge(
  vs,
  left_on = ["quant"],
  right_on = ["quant"],
)
```

以下代码可以用来查看第一行数据:

```
print(ps_vs.loc[0, :])
```

运行后结果如下:

```
ident_x         dyer
personal        William
family          Dyer
taken_x         619
person_x        dyer
...             ...
site            DR – 1
dated           1927 – 02 – 08
```

```
taken_y              619
person_y             dyer
reading_y            9.82
Name: 0, Length: 13, dtype: object
```

如果列的名称有冲突，Pandas 将自动为列名添加一个后缀。在以上的输出中，带有"_x"后缀的值来自"左 DataFrame"，而带有"_y"后缀的值来自"右 DataFrame"。

6.4.4　使用 assert 语句进行检查

在合并前后对操作进行检查的一种简单方法是查看合并前后数据的行数。如果最终得到的行数比参与合并的任一个 DataFrame 的行数都多，那就意味着发生了多对多合并，这通常是不希望出现的情形。

```
print(ps.shape)        # left dataframe
print(vs.shape)        # right dataframe
print(ps_vs.shape)     # after merge
```

运行后的结果分别为(19，7)、(21，7)和(148，13)。

进行检查的另一种方法是，在存在不良情形时让代码出错。可以使用 Python 中的 assert 语句实现这一点。当表达式的计算结果为 True 时，assert 不会返回任何内容，代码会正常执行下一条语句：

```
# expect this to be true
# note there is no output
assert vs.shape[0] == 21
```

但是，若 assert 的表达式计算结果为 False，则会抛出一个 AssertionError 出错消息，并且代码将终止执行：

```
assert ps_vs.shape[0] <= vs.shape[0]
```

运行后结果如下：

```
AssertionError:
```

使用 assert 语句是一种很好的方法，可以在代码中内嵌检查机制，而无须运行该代码，并且可以直观地检查结果。这也是为函数创建"单元测试"（unit test）的基础。

本章小结

有时候，根据要回答的问题，可能需要组合数据的不同部分或多个数据集。但是，就数据存储而言，用于分析的数据并不一定具有最理想的形态。

本章最后一节所用的调查数据分为 4 个单独的部分，需要合并在一起。在合并之后，数据行中出现了很多的冗余信息。从数据存储和数据输入的角度看，每一行重复都可能导致错误或数据不一致。这就是 Hadley Wichham 在"整洁数据"定义中所说的："每种观测单元都应构成一个表格"。

第7章

数据规范化

Hadley Wichham 在其论文 *Tidy Data* 的最后指出,为了使数据整洁,"……每种观测单元都应构成一个表格"。然而,常常需要将多个数据集组合在一起,以便进行分析(参见第 6 章)。在存储和管理数据时,出于降低重复量以及减少出错可能的考虑,应该将数据规范(normalize)为单独的表。这样,当再次组合数据时,只需进行单次修复就可以了。

学习目标

(1) 厘清整洁数据和数据规范化(normalization)的差异。

(2) 应用数据子集化将数据拆分为规范化的部分。

7.1 一张表中的多个观测单元

了解一张表中是否有多个观测单元,最简单的方法之一是查看每一行,并记录行间任何重复的单元格或值。在政府教育管理数据中,这很常见。在这些数据中,每年都会有学生的人口统计数据,其他一些与时间相关的数据集也是如此。

再来看看 4.1.2 节中整理的 Billboard 数据集。

```python
import pandas as pd
billboard = pd.read_csv('data/billboard.csv')
billboard_long = billboard.melt(
    id_vars = ["year", "artist", "track", "time", "date.entered"],
    var_name = "week",
    value_name = "rating",
)
print(billboard_long)
```

运行后结果如下:

	year artist	track	time date.entered	week	rating
0	2000 2 Pac	Baby Don't Cry (Keep...	4:22 2000 - 02 - 26	wk1	87.0
1	2000 2Ge + her	The Hardest Part Of ...	3:15 2000 - 09 - 02	wk1	91.0
2	2000 3 Doors Down	Kryptonite	3:53 2000 - 04 - 08	wk1	81.0
3	2000 3 Doors Down	Loser	4:24 2000 - 10 - 21	wk1	76.0
4	2000 504 Boyz	Wobble Wobble	3:35 2000 - 04 - 15	wk1	57.0

...	...	...	...	...	...	...
24087	2000	Yankee Grey	Another Nine Minutes	3:10	2000 - 04 - 29	wk76	NaN
24088	2000	Yearwood, Trisha	Real Live Woman	3:55	2000 - 04 - 01	wk76	NaN
24089	2000	Ying Yang Twins	Whistle While You Tw...	4:19	2000 - 03 - 18	wk76	NaN
24090	2000	Zombie Nation	Kernkraft 400	3:30	2000 - 09 - 02	wk76	NaN
24091	2000	matchbox twenty	Bent	4:12	2000 - 04 - 29	wk76	NaN

[24092 rows x 7 columns]

假设基于特定 track 列对数据进行子集化：

```
print(billboard_long.loc[billboard_long.track == 'Loser'])
```

运行后结果如下：

	year	artist	track	time	date.entered	week	rating
3	2000	3 Doors Down	Loser	4:24	2000 - 10 - 21	wk1	76.0
320	2000	3 Doors Down	Loser	4:24	2000 - 10 - 21	wk2	76.0
637	2000	3 Doors Down	Loser	4:24	2000 - 10 - 21	wk3	72.0
954	2000	3 Doors Down	Loser	4:24	2000 - 10 - 21	wk4	69.0
1271	2000	3 Doors Down	Loser	4:24	2000 - 10 - 21	wk5	67.0
...	...	...	...	...	...	...	...
22510	2000	3 Doors Down	Loser	4:24	2000 - 10 - 21	wk72	NaN
22827	2000	3 Doors Down	Loser	4:24	2000 - 10 - 21	wk73	NaN
23144	2000	3 Doors Down	Loser	4:24	2000 - 10 - 21	wk74	NaN
23461	2000	3 Doors Down	Loser	4:24	2000 - 10 - 21	wk75	NaN
23778	2000	3 Doors Down	Loser	4:24	2000 - 10 - 21	wk76	NaN

[76 rows x 7 columns]

实际上，整理后的表格中包含两种类型的数据：曲目信息和每周排行。

7.2 数据规范化过程

为便于分析，最好将曲目信息和每周排行存储在一个单独的表中。这样，存储在 year、artist、track 和 time 列中的数据就不会在数据集中重复出现了。如果数据是手动输入的，这一点就显得尤其重要。在数据输入过程中，相同的值反复出现会增加数据不一致的风险。

可以将 year、artist、track 和 time 列放入一个新的 DataFrame 中，给每组值赋予一个唯一的 ID(Identical Document)。然后，在另一个 DataFrame(表示歌曲、日期、周数及排行)中使用这些唯一的 ID。整个过程可以看作是第 6 章中描述的连接和合并数据的逆步骤。

```
billboard_songs = billboard_long[
    ["year", "artist", "track", "time"]
]
print(billboard_songs.shape)
```

运行后结果如下：

```
(24092, 4)
```

由于该 Dataframe 中存在重复的行，所以需要删除。

```
billboard_songs = billboard_songs.drop_duplicates()
print(billboard_songs.shape)
```

运行后结果如下：

(317, 4)

然后，可以为每行数据赋予一个唯一的值。实现的方法有很多，此处将索引值加 1，这样它就不会从 0 开始了。

```
billboard_songs['id'] = billboard_songs.index + 1
print(billboard_songs)
```

运行后结果如下：

```
     year  artist            track                  time   id
0    2000  2 Pac             Baby Don't Cry (Keep... 4:22   1
1    2000  2Ge + her         The Hardest Part Of ... 3:15   2
2    2000  3 Doors Down      Kryptonite              3:53   3
3    2000  3 Doors Down      Loser                   4:24   4
4    2000  504 Boyz          Wobble Wobble           3:35   5
..   ...   ...               ...                     ...    ...
312  2000  Yankee Grey       Another Nine Minutes    3:10   313
313  2000  Yearwood, Trisha  Real Live Woman         3:55   314
314  2000  Ying Yang Twins   Whistle While You Tw... 4:19   315
315  2000  Zombie Nation     Kernkraft 400           3:30   316
316  2000  matchbox twenty   Bent                    4:12   317
[317 rows x 5 columns]
```

现在，就有了一个单独的歌曲 DataFrame。可以使用新创建的 ID 列将歌曲与其每周排行进行匹配：

```
# Merge the song dataframe to the original data set
billboard_ratings = billboard_long.merge(
billboard_songs, on = ["year", "artist", "track", "time"]
)
print(billboard_ratings.shape)
print(billboard_ratings)
```

运行后，数据集的大小为(24092，8)，内容如下：

```
       year  artist          track  time  date.entered   week  rating  id
0      2000  2 Pac           Baby Don't Cry (Keep... 4:22  2000 - 02 - 26  wk1   87.0    1
1      2000  2 Pac           Baby Don't Cry (Keep... 4:22  2000 - 02 - 26  wk2   82.0    1
2      2000  2 Pac           Baby Don't Cry (Keep... 4:22  2000 - 02 - 26  wk3   72.0    1
3      2000  2 Pac           Baby Don't Cry (Keep... 4:22  2000 - 02 - 26  wk4   77.0    1
4      2000  2 Pac           Baby Don't Cry (Keep... 4:22  2000 - 02 - 26  wk5   87.0    1
...    ...   ...             ...                     ...   ...             ...   ...     ...
24087  2000  matchbox twenty Bent                    4:12  2000 - 04 - 29  wk72  NaN     317
24088  2000  matchbox twenty Bent                    4:12  2000 - 04 - 29  wk73  NaN     317
24089  2000  matchbox twenty Bent                    4:12  2000 - 04 - 29  wk74  NaN     317
24090  2000  matchbox twenty Bent                    4:12  2000 - 04 - 29  wk75  NaN     317
24091  2000  matchbox twenty Bent                    4:12  2000 - 04 - 29  wk76  NaN     317
[24092 rows x 8 columns]
```

最后，对想放入排行 DataFrame 中的列进行子集化：

```
billboard_ratings = billboard_ratings[
    ["id", "date.entered", "week", "rating"]
```

```
]
print(billboard_ratings)
```

运行后结果如下：

```
        id   date.entered   week   rating
0       1    2000-02-26     wk1    87.0
1       1    2000-02-26     wk2    82.0
2       1    2000-02-26     wk3    72.0
3       1    2000-02-26     wk4    77.0
4       1    2000-02-26     wk5    87.0
...     ...  ...            ...    ...
24087   317  2000-04-29     wk72   NaN
24088   317  2000-04-29     wk73   NaN
24089   317  2000-04-29     wk74   NaN
24090   317  2000-04-29     wk75   NaN
24091   317  2000-04-29     wk76   NaN
[24092 rows x 4 columns]
```

本章小结

本章探讨了如何删除数据中的重复信息，以实现高效的数据存储。数据规范化可以看作是为了分析、可视化和模型拟合来准备数据的逆过程。但通常情况下，需要将多个规范化的数据集组合成一个整洁的数据集。

第8章

分组操作：分割-应用-组合

分组操作（grouped operation）是聚合、转换和过滤数据的一种强大方式，它依赖于以下3个步骤。

(1) 分割：根据键将数据分割为若干独立的部分。

(2) 应用：分别处理数据的每个部分。

(3) 组合：将每个部分的处理结果组合以创建一个新的数据集。

以上3步的功能很强大，可以将原始数据分割为独立的部分分别进行计算。使用过数据库的读者会注意到 Pandas 的.groupby()方法的工作原理与 SQL 的 GROUP BY 相同。在采用分布式计算的大数据系统中，"分割-应用-组合"的概念也得到了广泛应用，数据被分割为独立的部分，并被分派到单独的服务器上，在那里应用函数进行处理，然后将结果进行组合。

本章介绍的各种技术不依赖.groupby()方法也能完成。例如，聚合可以通过在 DataFrame 上使用有条件的子集化来完成；转换可以通过将列传递给单独的函数来完成；过滤可以通过有条件的子集化来完成。

但是，使用.groupby()方法处理数据时，代码运行得更快，并且在创建多个组时可以拥有更大的灵活性，也更便于在分布式或并行系统上处理更大的数据集。

学习目标

(1) 理解什么是分组数据。

(2) 使用.groupby()方法计算数据的摘要。

(3) 对分组数据进行聚合、转换和过滤操作。

(4) 按组拆分数据以进行单独计算。

8.1　聚合

聚合是获取多个值并返回一个单个值（single value）的过程。例如计算算术平均值，就是将多个值进行平均以获得单个值。

8.1.1　基本的单变量分组聚合

1.4.1节介绍了如何使用 Gapminder 数据集计算分组平均值。其中,计算了每年的平均预期寿命并绘制成图,这就是一个使用.groupby()方法进行数据聚合的例子。也就是说,使用.groupby()方法来计算每年所有值的汇总统计值,即平均值。

聚合有时也称为汇总(summarization)。这两个术语都意味着涉及某种形式的数据归约。例如,当计算汇总统计量(如平均值)时,获取了多个值,而后用单个值替换它们,这样数据总量就变小了。

【例 8.1】　使用.groupby()方法创建 Gapminder 数据集的一个子集,包含 year 列,并计算每年的平均预期寿命。

```
import pandas as pd
df = pd.read_csv('data/gapminder.tsv', sep = '\t')

# calculate the average life expectancy for each year
avg_life_exp_by_year = df.groupby('year')["lifeExp"].mean()

print(avg_life_exp_by_year)
```

运行后结果如下:

```
year
1952    49.057620
1957    51.507401
1962    53.609249
1967    55.678290
1972    57.647386
...        ...
1987    63.212613
1992    64.160338
1997    65.014676
2002    65.694923
2007    67.007423
Name: lifeExp, Length: 12, dtype: float64
```

可以认为.groupby()方法创建了一个子集,其中包含了某一列(或列中的唯一对)的每个唯一值。

【例 8.2】　计算 Gapminder 数据集中,1952 年的平均预期寿命。

(1)获取 year 列的唯一值:

```
# get a list of unique years in the data
years = df.year.unique()
print(years)
```

运行后结果如下:

```
[1952 1957 1962 1967 1972 1977 1982 1987 1992 1997 2002 2007]
```

(2)遍历 1952 年的数据并进行子集化:

```
# subset the data for the year 1952
```

```
y1952 = df.loc[df.year == 1952, :]
print(y1952)
```

运行后结果如下：

```
     country              continent   year    lifeExp   pop        gdpPercap
0  Afghanistan          Asia        1952    28.801    8425333    779.445314
12 Albania              Europe      1952    55.230    1282697    1601.056136
24 Algeria              Africa      1952    43.077    9279525    2449.008185
36 Angola               Africa      1952    30.015    4232095    3520.610273
48 Argentina            Americas    1952    62.485    17876956   5911.315053
......                  ...         ...     ...       ...        ...
1644 Vietnam            Asia        1952    40.412    26246839   605.066492
1656 West Bank and Gaza Asia        1952    43.160    1030585    1515.592329
1668 Yemen, Rep.        Asia        1952    32.548    4963829    781.717576
1680 Zambia             Africa      1952    42.038    2672000    1147.388831
1692 Zimbabwe           Africa      1952    48.451    3080907    406.884115
[142 rows x 6 columns]
```

（3）在子集数据上应用函数，计算 1952 年的平均预期寿命，即 lifeExp 的平均值。

```
y1952_mean = y1952["lifeExp"].mean()
print(y1952_mean)
```

运行后结果如下：

```
49.057619718309866
```

实际上，.groupby()方法会针对每一年重复该过程（即分割数据），计算平均值（即应用一个函数），并将所有结果放入一个 DataFrame 中（即将值组合在一起）并返回。

当然，mean()函数并不是可以使用的唯一的聚合函数。Pandas 中有许多内置方法，都可以与.groupby()方法搭配使用。

8.1.2 Pandas 内置的聚合方法

表 8.1 列出了 Pandas 中可用于聚合数据的内置方法。

表 8.1 可用于聚合数据的内置方法

Pandas 方法	NumPy/SciPy 函数	说 明
.count()	np.count_nonzero()	频率统计（不包含 NaN 值）
.size()		频率统计（包含 NaN 值）
.mean()	np.mean()	求平均值
.std()	np.std()	求样本标准差
.min()	np.min()	求最小值
.quantile(q=0.25)	np.percentile(q=0.25)	求较小四分位数
.quantile(q=0.50)	np.percentile(q=0.50)	求中位数
.quantile(q=0.75)	np.percentile(q=0.75)	求较大四分位数
.max()	np.max()	求最大值
.sum()	np.sum()	求和
.var()	np.var()	求无偏方差

续表

Pandas 方法	NumPy/SciPy 函数	说　明
.sem()	scipy.stats.sem()	求平均值的无偏标准差
.describe()	scipy.stats.describe()	计数、平均值、标准差、最小值、25％、50％、75％和最大值
.first()		返回第一行
.last()		返回最后一行
.nth()		返回第 n 行（Python 从 0 开始计数）

【例 8.3】　使用.describe()方法同时计算 Gapminder 数据集的多个汇总统计量。

```
# group by continent and describe each group
continent_describe = df.groupby('continent')["lifeExp"].describe()
print(continent_describe)
```

运行后结果如下：

```
          count   mean        std        min      25 %      50 %      75 %       max
continent
Africa    624.0   48.865330   9.150210   23.599   42.37250  47.7920   54.41150   76.442
Americas  300.0   64.658737   9.345088   37.579   58.41000  67.0480   71.69950   80.653
Asia      396.0   60.064903   11.864532  28.801   51.42625  61.7915   69.50525   82.603
Europe    360.0   71.903686   5.433178   43.585   69.57000  72.2410   75.45050   81.757
Oceania   24.0    74.326208   3.795611   69.120   71.20500  73.6650   77.55250   81.235
```

8.1.3　聚合函数

除了表 8.1 中列出的函数，还有其他一些未列出的聚合函数可以使用。除了直接调用聚合方法，也可以调用.agg()方法或.aggregate()方法，并将想用的聚合函数传入。在使用.agg()方法或.aggregate()方法时，需要使用表 8.1 中在 NumPy 或 SciPy 函数中列出的函数。

> **注释**：.agg()是.aggregate()的别名。Pandas 文档建议使用别名.agg()，而不是全拼的.aggregate()方法。

1. 其他库中的函数

通过调用.agg()方法，可以使用 NumPy 库中的 mean()函数。

```
import numpy as np
# calculate the average life expectancy by continent
# but use the np.mean function
cont_le_agg = df.groupby('continent')["lifeExp"].agg(np.mean)

print(cont_le_agg)
```

运行后结果如下：

```
continent
Africa      48.865330
Americas    64.658737
Asia        60.064903
Europe      71.903686
```

```
Oceania          74.326208
Name: lifeExp, dtype: float64
```

> **注释**：当将函数传入 .agg() 方法时，只需要实际的函数对象，不需要"调用"该函数。这就是为什么代码中写为 np.mean 而不是 np.mean()。这与第 5 章中调用 .apply() 方法的情况类似。

2. 用户自定义函数

有时，Pandas 或其他的库中的方法不能提供想要执行的计算，此时也可以编写自定义函数，然后在 .agg() 方法中调用它。

【例 8.4】 创建一个自定义的 mean 函数。

$$\text{mean} = \bar{x} = \frac{1}{n}\sum_{i=0}^{n} x_i \tag{8.1}$$

```python
def my_mean(values):
    """My version of calculating a mean"""
    # get the total number of numbers for the denominator
    n = len(values)

    # start the sum at 0
    sum = 0
    for value in values:
    # add each value to the running sum
    sum += value

    # return the summed values divided by the number of values
    return sum / n
```

注意，此处编写的函数只有一个参数 values。但是，传递给该函数的是由值组成的序列，因此需要对这些值进行迭代求和。

另外，还可以在函数内部通过调用 values.sum() 方法进行求和，与自定义函数中使用的 for 循环相比，这种方式可以更好地处理缺失值（相关概念参阅第 5 章）。

将自定义函数 my_mean() 直接传递给 .agg() 方法。

【例 8.5】 使用自定义函数计算平均预期寿命。

```python
# use our custom function into agg
agg_my_mean = df.groupby('year')["lifeExp"].agg(my_mean)
print(agg_my_mean)
```

运行后结果如下：

```
year
1952    49.057620
1957    51.507401
1962    53.609249
1967    55.678290
1972    57.647386
...        ...
1987    63.212613
1992    64.160338
```

```
1997      65.014676
2002      65.694923
2007      67.007423
Name: lifeExp, Length: 12, dtype: float64
```

最后，可以编写带有多个参数的自定义函数。只要第一个参数接收来自 DataFrame 的值序列，就可以将其他参数作为关键字传递给 .agg() 方法。

【例 8.6】　计算全球平均预期寿命 diff_value，并计算与实际平均寿命的差距。

（1）计算 diff_value：

```
def my_mean_diff(values, diff_value):
    """Difference between the mean and diff_value
    """
    n = len(values)
    sum = 0
    for value in values:
    sum += value
    mean = sum / n
    return(mean - diff_value)

# calculate the global average life expectancy mean
global_mean = df["lifeExp"].mean()
print(global_mean)
```

运行后结果如下：

```
59.474439366197174
```

（2）自定义具有多个参数的聚合函数，计算平均实际寿命和平均预期寿命的差距：

```
# custom aggregation function with multiple parameters
agg_mean_diff = (
  df.g
  roupby("year")
  ["lifeExp"]
  .agg(my_mean_diff, diff_value = global_mean)
)

print(agg_mean_diff)
```

运行后结果如下：

```
    year
    1952     -10.416820
    1957     -7.967038
    1962     -5.865190
    1967     -3.796150
    1972     -1.827053
    ...        ...
    1987      3.738173
    1992      4.685899
    1997      5.540237
    2002      6.220483
    2007      7.532983

Name:lifeExp, Length: 12, dtype: float64
```

8.1.4 同时传入多个函数

如果想要同时计算多个聚合函数,可以将各个函数作为 Python 的一个列表传递给 .agg()方法(适用的函数见表 8.1)。

【例 8.7】 对于数据集,按大洲计算 lifeExp 列的数值、平均值和标准差。

```
# calculate the count, mean, std of the lifeExp by continent
gdf = (
  df
  .groupby("year")
  ["lifeExp"]
  .agg([np.count_nonzero, np.mean, np.std])
)

print(gdf)
```

运行后结果如下:

```
year    count_nonzero    mean         std
1952    142              49.057620    12.225956
1957    142              51.507401    12.231286
1962    142              53.609249    12.097245
1967    142              55.678290    11.718858
1972    142              57.647386    11.381953
...     ...              ...          ...
1987    142              63.212613    10.556285
1992    142              64.160338    11.227380
1997    142              65.014676    11.559439
2002    142              65.694923    12.279823
2007    142              67.007423    12.073021
[12 rows x 3 columns]
```

8.1.5 在.agg()方法中使用 dict

还可以使用其他一些方法在.agg()方法中应用函数。例如,可以将 Python dict 传递给 .agg()方法。但是,结果会有所不同,这取决于是直接在 DataFrame 对象上聚合还是在 Series 对象上聚合。

1. 在 DataFrame 上聚合

在对分组的 DataFrame 指定 dict 时,键是 DataFrame 的列,值是聚合计算中使用的函数。这种方法允许对一个或多个变量进行分组,同时对不同的列使用不同的聚合函数。

【例 8.8】 在 DataFrame 上使用 dict 标记不同的列,并计算 lifeExp 以及 pop 和 gdpPercap 列的中值。

```
# use a dictionary on a dataframe to agg different columns
# for each year
# calculate the average lifeExp, median pop, and median gdpPercap
gdf_dict = df.groupby("year").agg(
{
```

```
        "lifeExp": "mean",
        "pop": "median",
        "gdpPercap": "median"
    }
)
print(gdf_dict)
```

运行后结果如下：

```
    year      lifeExp        pop         gdpPercap
    1952      49.057620      3943953.0    1968.528344
    1957      51.507401      4282942.0    2173.220291
    1962      53.609249      4686039.5    2335.439533
    1967      55.678290      5170175.5    2678.334740
    1972      57.647386      5877996.5    3339.129407
    ...       ...            ...          ...
    1987      63.212613      7774861.5    4280.300366
    1992      64.160338      8688686.5    4386.085502
    1997      65.014676      9735063.5    4781.825478
    2002      65.694923      10372918.5   5319.804524
    2007      67.007423      10517531.0   6124.371108
    [12 rows x 3 columns]
```

2. 在 Series 上聚合

如第 7 章所述，可以在执行 .groupby() 后将 dict 传递到 Series 中，直接计算聚合统计数据并作为返回值，dict 的键是新的列名。但是，这种方式与将 dict 传递到分组的 DataFrame 时的行为不一致，比如例 8.8。为了在分组 Series 计算的输出中显示用户自定义的列名，需要在计算后重命名这些列。

【例 8.9】 在分组 Series 计算的输出中显示用户自定义的列名。

```
gdf = (
    df
    .groupby("year")
    ["lifeExp"]
    .agg(
        [
        np.count_nonzero,
        np.mean,
        np.std,
        ]
    )
    .rename(
        columns = {
            "count_nonzero": "count",
            "mean": "avg",
            "std": "std_dev",
        }
    )
    .reset_index()  # return a flat dataframe
)

print(gdf)
```

运行后结果如下：

```
     year    count    avg          std_dev
0    1952    142      49.057620    12.225956
1    1957    142      51.507401    12.231286
2    1962    142      53.609249    12.097245
3    1967    142      55.678290    11.718858
4    1972    142      57.647386    11.381953
..   ...     ...      ...          ...
7    1987    142      63.212613    10.556285
8    1992    142      64.160338    11.227380
9    1997    142      65.014676    11.559439
10   2002    142      65.694923    12.279823
11   2007    142      67.007423    12.073021
[12 rows x 4 columns]
```

8.2 转换

在转换数据时，需要将 DataFrame 中的值传递给一个函数，然后由该函数来转换数据。与可以接受多个值并返回单个（聚合）值的 .agg() 方法不同，.transform() 方法接受多个值，但返回的是与这些值一一对应的转换值。也就是说，.transform() 方法不会减少数据量。

8.2.1 z-score 示例

z-score 反映了给定数据与平均值的标准差，其中心为 0，标准差为 1。该技术可以将数据标准化，更便于将不同单位的不同变量进行相互比较。其计算式为

$$z = \frac{x - \mu}{\sigma} \tag{8.2}$$

其中，x 为数据集中的一个数据点；μ 为数据集的平均值，由式（8.1）计算得出；σ 为标准差，计算式为

$$\sigma = \sqrt{\frac{1}{n} \sum_{i=1}^{n} (x_i - \mu)^2} \tag{8.3}$$

【例 8.10】 按年份计算预期寿命的 z-score。

（1）自定义函数：

```
def my_zscore(x):
    '''Calculates the z - score of provided data
    'x' is a vector or series of values
    '''
    return((x - x.mean()) / x.std())
```

（2）使用该自定义函数按组对数据进行转换：

```
transform_z = df.groupby('year')["lifeExp"].transform(my_zscore)
print(transform_z)
```

运行后结果如下：

```
0              -1.656854
1              -1.731249
2              -1.786543
3              -1.848157
4              -1.894173
...            ...
1699           -0.081621
1700           -0.336974
1701           -1.574962
1702           -2.093346
1703           -1.948180
Name: lifeExp, Length: 1704, dtype: float64
```

注意，分别运行以下代码，可以看到原 DataFrame 和 transform_z 的行和数据的数量相同，都是 1704：

```
# note the number of rows in our data
print(df.shape)
# note the number of values in our transformation
print(transform_z.shape)
```

SciPy 库有自己的 zscore()函数。在.groupby()方法 和.transform()方法中使用该库中的 zscore()函数，并将其与不使用.groupby()方法时的情况进行比较：

```
from scipy.stats import zscore
# calculate a grouped zscore
sp_z_grouped = df.groupby('year')["lifeExp"].transform(zscore)

# calculate a nongrouped zscore
sp_z_nogroup = zscore(df["lifeExp"])
```

注意，并非所有的 z-score 值都是相同的。

【例 8.11】 分别使用.groupby()方法和.transform()方法计算 z-score。

（1）计算 transform_z 的 z-score：

```
# grouped z - score
print(transform_z.head())
```

运行后结果如下：

```
0              -1.656854
1              -1.731249
2              -1.786543
3              -1.848157
4              -1.894173
Name: lifeExp, dtype: float64
```

（2）使用 SciPy 库对 z-score 进行分组：

```
# grouped z - score using scipy
print(sp_z_grouped.head())
```

运行后结果如下：

```
0              -1.662719
```

```
1           - 1.737377
2           - 1.792867
3           - 1.854699
4           - 1.900878
Name: lifeExp, dtype: float64
```

（3）非分组的 z-score：

```
# nongrouped z - score
print(sp_z_nogroup[:5])
```

运行后结果如下：

```
0           - 2.375334
1           - 2.256774
2           - 2.127837
3           - 1.971178
4           - 1.811033
Name: lifeExp, dtype: float64
```

分组的结果是相似的。但是，在计算非分组的 z-score 时，得到的是在整个数据集上计算出来的，而非按组分出的数据。

8.2.2 缺失值示例

第 9 章将介绍缺失值，并探讨填充缺失值的各种方法。在该章使用的 Ebola 数据集示例中，使用.interpolate()方法前向或后向填充缺失数据是可行的。

对于某些数据集，使用列的平均值来填充缺失值是合理的。但是，在其他时候根据特定组来填充缺失数据可能更好。

【例 8.12】 使用 Seaborn 库的 tips 数据集随机采样 10 行，选取 4 个 total_bill 值并将其变为缺失值。

```
import seaborn as sns
import numpy as np

# set the seed so results are deterministic
np.random.seed(42)

# sample 10 rows from tips
tips_10 = sns.load_dataset("tips").sample(10)

# randomly pick 4 'total_bill' values and turn them into missing
tips_10.loc[
    np.random.permutation(tips_10.index)[:4],
    "total_bill"
] = np.NaN

print(tips_10)
```

运行后结果如下：

	total_bill	tip	sex	smoker	day	time	size
24	19.82	3.18	Male	No	Sat	Dinner	2
6	8.77	2.00	Male	No	Sun	Dinner	2

```
153   NaN     2.00   Male    No    Sun   Dinner  4
211   NaN     5.16   Male    Yes   Sat   Dinner  4
198   NaN     2.00   Female  Yes   Thur  Lunch   2
176   NaN     2.00   Male    Yes   Sun   Dinner  2
192   28.44   2.56   Male    Yes   Thur  Lunch   2
124   12.48   2.52   Female  No    Thur  Lunch   2
9     14.78   3.23   Male    No    Sun   Dinner  2
101   15.38   3.00   Female  Yes   Fri   Dinner  2
```

第9章还将介绍如何使用.fillna()方法填充缺失值。但是，一般不希望简单地将 total_bill 的缺失值填充为 mean 值。也许 sex 列中的 Male 和 Female 具有不同的消费习惯，又或者 total_bill 的值在不同的时间(time)或就餐规模(size)下是不同的。在处理数据时，这些因素都需要考虑。

一般使用.groupby()方法来计算统计值，以填充缺失值。此处没有使用.agg()方法，而是使用.transform()方法。

【例8.13】 对 tips 数据集按 sex 列计算统计值，并填充缺失值。

（1）按 sex 列统计非缺失值的数量：

```
count_sex = tips_10.groupby('sex').count()
print(count_sex)
```

运行后结果如下：

```
sex      total_bill   tip   smoker   day   time   size
Male     4            7     7        7     7      7
Female   2            3     3        3     3      3
```

（2）以上结果给出了 sex 列取不同值时非缺失值的数量，Male 列有 3 个缺失值，Female 列有 1 个缺失值。现在，计算分组平均值，并使用该值填充缺失值：

```
def fill_na_mean(x):
  """Returns the average of a given vector"""
  avg = x.mean()
  return x.fillna(avg)

# calculate a mean 'total_bill' by 'sex'
total_bill_group_mean = (
  tips_10
  .groupby("sex")
  .total_bill
  .transform(fill_na_mean)
)

# assign to a new column in the original data
# you can also replace the original column by using 'total_bill'
tips_10["fill_total_bill"] = total_bill_group_mean
```

如果只查看两个 total_bill 列，可以发现缺失值 NaN 被填充了不同的值。

```
print(tips_10[['sex', 'total_bill', 'fill_total_bill']])
```

运行后结果如下：

```
   sex      total_bill      fill_total_bill
```

```
24   Male    19.82          19.8200
6    Male    8.77           8.7700
153  Male    NaN            17.9525
211  Male    NaN            17.9525
198  Female  NaN            13.9300
176  Male    NaN            17.9525
192  Male    28.44          28.4400
124  Female  12.48          12.4800
9    Male    14.78          14.7800
101  Female  15.38          15.3800
```

8.3 过滤器

使用.groupby()方法可完成的最后一种操作是.filter()方法（过滤）。该方法支持按键拆分数据，然后对数据进行某种布尔子集化运算。与.groupby()方法的所有示例一样，均使用常规的子集化操作来完成相同的任务，相关内容见1.3节和2.4.1节。

【例8.14】 使用完整的tips数据集查看不同size值下的观测次数。

```
# load the tips data set
tips = sns.load_dataset('tips')

# note the number of rows in the original data
print(tips.shape)

# look at the frequency counts for the table size
print(tips['size'].value_counts())
```

运行后，可以看到，原始数据的大小为（244，7），不同size值的聚餐人数如下：

```
2        156
3        38
4        37
5        5
1        4
6        4
Name: size, dtype: int64
```

输出结果显示，聚餐人数为1、5和6的情况并不常见。

【例8.15】 在例8.13基础上过滤掉不常见的数据点，使每组包含30个或更多的观测值。

```
# filter the data such that each group has more than 30 observations
tips_filtered = (
  tips
  .groupby("size")
  .filter(lambda x: x["size"].count() >= 30)
)
print(tips_filtered.shape)
print(tips_filtered['size'].value_counts())
```

运行后可以看到，过滤后数据集的大小为（231，7），表明数据集已经过滤：

```
2           156
3            38
4            37
Name: size, dtype: int64
```

8.4　pandas.core.groupby.DataFrameGroupBy 对象

Pandas 中的 .agg()、.transform() 和 .filter() 方法都是处理分组对象的常用方法。本节介绍分组对象的一些内部工作原理。

8.4.1　分组

本章在 .groupby() 方法之后直接链接调用 .agg()、.transform() 或 .filter() 方法。但其实可以在执行这些方法之前先保存 .groupby() 方法的结果。首先从已子集化的 tips 数据集开始介绍：

```
tips_10 = sns.load_dataset('tips').sample(10, random_state = 42)
print(tips_10)
```

运行后结果如下：

```
     total_bill    tip     sex      smoker    day     time      size
24      19.82      3.18    Male     No        Sat     Dinner    2
6        8.77      2.00    Male     No        Sun     Dinner    2
153     24.55      2.00    Male     No        Sun     Dinner    4
211     25.89      5.16    Male     Yes       Sat     Dinner    4
198     13.00      2.00    Female   Yes       Thur    Lunch     2
176     17.89      2.00    Male     Yes       Sun     Dinner    2
192     28.44      2.56    Male     Yes       Thur    Lunch     2
124     12.48      2.52    Female   No        Thur    Lunch     2
9       14.78      3.23    Male     No        Sun     Dinner    2
101     15.38      3.00    Female   Yes       Fri     Dinner    2
```

可以选择只保存分组对象，而不对其应用 .agg()、.transform() 或 .filter() 方法：

```
# save just the grouped object grouped = tips_10.groupby('sex')
# note that we just get back the object and its memory location
print(grouped)
```

运行后结果如下：

```
< pandas.core.groupby.generic.DataFrameGroupBy object at 0x15ed37880 >
```

如果想要输出已分组结果，得到的将是一个内存引用，其数据类型是 Pandas DataFrameGroupBy 对象。至此，实际上尚未进行任何计算，因为并未执行任何需要计算的操作。如果想要实际查看计算后的分组，需要调用 .groups 属性：

```
# see the actual groups of the groupby
# it returns only the index
print(grouped.groups)
```

运行后结果如下：

```
{'Male': [24, 6, 153, 211, 176, 192, 9], 'Female': [198, 124, 101]}
```

即使向分组的对象请求分组，得到的也只是 DataFrame 的索引。可以将此索引看作行号。这样做可以优化性能，但还未进行任何计算。

注意，这种方法允许只保存分组结果。然后就可以执行 .agg()、transform() 或 .filter() 操作了，并且无须再次执行 .groupby() 语句。

8.4.2 涉及多个变量的分组计算

Python 的优点之一是遵循了 EAFP 原则——应取得谅解而非获得许可（Easier to Ask for Forgiveness than for Permission，EAFP）。本章一直在对单个列执行 .groupby() 计算。但是，如果在 .groupby() 之后指定了想要进行的计算，Python 将对所有可能的列执行该计算，并删除其余列。

【例 8.16】 按 sex 对所有列计算分组平均值。

```
# calculate the mean on relevant columns
avgs = grouped.mean()
print(avgs)
```

运行后结果如下：

```
sex          total_bill        tip           size
Male         20.02             2.875714      2.571429
Female       13.62             2.506667      2.000000
```

如例 8.14 的结果所示，并非所有列都可以计算平均值。此时列出所有列：

```
# list all the columns
print(tips_10.columns)

Index(['total_bill', 'tip', 'sex', 'smoker', 'day', 'time', 'size'], dtype = 'object')
```

结果中并没有返回 smoker、day 和 time 列，因为对这些列求平均值没有意义。以 time 列为例，Dinner 和 Lunch 这两项没有算术平均值。

8.4.3 选择分组

如果想要提取特定的组，可以使用 .get_group() 方法，并传入想要的组。

【例 8.17】 按照 Female 对 tips 数据集进行分组。

```
# get the 'Female' group
female = grouped.get_group('Female')
print(female)
```

运行后结果如下：

```
       total_bill     tip      sex       smoker      day      time      size
198    13.00          2.00     Female    Yes         Thur     Lunch     2
124    12.48          2.52     Female    No          Thur     Lunch     2
101    15.38          3.00     Female    Yes         Fri      Dinner    2
```

8.4.4 遍历分组

仅保存分组对象的另一个好处是，可以逐个遍历这些分组。相较于使用.agg()、.transform()或.filter()方法，有时候使用 for 循环更易于理解问题。而且，有时这是实现功能的唯一途径，但其他时候则可以在实现功能之后继续优化代码，以提高算法性能。

使用 for 循环，可以像遍历 Python 中的其他容器那样遍历分组值。

```
for sex_group in grouped:
print(sex_group)
```

运行后结果如下：

```
('Male',      total_bill    tip     sex      smoker    day     time     size
24            19.82         3.18    Male     No        Sat     Dinner   2
6             8.77          2.00    Male     No        Sun     Dinner   2
153           24.55         2.00    Male     No        Sun     Dinner   4
211           25.89         5.16    Male     Yes       Sat     Dinner   4
176           17.89         2.00    Male     Yes       Sun     Dinner   2
192           28.44         2.56    Male     Yes       Thur    Lunch    2
9             14.78         3.23    Male     No        Sun     Dinner   2)
('Female',    total_bill    tip     sex      smoker    day     time     size
198           13.00         2.00    Female   Yes       Thur    Lunch    2
124           12.48         2.52    Female   No        Thur    Lunch    2
101           15.38         3.00    Female   Yes       Fri     Dinner   2)
```

【例 8.18】 从分组对象中获取其第一个索引。

```
# you can't really get the 0 element from the grouped object
print(grouped[0])
```

如果尝试从分组对象中获取其第一个索引，会收到一条出错消息：

```
KeyError: 'Column not found: 0'
```

原因是该对象是 pandas.core.groupby.DataFrameGroupBy 对象，而不是真正的 Pandas 容器。

【例 8.19】 输出分组元素的第一个元素及循环遍历分组对象时得到的其他内容。

现在，修改 for 循环：

```
for sex_group in grouped:
  # get the type of the object (tuple)
  print(f'the type is: {type(sex_group)}\n')

  # get the length of the object (2 elements)
  print(f'the length is: {len(sex_group)}\n')

  # get the first element
  first_element = sex_group[0]
  print(f'the first element is: {first_element}\n')

  # the type of the first element (string)
  print(f'it has a type of: {type(sex_group[0])}\n')
```

```
# get the second element
second_element = sex_group[1]
print(f'the second element is:\n{second_element}\n')

# get the type of the second element (dataframe)
print(f'it has a type of: {type(second_element)}\n')

# print what we have
print(f'what we have:')
print(sex_group)

# stop after first iteration
break
```

运行后结果如下：

```
the type is: < class 'tuple'>

the length is: 2

the first element is: Male

it has a type of: < class 'str'>
the second element is:

     total_bill   tip    sex   smoker   day    time     size
24   19.82        3.18   Male  No       Sat    Dinner   2
6    8.77         2.00   Male  No       Sun    Dinner   2
153  24.55        2.00   Male  No       Sun    Dinner   4
211  25.89        5.16   Male  Yes      Sat    Dinner   4
176  17.89        2.00   Male  Yes      Sun    Dinner   2
192  28.44        2.56   Male  Yes      Thur   Lunch    2
9    14.78        3.23   Male  No       Sun    Dinner   2

it has a type of: < class 'pandas. core. frame. DataFrame'>
what we have:
('Male',    total_bill  tip   sex    smoker    day     time    size)
24   19.82        3.18   Male   No        Sat     Dinner   2
6    8.77         2.00   Male   No        Sun     Dinner   2
153  24.55        2.00   Male   No        Sun     Dinner   4
211  25.89        5.16   Male   Yes       Sat     Dinner   4
176  17.89        2.00   Male   Yes       Sun     Dinner   2
192  28.44        2.56   Male   Yes       Thur    Lunch    2
9    14.78        3.23   Male   No        Sun     Dinner   2)
```

sex_group 是一个包含双元素的元组（tuple）。其中，第一个元素是表示 Male 数据的一个字符串（str），第二个元素是包含 Male 数据的一个 DataFrame。

当然，也可以不使用本章介绍的这些技术，而使用 for 循环遍历分组值并执行相应的计算。再次强调，有时候 for 循环可能是实现某些任务的唯一方法。比如，针对每个组进行检查的条件非常复杂时，或者想将每个组写入单独的文件中时。如果需要逐个迭代组，则可以使用 for 循环。

8.4.5　多个分组

到目前为止，本章中使用的.groupby()方法中仅包含一个变量。实际上，可以在.groupby()方法中添加多个变量，1.4.1节对此做了简要介绍。

假设按性别(sex)、就餐时间(time)和星期(day)计算tips数据的平均值。可以将['sex', 'time']作为Python的一个列表传入，而不是一直使用的单个字符串：

```
# mean by sex and time
bill_sex_time = tips_10.groupby(['sex', 'time'])
group_avg = bill_sex_time.mean()
```

8.4.6　平铺结果

本节介绍的最后一个主题是.groupby()语句的执行结果。先查看刚刚计算的group_avg的类型：

```
# type of the group_avg
print(type(group_avg))
```

运行后结果如下：

```
< class 'pandas.core.frame.DataFrame'>
```

从输出结果可以看到，group_avg的类型是DataFrame，但是看起来有点奇怪——在DataFrame中似乎出现了空单元格。

如果再查看一下数据集的列，就可以得到期望的结果：

```
print(group_avg.columns)
```

运行后结果如下：

```
Index(['total_bill', 'tip', 'size'], dtype = 'object')
```

但是，在查看索引时却出现了一些有趣的情况：

```
print(group_avg.index)
```

运行后结果如下：

```
MultiIndex([( 'Male', 'Lunch'),
            ( 'Male', 'Dinner'),
            ('Female', 'Lunch'),
            ('Female', 'Dinner')],
names = ['sex', 'time'])
```

如果愿意，也可以使用MultiIndex(层次化索引)。如果想得到一个普通的平铺的DataFrame，可以对结果调用.reset_index()方法：

```
group_method = tips_10.groupby(['sex', 'time']).mean().reset_index()
print(group_method)
```

运行后结果如下：

```
    sex     time     total_bill     tip          size
0   Male    Lunch    28.440000      2.560000     2.000000
1   Male    Dinner   18.616667      2.928333     2.666667
```

```
2       Female    Lunch     12.740000         2.260000    2.000000
3       Female    Dinner    15.380000         3.000000    2.000000
```

或者，还可以在.groupby()方法中使用 as_index=False 参数（默认情况下为 True）：

```
group_param = tips_10.groupby(['sex', 'time'], as_index = False).mean()
print(group_param)
```

运行后结果如下：

```
sex       time      total_bill        tip         size
Male      Lunch     28.440000         2.560000    2.000000
Male      Dinner    18.616667         2.928333    2.666667
Female    Lunch     12.740000         2.260000    2.000000
Female    Dinner    15.380000         3.000000    2.000000
```

8.5　使用多级索引

有时候，可能想要在.groupby()方法之后执行链式计算，用以"平铺"(flatten)结果，然后执行另一条.groupby()语句，但这可能并不是执行计算的最有效方式。

【例 8.20】 读取数据集——芝加哥流感病例的流行病学模拟数据集。

```
# notice that we can even read a compressed zip file of a csv
intv_df = pd.read_csv('data/epi_sim.zip')

print(intv_df)
```

运行后结果如下：

```
         ig_type    intervened    pid          rep       sid     tr
0        3          40            2945244481   201       0.000135
1        3          40            2945710371   201       0.000135
2        3          40            2906995041   201       0.000135
3        3          40            2883548951   201       0.000135
4        3          40            2922712901   201       0.000135
...      ...        ...           ...          ...       ...       ...
9434648  2          87            3456366942   201       0.000166
9434649  3          87            2951252142   201       0.000166
9434650  2          89            2925711192   201       0.000166
9434651  3          89            2925281422   201       0.000166
9434652  2          95            2919567632   201       0.000166
[9434653 rows x 6 columns]
```

> **关于流行病学模拟数据集**：该数据集是使用 Indemics 程序模拟运行得到的，程序由弗吉尼亚理工大学网络动力学和仿真科学实验室（Network Dynamics and Simulation Science Laboratory）开发。

该数据集包含 6 列。

（1）ig_type：边类型（网络中两个节点之间的关系类型，例如 school 和 work）；

（2）intervened：模拟中针对特定人员进行干预的时间（pid）；

（3）pid：模拟人员的 ID 编号；

（4）rep：重复运行（每组模拟参数集均运行多次）；

（5）sid：模拟 ID；

（6）tr：流感病毒的传播值。

【例 8.21】 统计数据集中每次重复的干预次数、干预时间和治疗效果，并随意计算 ig_type，因为只需要一个值即可获得分组的观测数。

```
count_only = (
    intv_df
    .groupby(["rep", "intervened", "tr"])
    ["ig_type"]
    .count()
)
```

```
print(count_only)
```

运行后结果如下：

rep	intervened	tr	
0	8	0.000166	1
	9	0.000152	3
		0.000166	1
	10	0.000152	1
		0.000166	1
...	...	...	...
2	193	0.000135	1
		0.000152	1
	195	0.000135	1
	198	0.000166	1
	199	0.000135	1

```
Name: ig_type, Length: 1196, dtype: int64
```

现在，完成了 .groupby() 和 .count()，可以执行另一个 .groupby() 方法计算平均值。但是，最初的 .groupby() 方法返回的并不是一个普通的平铺的 DataFrame：

```
print(type(count_only))
```

运行后结果如下：

```
< class 'pandas.core.series.Series'>
```

相反，由结果可以看出其是多级索引 Series 的形式。如果想要执行另一个 .groupby() 方法，必须传入参数 level 指明多级索引级别。

【例 8.22】 对数据集设置参数 level 指明多级索引级别，并执行分组计算。

（1）设置参数 level 为[0，1，2]，分别指定第一级、第二级和第三级索引：

```
count_mean = count_only.groupby(level = [0, 1, 2]).mean()
print(count_mean.head())
```

运行后结果如下：

rep	intervened	tr	
0	8	0.000166	1.0
	9	0.000152	3.0
		0.000166	1.0

```
    10                    0.000152    1.0
                          0.000166    1.0
Name: ig_type, dtype: float64
```

（2）将所有操作组合在一条命令中：

```
count_mean = (
    intv_df
    .groupby(["rep", "intervened", "tr"])["ig_type"]
    .count()
    .groupby(level = [0, 1, 2])
    .mean()
)
```

（3）使用以下命令进行计算：

```
import seaborn as sns
import matplotlib.pyplot as plt
fig = sns.lmplot(
    data = count_mean.reset_index(),
    x = "intervened",
    y = "ig_type",
    hue = "rep", col = "tr",
    fit_reg = False,
    palette = "viridis"
)

plt.show()
```

结果如图 8.1 所示。

例 8.22 演示了如何传入一个参数 level 执行额外的 .groupby() 计算。该参数用的是整数，但也可以传入代表级别的字符串，以使代码可读性更强。

【例 8.23】 使用参数 level 传入代表级别的字符串，并使用.cumsum()方法计算累积和。

```
cumulative_count = (
    intv_df
    .groupby(["rep", "intervened", "tr"])
    ["ig_type"]
    .count()
    .groupby(level = ["rep"])
    .cumsum()
    .reset_index()
)

fig = sns.lmplot(
    data = cumulative_count,
    x = "intervened",
    y = "ig_type",
    hue = "rep",
    col = "tr",
    fit_reg = False,
    palette = "viridis"
)
plt.show()
```

运行结果如图 8.2 所示，表明有一次重复没有在模拟中运行。

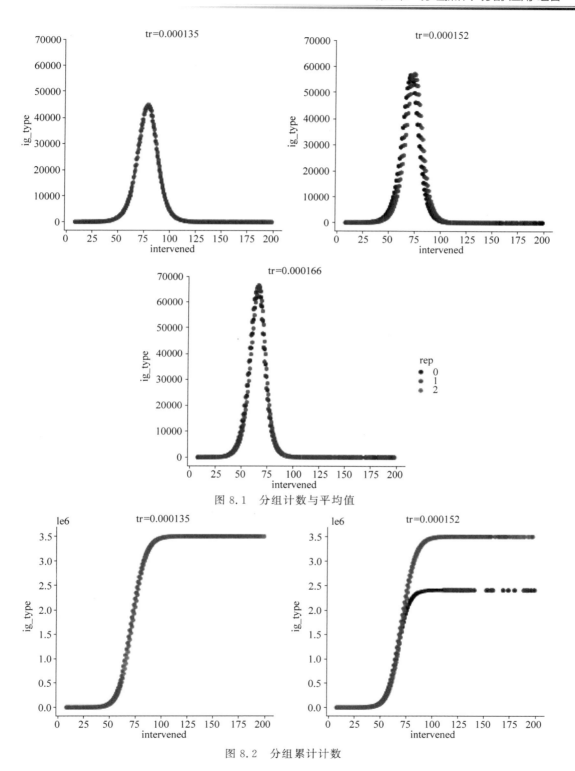

图 8.1 分组计数与平均值

图 8.2 分组累计计数

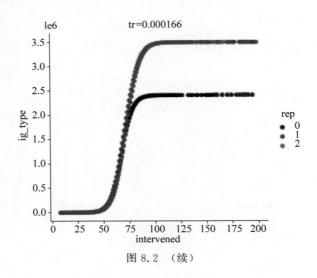

图 8.2 （续）

本章小结

　　.groupby()方法遵循"分割-应用-组合"的模式。该模式功能强大，不仅广泛应用于数据分析，还有助于以不同的方式来思考数据和数据流，从而更容易将其扩展至"大数据"和"分布式"系统。

　　强烈建议读者自行查看.groupby()方法的文档及其通用文档，因为使用.groupby()方法可以完成许多更复杂的任务。本章所介绍的内容应该足以覆盖绝大多数的需求和使用场景。

第三部分

数据类型

本部分内容包括：

第 9 章　缺失数据；

第 10 章　数据类型；

第 11 章　字符串和文本数据；

第 12 章　日期和时间。

在获得所需的数据后，可以对其不同的部分进行处理。本部分主要包括处理缺失数据（第 9 章）、更改存储在列中的数据类型（第 10 章）、处理字符串数据（第 11 章）以及处理日期时间数据（第 12 章）。本部分涉及的数据都是在清理和修改数据时需要处理的常见类型数据。

第9章

缺 失 数 据

几乎所有的数据集中都会遇到缺失值。缺失数据的表示方式有很多,例如,在数据库中用 NULL 值来表示;有些编程语言则使用 NA 表示;根据数据来源的不同,缺失值还可以用空字符串"甚至是 88 或 99 这样的数字来表示。在 Pandas 中,缺失值表示为 NaN。

学习目标

(1) 学习缺失值在 Pandas 中的表示方式。

(2) 了解数据处理中数据可能丢失的方式。

(3) 使用不同的函数来填充缺失值。

9.1　何为 NaN 值

Pandas 中的 NaN 值来自 NumPy 库。在 Pandas 中,缺失值可以有 NaN、NAN 或 nan 3 种表示形式,这 3 种形式并不相同,但在表示缺失值时是等价的。

附录 I 中介绍了如何导入这些缺失值,示例代码如下:

```
# Just import the numpy missing values
from numpy import NaN, NAN, nan
```

缺失值不同于其他类型的数据,它们实际上并不等于任何东西,甚至与其自身也不存在相等的关系。数据缺失了,因此也就无所谓相等或不相等了。NaN 并不等同于 0 或空字符串"。这就是所谓的"三值逻辑"(three-valued logic),例如:

```
print(NaN == True)
print(NaN == 0)
print(NaN == ")
print(NaN == NaN)
print(NaN == NAN)
print(NaN == nan)
print(nan == NAN)
```

运行后结果均为 False。

Pandas 中提供了 isnull()函数以检测缺失值:

```
import pandas as pd
print(pd.isnull(NaN))
print(pd.isnull(nan))
print(pd.isnull(NAN))
```

运行后结果均为 True。

Pandas 中还提供 notnull() 函数检测非缺失值：

```
print(pd.notnull(NaN))
print(pd.notnull(42))
print(pd.notnull('missing'))
```

运行后结果分别为 False、True 和 True。

9.2　缺失值从何而来

缺失值的来源有两种可能：数据集中包含的缺失值；数据清理过程中生成的缺失值。

9.2.1　加载数据

在第 6 章中使用的调查数据包含了名为 visited 的数据集，其中就有缺失数据。当加载数据时，Pandas 会自动找到缺失的数据单元，并在单元中给出一个包含 NaN 值的 DataFrame。在 read_csv() 函数中，有 3 个参数与读取缺失值有关：na_values、keep_default_na 和 na_filter。

参数 na_values 允许指定额外的缺失值或 NaN 值。在读取文件时，可以通过传入 Python 的 str(即字符串)或类似列表的对象，自动将其编码为缺失值。当然，默认缺失值如 NA、NaN 或 nan 是可用的，因此该参数并不常用。有些良好的数据可能会将 99 编码为缺失值，办法是设置 na_values＝[99]。

参数 keep_default_na 是一个布尔值(即取值为 True 或 False)，允许指定是否需要将其他任何值作为缺失值。该参数的默认值为 True，这意味着通过 na_values 参数指定的额外缺失值将被追加到缺失值列表中。不过，也可以将 keep_default_na 设置为 False，这意味着只使用在 na_values 中指定的缺失值。

参数 na_filter 也是一个布尔值，用于指定是否将某些值作为缺失值对待。默认情况下，na_filter＝True 意味着缺失值将被编码为 NaN；如果设置 na_filter＝False，则不会将任何值重新编码为缺失值。该参数可以看作是关闭 na_values 和 keep_default_na 参数设置的一种手段，若想在没有缺失值的情况下提高加载数据的性能，经常会用到该参数。

【例 9.1】　对 visited 数据集分别使用不同参数查看其缺失数据。

```
# set the location for data
visited_file = 'data/survey_visited.csv'
```

(1) 不使用参数：

```
print(pd.read_csv(visited_file))
```

运行后结果如下：

	ident	site	dated
0	619	DR - 1	1927 - 02 - 08
1	622	DR - 1	1927 - 02 - 10
2	734	DR - 3	1939 - 01 - 07
3	735	DR - 3	1930 - 01 - 12
4	751	DR - 3	1930 - 02 - 26
5	752	DR - 3	NaN
6	837	MSK - 4	1932 - 01 - 14
7	844	DR - 1	1932 - 03 - 22

（2）使用参数 keep_default_na：

```
print(pd.read_csv(visited_file, keep_default_na = False))
```

运行后结果如下：

	ident	site	dated
0	619	DR - 1	1927 - 02 - 08
1	622	DR - 1	1927 - 02 - 10
2	734	DR - 3	1939 - 01 - 07
3	735	DR - 3	1930 - 01 - 12
4	751	DR - 3	1930 - 02 - 26
5	752	DR - 3	
6	837	MSK - 4	1932 - 01 - 14
7	844	DR - 1	1932 - 03 - 22

（3）使用参数 na_values 和 keep_default_na：

```
print(
  pd.read_csv(visited_file, na_values = [""], keep_default_na = False)
)
```

运行后结果如下：

	ident	site	dated
0	619	DR - 1	1927 - 02 - 08
1	622	DR - 1	1927 - 02 - 10
2	734	DR - 3	1939 - 01 - 07
3	735	DR - 3	1930 - 01 - 12
4	751	DR - 3	1930 - 02 - 26
5	752	DR - 3	NaN
6	837	MSK - 4	1932 - 01 - 14
7	844	DR - 1	1932 - 03 - 22

9.2.2 合并数据

第 6 章介绍了如何组合数据集，其中一些示例的输出中就存在缺失值。

【例 9.2】 重新创建 6.4 节中的合并表，在合并输出中查看缺失值。

（1）获取 visited 数据：

```
visited = pd.read_csv('data/survey_visited.csv')
survey = pd.read_csv('data/survey_survey.csv')
print(visited)
```

运行后结果如下：

```
     ident      site      dated
0    619        DR－1      1927－02－08
1    622        DR－1      1927－02－10
2    734        DR－3      1939－01－07
3    735        DR－3      1930－01－12
4    751        DR－3      1930－02－26
5    752        DR－3      NaN
6    837        MSK－4     1932－01－14
7    844        DR－1      1932－03－22
```

（2）获取 survey 数据：

print(survey)

运行后结果如下：

```
      taken      person     quant     reading
0     619        dyer       rad       9.82
1     619        dyer       sal       0.13
2     622        dyer       rad       7.80
3     622        dyer       sal       0.09
4     734        pb         rad       8.41
...   ...        ...        ...       ...
16    752        roe        sal       41.60
17    837        lake       rad       1.46
18    837        lake       sal       0.21
19    837        roe        sal       22.50
20    844        roe        rad       11.25
[21 rows x 4 columns]
```

（3）合并数据表：

vs = visited.merge(survey, left_on = 'ident', right_on = 'taken')
print(vs)

运行后结果如下：

```
      ident     site      dated            taken     person     quant     reading
0     619       DR－1      1927－02－08       619       dyer       rad       9.82
1     619       DR－1      1927－02－08       619       dyer       sal       0.13
2     622       DR－1      1927－02－10       622       dyer       rad       7.80
3     622       DR－1      1927－02－10       622       dyer       sal       0.09
4     734       DR－3      1939－01－07       734       pb         rad       8.41
..    ...       ...       ...              ...       ...        ...       ...
16    752       DR－3      NaN              752       roe        sal       41.60
17    837       MSK－4     1932－01－14       837       lake       rad       1.46
18    837       MSK－4     1932－01－14       837       lake       sal       0.21
19    837       MSK－4     1932－01－14       837       roe        sal       22.50
20    844       DR－1      1932－03－22       844       roe        rad       11.25
[21 rows x 7 columns]
```

9.2.3 用户输入值

用户也可以自行创建缺失值，例如基于计算或手动创建的向量来创建一个值向量。在

2.1 节示例的基础上,本节将自行创建包含缺失值的数据。对于 Series 和 DataFrame 对象来说,NaN 值都是有效的。

【例9.3】 查看 Series 对象中的缺失值。

```
# missing value in a series
num_legs = pd.Series({'goat': 4, 'amoeba': nan})
print(num_legs)
```

运行后结果如下:

```
goat          4.0
amoeba        NaN
dtype: float64
```

【例9.4】 查看 DataFrame 对象中的缺失值。

```
# missing value in a dataframe
scientists = pd.DataFrame(
  {
      "Name": ["Rosaline Franklin", "William Gosset"],
      "Occupation": ["Chemist", "Statistician"],
      "Born": ["1920-07-25", "1876-06-13"],
      "Died": ["1958-04-16", "1937-10-16"],
      "missing": [NaN, nan],
  }
)
print(scientists)
```

运行后结果如下:

```
      Name              Occupation    Born          Died          missing
0     Rosaline Franklin Chemist       1920-07-25    1958-04-16    NaN
1     William Gosset    Statistician  1876-06-13    1937-10-16    NaN
```

从以上输出中可以发现,missing 列的数据类型为 float64。这是因为 NumPy 的缺失值 NaN 是一个浮点数。

【例9.5】 查看 scientists 数据集中各列的类型属性。

```
print(scientists.dtypes)
```

运行后结果如下:

```
Name            object
Occupation      object
Born            object
Died            object
missing         float64
dtype: object
```

【例9.6】 对于 scientists 数据集,直接将一列缺失值赋给 DataFrame 对象。

```
# create a new dataframe
scientists = pd.DataFrame(
{
    "Name": ["Rosaline Franklin", "William Gosset"],
    "Occupation": ["Chemist", "Statistician"],
    "Born": ["1920-07-25", "1876-06-13"],
```

```
    "Died": ["1958 - 04 - 16", "1937 - 10 - 16"],
}
)

# assign a column of missing values
scientists["missing"] = nan

print(scientists)
```

运行后结果如下：

```
Name    Occupation          Born          Died          missing
0       Rosaline Franklin   Chemist       1920 - 07 - 25  1958 - 04 - 16  NaN
1       William Gosset      Statistician  1876 - 06 - 13  1937 - 10 - 16  NaN
```

9.2.4　重建索引

将缺失值引入数据的另一种方法是为 DataFrame 重建索引（re-index）。若想为 DataFrame 添加新的索引，但仍想保留其原始值时，该方法非常有用。一种常见的情形是，索引表示的是某个时间间隔，而想为它添加更多日期。

【例 9.7】　对 Gapminder 数据集进行分组操作、子集化，查看其中 2000—2010 年的数据。

（1）对数据集按照平均寿命进行分组操作：

```
gapminder = pd.read_csv('data/gapminder.tsv', sep = '\t')
life_exp = gapminder.groupby(['year'])['lifeExp'].mean()
print(life_exp)
```

运行后结果如下：

```
    year
    1952        49.057620
    1957        51.507401
    1962        53.609249
    1967        55.678290
    1972        57.647386
    ...         ...
    1987        63.212613
    1992        64.160338
    1997        65.014676
    2002        65.694923
    2007        67.007423
    Name: lifeExp, Length: 12, dtype: float64
```

（2）对数据进行子集化：

```
# subset
y2000 = life_exp[life_exp.index > 2000]
print(y2000)
```

运行后结果如下：

```
  year
  2002        65.694923
```

```
2007        67.007423
Name: lifeExp, dtype: float64
```

（3）使用.reindex()方法对其进行重建索引：

```
# reindex
print(y2000.reindex(range(2000, 2010)))
```

运行后结果如下：

```
year
2000      NaN
2001      NaN
2002     65.694923
2003      NaN
2004      NaN
2005      NaN
2006      NaN
2007     67.007423
2008      NaN
2009      NaN
Name: lifeExp, dtype: float64
```

9.3 处理缺失数据

本节介绍如何创建缺失值，以及如何处理数据中的缺失值。

9.3.1 查找和统计缺失数据

统计缺失值数量的一种方法是调用 count() 函数。

【例 9.8】 利用 count() 函数统计 Ebola 数据集中的缺失值数量。

```
ebola = pd.read_csv('data/country_timeseries.csv')

# count the number of non-missing values
print(ebola.count())
```

运行后结果如下：

```
Date                   122
Day                    122
Cases_Guinea            93
Cases_Liberia           83
Cases_SierraLeone       87
...                    ...
Deaths_Nigeria          38
Deaths_Senegal          22
Deaths_UnitedStates     18
Deaths_Spain            16
Deaths_Mali             12
Length: 18, dtype: int64
```

【例 9.9】 从总行数中减去不包含缺失值的行数，统计 Ebola 数据集中的缺失值数量。

```
num_rows = ebola.shape[0]
num_missing = num_rows - ebola.count()
print(num_missing)
```

运行后结果如下：

```
Date                    0
Day                     0
Cases_Guinea           29
Cases_Liberia          39
Cases_SierraLeone      35
...                    ...
Deaths_Nigeria         84
Deaths_Senegal        100
Deaths_UnitedStates   104
Deaths_Spain          106
Deaths_Mali           110
Length: 18, dtype: int64
```

如果想统计数据集中缺失值的总数，或某一列中缺失值的数量，可以将 NumPy 中的 count_nonzero()函数与.isnull()方法结合使用。

```
import numpy as np
print(np.count_nonzero(ebola.isnull()))
print(np.count_nonzero(ebola['Cases_Guinea'].isnull()))
```

运行后可得到数据集的缺失值数量为 1214，其中 Cases_Guinea 列的缺失值数量为 29。

获取缺失值数量的另一种方法是对 Series 使用.value_counts()方法。该方法会输出一个值的频率表，如果使用了 dropna 参数，还可以获得缺失值的数量。

【例 9.10】 使用.value_counts()方法统计 Ebola 数据集中 Cases_Guinea 列各种值的数量，并对缺失值进行子集化。

（1）Cases_Guinea 列中值的计数：

```
# value counts from the Cases_Guinea column
cnts = ebola.Cases_Guinea.value_counts(dropna = False)
print(cnts)
```

运行后结果已排序：

```
NaN       29
86.0       3
495.0      2
112.0      2
390.0      2
...       ...
1199.0     1
1298.0     1
1350.0     1
1472.0     1
49.0       1
Name: Cases_Guinea, Length: 89, dtype: int64
```

（2）可以对计数值进行子集化以仅查看缺失值：

```
# select the values in the Series where the index is a NaN value
```

```
print(cnts.loc[pd.isnull(cnts.index)])
```

运行后结果如下：

```
NaN   29
Name: Cases_Guinea, dtype: int64
```

在 Python 中，True 值等于整数值 1，False 值等于整数值 0。利用这一特性，可以调用 .sum()方法对布尔值求和以获得缺失值的总数。

```
# check if the value is missing, and sum up the results
print(ebola.Cases_Guinea.isnull().sum())
```

9.3.2　清理缺失数据

处理缺失数据的方法有很多种。例如，可以将缺失数据用其他值来替换，使用现有数据填补缺失数据，或直接将其从数据集中删除。

1. 重新编码或替换

可以使用 .fillna()方法将缺失值重新编码（recode）为其他值。当使用 .fillna()方法时，可以将缺失值编码为任一特定值。

【例 9.11】　采用 .fillna()方法将 Ebola 数据集的缺失值编码为 0，并显示前 5 列。

```
# fill the missing values to 0 and only look at the first 5 columns
print(ebola.fillna(0).iloc[:, 0:5])
```

运行后结果如下：

```
       Date        Day   Cases_Guinea   Cases_Liberia   Cases_SierraLeone
0      1/5/2015    289   2776.0         0.0             10030.0
1      1/4/2015    288   2775.0         0.0             9780.0
2      1/3/2015    287   2769.0         8166.0          9722.0
3      1/2/2015    286   0.0            8157.0          0.0
4      12/31/2014  284   2730.0         8115.0          9633.0
...    ...         ...   ...            ...             ...
117    3/27/2014   5     103.0          8.0             6.0
118    3/26/2014   4     86.0           0.0             0.0
119    3/25/2014   3     86.0           0.0             0.0
120    3/24/2014   2     86.0           0.0             0.0
121    3/22/2014   0     49.0           0.0             0.0
[122 rows x 5 columns]
```

2. 前值填充

对于缺失值，可以使用内置方法来进行前值填充（fill forward）或后值填充（fill backward）。当进行前值填充时，会将前一个已知值（从上到下）填充下一个缺失值。这样，缺失值就被替换为最后一个已知且有记录的值。

【例 9.12】　采用前值补充填充 Ebola 数据集的缺失值，并显示前 5 列。

```
print(ebola.fillna(method = 'ffill').iloc[:, 0:5])
```

运行后结果如下：

```
       Date        Day   Cases_Guinea   Cases_Liberia   Cases_SierraLeone
0      1/5/2015    289   2776.0         NaN             10030.0
```

1	1/4/2015	288	2775.0	NaN	9780.0
2	1/3/2015	287	2769.0	8166.0	9722.0
3	1/2/2015	286	2769.0	8157.0	9722.0
4	12/31/2014	284	2730.0	8115.0	9633.0
...	...	...	...	...	...
117	3/27/2014	5	103.0	8.0	6.0
118	3/26/2014	4	86.0	8.0	6.0
119	3/25/2014	3	86.0	8.0	6.0
120	3/24/2014	2	86.0	8.0	6.0
121	3/22/2014	0	49.0	8.0	6.0

[122 rows x 5 columns]

如果某一列是以缺失值开始的,则该数据将仍为缺失值,因为在它之前没有数据可供执行前值填充。

3. 后值填充

填充数据时,也可以采用后值填充的方法。这种方法是用最新的值(从上到下)替换缺失数据。这样,缺失值就全部被替换为最新的值了。

【例 9.13】 采用后值补充填充 Ebola 数据集的缺失值,并显示前 5 列。

```
print(ebola.fillna(method = 'bfill').iloc[:, 0:5])
```

运行后结果如下:

	Date	Day	Cases_Guinea	Cases_Liberia	Cases_SierraLeone
0	1/5/2015	289	2776.0	8166.0	10030.0
1	1/4/2015	288	2775.0	8166.0	9780.0
2	1/3/2015	287	2769.0	8166.0	9722.0
3	1/2/2015	286	2730.0	8157.0	9633.0
4	12/31/2014	284	2730.0	8115.0	9633.0
...	...	...	...	...	...
117	3/27/2014	5	103.0	8.0	6.0
118	3/26/2014	4	86.0	NaN	NaN
119	3/25/2014	3	86.0	NaN	NaN
120	3/24/2014	2	86.0	NaN	NaN
121	3/22/2014	0	49.0	NaN	NaN

[122 rows x 5 columns]

如果某一列以缺失值结尾,则该数据将仍为缺失值,因为它后面没有新的值可供执行后值填充。

4. 插值

插值法是使用现有值来填充缺失值。具体的填充方法有很多,Pandas 中的插值法采用线性方式来填充缺失值。具体来说,它将缺失值视为等间距分割的。

【例 9.14】 采用.interpolate()方法填充 Ebola 数据集的缺失值,并显示前 5 列。

```
print(ebola.interpolate().iloc[:, 0:5])
```

运行后结果如下:

	Date	Day	Cases_Guinea	Cases_Liberia	Cases_SierraLeone
0	1/5/2015	289	2776.0	NaN	10030.0
1	1/4/2015	288	2775.0	NaN	9780.0
2	1/3/2015	287	2769.0	8166.0	9722.0

3	1/2/2015	286	2749.5	8157.0	9677.5
4	12/31/2014	284	2730.0	8115.0	9633.0
...	...	...	...	...	...
117	3/27/2014	5	103.0	8.0	6.0
118	3/26/2014	4	86.0	8.0	6.0
119	3/25/2014	3	86.0	8.0	6.0
120	3/24/2014	2	86.0	8.0	6.0
121	3/22/2014	0	49.0	8.0	6.0

```
[122 rows x 5 columns]
```

注意,插值法类似于前值填充,但不是用最后一个已知值进行填充,是用前后数值的等差值进行填充。

.interpolate()方法带有一个 method 参数,可以改变插值方法。表9.1中列出了本书撰写时该参数可能的取值。

表 9.1 .interpolate()方法中参数的取值

技 术	说 明
linear	忽略索引并将值视为等间距的。这是 Multi-Indexes 唯一支持的方法
time	处理基于天或更小时间单位的数据,以给定的间隔时长进行插值
index、values	使用索引的实际数值
pad	使用已有值来填充 NaN
Nearest、zero、slinear、quadratic、cubic、spline、barycentric、polyno-mial	传递给 scipy.interpolate.interp1d;这些方法使用索引的数值
Krogh、piecewise_polynomial、spline、pchip、akima、cubicspline	类似的 SciPy 插值方法的 Wrapper
from_derivatives	参阅 scipy.interpolate.BPoly

5. 删除缺失值

处理缺失数据的最后一种方法是删除含有缺失数据的观测值或变量。不同数据集中所包含的缺失数据数量是不同的。对于某些数据集,若仅保留完整的数据,最后得到的可能是一个毫无用处的数据集。缺失数据或许不是随机的,删除缺失值后得到的将是一个有偏差的数据集。再者,仅保留完整数据也可能会导致数据量不足,无法进行分析。

使用.dropna()方法可以更精准地删除缺失数据,其参数指定了数据的删除方式。例如,how 参数用于指定行(或列)的删除条件:any 或 all;thresh 参数指定了在删除行或列之前可保留的非 NaN 值的数量。

Ebola 数据集的大小为(122,18),若仅保留完整的病例,Ebola 数据集最终会仅剩一行数据,其大小变为(1,18):

```
ebola_dropna = ebola.dropna()
print(ebola_dropna.shape)
print(ebola_dropna)
```

运行后结果如下:

```
Date Day Cases_Guinea Cases_Liberia Cases_SierraLeone \
19 11/18/2014 241  2047.0  7082.0  6190.0

Cases_Nigeria Cases_Senegal Cases_UnitedStates Cases_Spain \
19 20.0  1.0  4.0  1.0

Cases_Mali Deaths_Guinea Deaths_Liberia Deaths_SierraLeone \
19 6.0  1214.0  2963.0  1267.0

Deaths_Nigeria Deaths_Senegal Deaths_UnitedStates \
19 8.0  0.0  1.0

Deaths_Spain Deaths_Mali
19 0.0  6.0
```

9.3.3 缺失值计算

【例 9.15】 在 Ebola 数据集中查看多个地区的确诊病例数,以获得一个包含病例统计数的新列,并查看前 10 行的计算结果。

```
ebola["Cases_multiple"] = (
    ebola["Cases_Guinea"]
    + ebola["Cases_Liberia"]
    + ebola["Cases_SierraLeone"]
)
ebola_subset = ebola.loc[
    :,
    [
    "Cases_Guinea",
    "Cases_Liberia",
    "Cases_SierraLeone",
    "Cases_multiple",
    ],
]
print(ebola_subset.head(n = 10))
```

运行后结果如下:

```
    Cases_Guinea    Cases_Liberia    Cases_SierraLeone    Cases_multiple
0   2776.0          NaN              10030.0              NaN
1   2775.0          NaN              9780.0               NaN
2   2769.0          8166.0           9722.0               20657.0
3   NaN             8157.0           NaN                  NaN
4   2730.0          8115.0           9633.0               20478.0
5   2706.0          8018.0           9446.0               20170.0
6   2695.0          NaN              9409.0               NaN
7   2630.0          7977.0           9203.0               19810.0
8   2597.0          NaN              9004.0               NaN
9   2571.0          7862.0           8939.0               19372.0
```

从输出结果可以看到,仅在 Cases_Guinea、Cases_Liberia 和 Cases_SierraLeone 没有缺失值的情况下,才会计算 Cases_multiple 的值。如果计算值包含缺失值,通常将返回一个缺失值,除非所调用的函数或方法在其计算中有忽略缺失值的手段。

可以忽略缺失值的内置方法包括.mean()和.sum()函数。这些函数通常有一个skipna参数,通过该参数指定计算时是否需要忽略缺失值。

```
# skipping missing values is True by default
print(ebola.Cases_Guinea.sum(skipna = True))
```

运行后结果如下:

```
84729.0
```

```
print(ebola.Cases_Guinea.sum(skipna = False))
```

运行后结果如下:

```
nan
```

9.4 Pandas 内置的 NA 缺失值

Pandas 1.0 中引入了一个内置的 NA 值(pd.NA)。在本书撰写之际,该功能仍然处于实验状态。引入该功能的主要目的是提供一个适用于不同数据类型的缺失值。下面,使用之前提到的 scientists 数据集查看.dtypes 属性。

【例 9.16】 在 scientists 数据集中引入内置的 NA 值,并查看 pd.NA 中的.dtypes 属性和前面介绍的 np.NaN。

(1) 创建 scientists 数据集的 DataFrame,并查看其数据类型。

```
scientists = pd.DataFrame(
    {
    "Name": ["Rosaline Franklin", "William Gosset"],
    "Occupation": ["Chemist", "Statistician"],
    "Born": ["1920 - 07 - 25", "1876 - 06 - 13"],
    "Died": ["1958 - 04 - 16", "1937 - 10 - 16"],
    "Age": [37, 61]
    }
)
print(scientists)
print(scientists.dtypes)
```

运行后结果如下:

```
    Name               Occupation     Born          Died          Age
0   Rosaline Franklin  Chemist        1920 - 07 - 25  1958 - 04 - 16  37
1   William Gosset     Statistician   1876 - 06 - 13  1937 - 10 - 16  61

Name          object
Occupation    object
Born          object
Died          object
Age           int64
dtype:        object
```

(2) 将 DataFrame 中的数据设置为 NA 值,并再次查看其数据类型:

```
scientists.loc[1, "Name"] = pd.NA
```

```
scientists.loc[1, "Age"] = pd.NA
```

```
print(scientists)
print(scientists.dtypes)
```

运行后结果如下：

```
    Name                Occupation      Born          Died          Age
0   Rosaline Franklin   Chemist         1920-07-25    1958-04-16    37
1   <NA>                Statistician    1876-06-13    1937-10-16    <NA>
```

```
Name          object
Occupation    object
Born          object
Died          object
Age           object
dtype:        object
```

（3）将 DataFrame 中的数据设置为 np.NaN，并再次查看其数据类型：

```
scientists.loc[1, "Name"] = np.NaN
scientists.loc[1, "Age"] = np.NaN
print(scientists.dtypes)
```

运行后结果如下：

```
Name          object
Occupation    object
Born          object
Died          object
Age           float64
dtype:        object
```

由于 pd.NA 仍然处于实验阶段，所以读者最好遵循官方文档中的描述。

本章小结

　　数据集中几乎都存在缺失值的情况。了解如何处理缺失值非常重要，因为即使使用的是完整的数据，在处理数据过程中仍然会产生缺失值。本章验证了数据分析过程中与数据有效性有关的一些基本方法。通过查看数据并列出缺失值，可以评估这些数据的质量是否可以满足决策和推断的需要。

第10章

数 据 类 型

数据类型决定了可以对变量(即列)执行哪些操作,不能执行哪些操作。例如,当把数值类型的数据相加时,所得结果将是其值的和;相应地,如果字符串(在 Pandas 中,其类型为 object 或 string)相加,得到的就是字符串被连接在一起的结果。

本章简要介绍在 Pandas 中可能会遇到的各种数据类型,以及数据类型之间的转换方法。

学习目标

(1) 识别数据存储中具有相同数据类型的列。

(2) 识别列中存储的数据类型。

(3) 使用函数更改列的类型。

(4) 修改分类列。

10.1　常见的数据类型

本章将使用 Seaborn 库中内置的 tips 数据集介绍常见的数据类型。导入数据集:

```
import pandas as pd
import seaborn as sns
tips = sns.load_data set("tips")
```

调用.dtypes 属性(参见 1.2 节):

```
print(tips.dtypes)
```

获取存储 DataFrame 每个列中的数据类型列表:

```
total_bill        float64
tip               float64
sex               category
smoker            category
day               category
time              category
size              int64
dtype: object
```

根据表 1.1 列出的 Pandas 所支持的各种数据类型，tips 数据集中包括的数据类型有 int64、float64 和 category。其中，int64 和 float64 分别表示带小数点和不带小数点的数值数据。数值数据类型中的数字表示存储数据所用的位数。

category 数据类型用来表示分类变量。它与存储任意 Python 对象（通常是字符串）的普通 object 数据类型不同。本章稍后将探讨这些差异。由于 tips 数据集是一个完整且清洁的数据集，所以存储字符串的变量被保存为一个类别（category）。

10.2 类型转换

列的数据类型决定了可以对该列数据应用何种函数以及执行哪些计算。显然，掌握如何在数据类型之间进行转换非常重要。

本节将重点介绍如何将一种数据类型转换为另一种数据类型。切记，首次获取数据后，不必立即着手进行数据类型的转换。数据分析不是一个线性的过程，可以根据需要随时执行转换类型，例如 2.4.2 节的例 2.27 就是将日期值转换为年份的例子。

10.2.1 转换为字符串对象

在 tips 数据集中，sex、smoker、day 和 time 变量均为 category 类型。一般来说，如果变量不是数值类型，最好转换为字符串 object 类型。当然，category 数据类型在处理时性能占优。

有些数据集中可能包含一个 id 列，其中的 id 以数字形式存储，但如果对该值进行计算毫无意义（比如求其平均值）。唯一的标识符或 id 编号通常都是这样编码的，根据需要，你可能将它们转换为字符串 object 类型。

要想将列值转换为字符串，可以对列（即 Series）使用.astype()方法。.astype()方法有一个参数 dtype，该参数用于指定转换后的新数据类型。

【例 10.1】 将 sex 变量转换为字符串 object 类型 str。

```
# convert the category sex column into a string dtype
tips['sex_str'] = tips['sex'].astype(str)
```

Python 内置的数据类型有 str、float、int、complex 和 bool。此外，还可以指定 NumPy 库中的任何数据类型。如果现在查看数据类型，可以发现变量 sex_str 现在的数据类型是 object。

```
print(tips.dtypes)
```

运行后结果如下：

```
total_bill      float64
tip             float64
sex             category
smoker          category
day             category
time            category
size            int64
```

```
sex_str            object
dtype: object
```

10.2.2 转换为数值类型

.astype()方法是一个通用函数,可用于将 DataFrame 中的任何列转换为其他数据类型。

回想一下,在 Pandas 中,DataFrame 的每一列都是一个 Series 对象,这就是.astype()方法被列在 pandas.Series.astype 下的原因。此处的例子展示了如何更改 DataFrame 的列类型,但如果是一个 Series 对象,也可以使用相同的.astype()方法来进行转换。

可以向.astype()方法提供任何内置类型或 numpy 类型来转换列的数据类型。例如,若想要先将 total_bill 列转换为字符串对象,然后再将其转换回原始的 float64,可以分别将 str 和 float 传递至.astype()方法。

【例10.2】 将 tips 数据集的 total_bill 列转换为字符串对象,然后再将其转换回原始的 float64。

(1) 将 total_bill 列转换为字符串对象:

```
# convert total_bill into a string
tips['total_bill'] = tips['total_bill'].astype(str)
print(tips.dtypes)
```

运行后结果如下:

```
total_bill         object
tip                float64
sex                category
smoker             category
day                category
Time               category
Size               int64
sex_str            object
dtype: object
```

(2) 将其转换回原始的 float64:

```
# convert it back to a float
tips['total_bill'] = tips['total_bill'].astype(float)
print(tips.dtypes)
```

运行后结果如下:

```
total_bill         float64
tip                float64
sex                category
smoker             category
day                category
Time               category
Size               int64
sex_str            object
dtype: object
```

若想将变量转换为数值类型(如 int 或 float),还可以使用 Pandas 的 to_numeric()函数,该函数更适合处理非数值类型的数据。

由于 DataFrame 中每一列的数据类型都必须相同,因此,有时数字列中会包含一些字符串。例如,数字列可能使用字符串 missing 或 null 表示缺失值,而不是 Pandas 中代表缺失值的 NaN。这将使整个列变为字符串 object 类型,而不是数值类型。以例 10.3 说明 to_numeric() 函数的工作原理。

> **注释**:此处使用了.copy()方法,是为避免在修改子集化的数据集时出现警告消息 SettingWithCopyWarning(见附录 T)。

【例 10.3】 对 tips 数据集的 DataFrame 进行子集化,并在 total_bill 列中放入一个 missing 值。

```
# subset the tips data
tips_sub_miss = tips.head(10).copy()

# assign some 'missing' values
tips_sub_miss.loc[[1, 3, 5, 7], 'total_bill'] = 'missing'

print(tips_sub_miss)
```

运行后结果如下:

```
     total_bill    tip     sex      smoker    day    time      size    sex_str
0    16.99         1.01    Female   No        Sun    Dinner    2       Female
1    missing       1.66    Male     No        Sun    Dinner    3       Male
2    21.01         3.50    Male     No        Sun    Dinner    3       Male
3    missing       3.31    Male     No        Sun    Dinner    2       Male
4    24.59         3.61    Female   No        Sun    Dinner    4       Female
5    missing       4.71    Male     No        Sun    Dinner    4       Male
6    8.77          2.00    Male     No        Sun    Dinner    2       Male
7    missing       3.12    Male     No        Sun    Dinner    4       Male
8    15.04         1.96    Male     No        Sun    Dinner    2       Male
9    14.78         3.23    Male     No        Sun    Dinner    2       Male
```

此时查看.dtypes 属性:

```
print(tips_sub_miss.dtypes)
```

可以发现 total_bill 列现在变成了字符串 object 类型:

```
total_bill       object
tip              float64
sex              category
smoker           category
day              category
Time             category
Size             int64
sex_str          object
dtype: object
```

如果现在尝试使用.astype()方法将该列转换回 float 类型:

```
# this will cause an error
tips_sub_miss['total_bill'].astype(float)
```

则会收到出错消息：

```
ValueError: could not convert string to float: 'missing'
```

如果使用 Pandas 库中的 to_numeric() 函数进行转换：

```
# this will cause an error
pd.to_numeric(tips_sub_miss['total_bill'])
```

会得到类似的出错消息：

```
ValueError: Unable to parse string "missing" at position 1
```

to_numeric() 函数有一个名为 errors 的参数，该参数决定了当函数遇到无法转换为数值的值时该如何处理。默认情况下，该参数值设置为 raise，即如果确实遇到无法转换为数值的值，它将会产生一条出错消息。

to_numeric() 函数的文档指出，errors 参数有如下 3 个取值。

（1）raise：无效解析时将引发异常；

（2）coerce：无效解析时将返回 NaN；

（3）ignore：无效解析时将放弃转换，直接返回整列。

【例 10.4】　将 to_numeric() 函数的 errors 参数设置为 ignore，查看此时 total_bill 列的数据。

```
tips_sub_miss["total_bill"] = pd.to_numeric(
  tips_sub_miss["total_bill"], errors = "ignore"
)
print(tips_sub_miss)print(tips_sub_miss.dtypes)
```

此时，total_bill 列将不会有任何变化，也不会收到出错消息：

```
    total_bill   tip    sex      smoker   day    time     size   sex_str
0   16.99        1.01   Female   No       Sun    Dinner   2      Female
1   missing      1.66   Male     No       Sun    Dinner   3      Male
2   21.01        3.50   Male     No       Sun    Dinner   3      Male
3   missing      3.31   Male     No       Sun    Dinner   2      Male
4   24.59        3.61   Female   No       Sun    Dinner   4      Female
5   missing      4.71   Male     No       Sun    Dinner   4      Male
6   8.77         2.00   Male     No       Sun    Dinner   2      Male
7   missing      3.12   Male     No       Sun    Dinner   4      Male
8   15.04        1.96   Male     No       Sun    Dinner   2      Male
9   14.78        3.23   Male     No       Sun    Dinner   2      Male
```

此时 tips 数据集的 .dtypes 属性如下：

```
total_bill        object
tip               float64
sex               category
smoker            category
day               category
Time              category
Size              int64
sex_str           object
dtype: object
```

【例 10.5】   将 to_numeric() 函数的 errors 参数设置为 coerce,查看此时 total_bill 列的数据。

```
tips_sub_miss["total_bill"] = pd.to_numeric(
    tips_sub_miss["total_bill"], errors = "coerce"
)

print(tips_sub_miss)
print(tips_sub_miss.dtypes)
```

函数遇到 missing 字符串时会返回 NaN 值,则 total_bill 列的数据发生变化:

```
   total_bill    tip     sex  smoker   day     time  size   sex_str
0       16.99   1.01  Female      No   Sun   Dinner     2    Female
1         NaN   1.66    Male      No   Sun   Dinner     3      Male
2       21.01   3.50    Male      No   Sun   Dinner     3      Male
3         NaN   3.31    Male      No   Sun   Dinner     2      Male
4       24.59   3.61  Female      No   Sun   Dinner     4    Female
5         NaN   4.71    Male      No   Sun   Dinner     4      Male
6        8.77   2.00    Male      No   Sun   Dinner     2      Male
7         NaN   3.12    Male      No   Sun   Dinner     4      Male
8       15.04   1.96    Male      No   Sun   Dinner     2      Male
9       14.78   3.23    Male      No   Sun   Dinner     2      Male
```

此时 tips 数据集的 .dtypes 属性如下:

```
total_bill          float64
tip                 float64
sex                category
smoker             category
day                category
Time               category
Size                  int64
sex_str              object
dtype: object
```

当已知某列确定是数值类型,但由于某种原因,数据中包含了非数值型数据时,该方法非常有用。

10.3   分类数据

并非所有数据都是数值。Pandas 的 category 数据类型可以对分类值进行编码。以下是分类数据的 3 个用例。

(1)采用这种方式存储数据可以节约内存、提高存取速度,特别是当数据集中包含很多重复的字符串值时;

(2)当一列值是有序时(例如 Likert 量表),非常适合采用分类数据;

(3)有些 Python 库可以处理分类数据(例如在拟合统计模型时)。

10.3.1   转换为 category 类型

只需将 category 传递至 .astype() 方法中,就可以将一个列的数据类型转换为 category 类型。

【**例 10.6**】 先将 tips 数据集的 sex 列转换为字符串类型,再将其转换回 category 类型。

(1) 将 sex 列转换为字符串类型:

```
# convert the sex column into a string object first
tips['sex'] = tips['sex'].astype('str')
print(tips.info())
```

运行后结果如下:

```
< class 'pandas.core.frame.DataFrame'>
RangeIndex: 244 entries, 0 to 243
Data columns (total 8 columns):
#          column        Non-Null Count      Dtype
0          total_bill    244 non-null        float64
1          tip           244 non-null        float64
2          sex           244 non-null        object
3          smoker        244 non-null        category
4          day           244 non-null        category
5          time          244 non-null        category
6          size          244 non-null        int64
7          sex_str       244 non-null        object
dtypes: category(3), float64(2), int64(1), object(2)
memory usage: 10.8 + KB
None
```

(2) 将 sex 列转换回 category 类型:

```
# convert the sex column back into categorical data
tips['sex'] = tips['sex'].astype('category')
print(tips.info())
```

运行后结果如下:

```
< class 'pandas.core.frame.DataFrame'>
RangeIndex: 244 entries, 0 to 243 Data
columns (total 8 columns):

#          column        Non-Null Count      Dtype
0          total_bill    244 non-null        float64
1          tip           244 non-null        float64
2          sex           244 non-null        object
3          smoker        244 non-null        category
4          day           244 non-null        category
5          time          244 non-null        category
6          size          244 non-null        int64
7          sex_str       244 non-null        object
dtypes: category(4), float64(2), int64(1), object(1)
memory usage: 9.3 + KB
None
```

从以上输出可以看出字符串类型和 category 类型在占用内存方面存在差异。

10.3.2 操作分类数据

分类 API 参考中有一个列表,给出了可以在分类 Series 上执行的操作,如表 10.1 所示。.cat.访问器是一个允许访问 Series 中类别信息的属性。

表 10.1　类别访问器的属性和方法

属性和方法	说　明
Series. cat. categories	类别
Series. cat. ordered	类别是否进行了排序
Series. cat. codes	返回类别的整数代码
Series. cat. rename_categories( )	重命名类别
Series. cat. reorder_categories( )	对类别重新排序
Series. cat. add_categories( )	添加新类别
Series. cat. remove_categories( )	删除类别
Series. cat. remove_unused_categories( )	删除未使用的类别
Series. cat. set_categories( )	设置新类别
Series. cat. as_ordered( )	对类别进行排序
Series. cat. as_unordered( )	使类别无序

本章小结

　　本章介绍了如何将一种数据类型转换为另一种数据类型。.dtypes 属性决定了可以对列执行的操作。本章篇幅虽然相对较短，但内容很重要，因为无论是在处理数据还是使用 Pandas 中的其他方法时都会需要进行类型转换。

第11章

字符串和文本数据

数据基本都可以存储为文本和字符串形式。即使那些最终用作数值的数据,起初可能也是以文本形式出现的,因此,处理文本数据就显得非常重要。本章主要探讨如何在 Python 中处理字符串,但并不仅限于 Pandas。后续章节将介绍更多有关 Pandas 的内容,重新聚焦于字符串的处理,以及与 Pandas 之间的联系。本章的部分字符串示例取材于剧本 *Monty Python and the Holy Grail*。

学习目标

(1) 回顾如何对容器和序列进行子集化。

(2) 认识到字符串是一种容器对象。

(3) 基于用例修改字符串。

(4) 创建正则表达式模式以匹配字符串。

(5) 将文本与代码输出组合成一个句子。

11.1 字符串

Python 中的字符串是由一系列字符组成的,创建字符串采用的是一对单引号或双引号。以下代码中有两个字符串 grail 和 scratch,分别赋给变量 word 和 sent:

```
word = 'grail'
sent = 'a scratch'
```

到目前为止,本书中已经看到了很多用 object 数据类型表示的列中的字符串。

11.1.1 子集化和字符串切片

可以将字符串视为字符的一个容器,可以对字符串进行子集化,就像对其他 Python 容器(比如列表或 Series)一样。

表 11.1 和表 11.2 分别给出了字符串及其相关索引。这些信息将有助于理解使用索引进行切片的示例。

表 11.1　字符串 grail 的索引位置

索　　引	0	1	2	3	4
String	g	r	a	i	l
Neg index	−5	−4	−3	−2	−1

表 11.2　字符串 a scratch 的索引位置

索　　引	0	1	2	3	4	5	6	7	8
String	a		s	c	r	a	t	c	h
Neg index	−9	−8	−7	−6	−5	−4	−3	−2	−1

1. 单个字符

要想获取字符串的第一个字符,可以使用方括号,方法与在 1.3 节中查看各种数据切片时的方法相同。例如,运行以下语句可分别得到字符 g 和 c:

```
print(word[0])
print(sent[3])
```

2. 多字符切片

或者,可以使用切片符号(slicing notation,参见附录 L)从字符串中一次获取多个字符。

【例 11.1】 获取变量 word 的前 3 个字符。

```
# get the first 3 characters
# note index 3 is really the 4th character
print(word[0:3])
```

运行后得到 gra。

回想一下,在 Python 中使用切片符号时,它是左闭右开的(left-side inclusive, right-side exclusive)。换句话说,它包括了冒号左侧的索引值,但不包括冒号右侧的索引值。

例如,使用切片符号[0:3]将可获取索引值从 0 到 3 的字符,但不包括索引值 3 的字符。换句话说,切片符号[0:3]将获取索引值从 0 到 2 的字符,且包括索引值 2 的字符。

3. 负数索引

在 Python 中,负数索引实际上是从容器的 end 开始,自右往左计数。

【例 11.2】 获取变量 sent 的最后一个字符。

```
# get the last letter from "a scratch"
print(sent[-1])
```

运行后得到 h。

负数索引也是对元素位置的编号。因此,同样可以使用切片符号取字符串的字串。

【例 11.3】 从变量 sent 中获取字符 a。

```
# get 'a' from "a scratch"
print(sent[-9:-8])
```

也可以将非负索引与负数索引结合起来使用,如下所示:

```
# get 'a'
print(sent[0:-8])
```

注意,使用切片符号时,若第二个值是负数索引,实际上无法获取到最后一个字符。例如,以下语句运行后结果都为 scratc,无法得到字符 h。

```
# scratch
print(sent[2:-1])

# scratch
print(sent[-7:-1])
```

11.1.2　获取字符串的最后一个字符

如果只想获取字符串(或其他容器)中的最后一个元素,使用负数索引-1 即可实现。然而,当使用切片符号并且想包含字符串的最后一个字符时就会出现问题。例如,如果想使用切片符号从 sent 变量中获取单词 scratch,返回的结果中会漏掉最后一个字母。

由于 Python 在使用切片符号时是左闭右开的,因此需要指定一个比最后一个索引大 1 的索引值。为此,可以先获取字符串的长度(用 len 表示),然后将该值传递给切片符号即可。

【例 11.4】　获取变量 sent 的字符串长度,并输出其内容。

```
# note that the last index is one position is smaller than
# the number returned for len
s_len = len(sent)
print(s_len)
print(sent[2:s_len])
```

运行后得到字符串长度为 9,利用索引值输出内容为 scratch。

1. 从头开始取到末尾的切片

常见的一种切片操作是从字符串(或其他容器)的开头取至某个索引位置。第一个元素的索引位置总为 0,因此,类似于 word[0:3] 的表达式总可以获取到字符串的前 3 个元素,表达式 word[-3:len(word)] 则可获取到字符串的最后 3 个元素。

以上任务还可以采用另一种快捷方式来实现:省略冒号左侧或右侧的数字。如果冒号左侧为空,则切片将从字符串的开头取到右侧结束索引指示的位置(但不包括结束索引指示的字符)。如果冒号右侧为空,则切片将从左侧索引指示的字符开始,一直取到字符串的末尾结束(包括字符串的最后一个字符)。例如,以下两组代码均是两两等价的。

(1)表达式输出均为 gra:

```
print(word[0:3])

# left the left side empty
print(word[ :3])
```

(2)表达式输出均为 scratch:

```
print(sent[2:len(sent)])

# leave the right side empty
print(sent[2: ])
```

如果冒号左右两侧均为空,则表示取整个字符串。例如,以下语句输出为 a scratch:

```
print(sent[:])
```

2. 增量切片

最后一种切片符号的使用方法是以增量方式进行切片（步长）。为此，需要再增加一个冒号，提供指定获取元素间隔量的第3个数字。

例如，可以在第二个冒号之后传入步长 2，从字符串中每隔一个字符取一个字符：

```
# step by 2, to get every other character
print(sent[::2])
```

此时得到的结果为 asrth。

此处的步长可以为任意整数，如果想要每隔两个字符取一个字符，可以传入步长 3：

```
# get every third character
print(sent[::3])
```

此时得到的结果为 act。

11.2 字符串方法

Python 提供了很多数据处理的方法。所有字符串方法的列表可以在 Python 官方网站的 String Methods 文档页面找到。表 11.3 和表 11.4 列出了 Python 中一些常用的字符串方法。

表 11.3 Python 常用字符串方法

方　　法	说　　明
. capitalize()	将首字符大写
. count()	统计字符串出现的次数
. startswith()	若字符串以指定值开头，返回 True
. endswith()	若字符串以指定值结尾，返回 True
. find()	查找字符串，若匹配，返回首次出现的索引；否则返回−1
. index()	功能与 find 相同，但若不匹配，返回 ValueError
. isalpha()	若所有字符均为字母，返回 True
. isdecimal()	若所有字符均为十进制数，返回 True（类似函数有 . isdigit()、. isnumeric() 和 . isalnum()，请参阅相关文档）
. isalnum()	若所有字符均为字母或数字，返回 True
. lower()	将所有字母改为小写
. upper()	将所有字母改为大写
. replace()	将字符串中的旧字符替换为新字符
. strip()	删除字符串中开头和结尾的空格；另请参阅 lstrip 和 rstrip
. split()	使用分隔符分割字符串，并返回由分割后的片段组成的列表
. partition()	类似于 split(maxsplit=1)，但同时会返回分隔符
. center()	将字符串居中对齐到给定宽度
. zfill()	按指定宽度复制字符串，靠右对齐，左侧以 0 填充

表 11.4　Python 字符串方法应用示例

字符串方法应用示例	结　　果
"black Knight". capitalize()	'Black knight'
"It's just a flesh wound!". count('u')	2
"Halt! Who goes there?". startswith('Halt')	True
"coconut". endswith('nut')	True
"It's just a flesh wound!". find('u')	7
"It's just a flesh wound!". index('scratch')	ValueError
"old woman". isalpha()	False(因为包含一个空格)
"37". isdecimal()	True
"I'm 37". isalnum()	False(因为包含撇号和空格)
"Black Knight". lower()	'black knight'
"Black Knight". upper()	'black knight'
"flesh wound!". replace('flesh wound','scratch')	'scratch!'
" I'm not dead. ". strip()	"I'm not dead. "
"NI! NI! NI! NI!". split(sep=' ')	['NI!','NI!', 'NI!','NI!']
"3,4. partition(',')	('3',',','4')
"nine". center(width=10)	('3',',','4')
"9". zfill(with=5)	'00009'

11.3　更多字符串方法

除了表 11.3 列出的常用字符串方法,还有一些方法也非常实用,下面介绍其中几种。

11.3.1　.join()方法

.join()方法将容器(例如列表)作为参数,并返回一个新的字符串,该字符串将列表中的每个元素组合在一起。例如,将度(经纬度)、分、秒(DMS,即将一个角度以度、分和秒的形式表达)组合起来表示位置坐标:

```
d1 = '40°'
m1 = "46'"
s1 = '52.837"'
u1 = 'N'
'
d2 = '73°'
m2 = "58'"
s2 = '26.302"'
 u2 = 'W'
```

通过对空格字符串使用.join()方法,将所有值用空格' '连接起来:

```
coords = ''.join([d1, m1, s1, u1, d2, m2, s2, u2])
print(coords)
```

运行后结果如下:

```
40°46'52.837" N 73°58'26.302" W
```

如果想用自定义的分隔符（例如制表符\t，或逗号）分割一个字符串列表，也可使用以上方法。另外，如果对空格" "使用.split()方法，可以从 coords 中获取各个分割后的部分：

```
coords.split(" ")
```

运行后结果如下：

```
['40°', "46'", '52.837"', 'N', '73°', "58'", '26.302"', 'W']
```

11.3.2　.splitlines()方法

.splitlines()方法与.split()方法类似。它通常用于跨多行的字符串，并返回一个列表，其中的每个元素均是该跨行字符串中的一行。

> **注释**：在 Python 中，可以在字符串的开头和结尾分别用 3 个引号('''或""")创建一个多行字符串。

```
multi_str = """Guard: What? Ridden on a horse?
King Arthur: Yes!
Guard: You're using coconuts!
King Arthur: What?
Guard: You've got ... coconut[s] and you're bangin' 'em together. """
print(multi_str)
```

运行后结果如下：

```
Guard: What? Ridden on a horse?
King Arthur: Yes!
Guard: You're using coconuts!
King Arthur: What?
Guard: You've got ... coconut[s] and you're bangin' 'em together.
```

使用.splitlines()可以得到一个列表，其中每个元素均是字符串的一行：

```
multi_str_split = multi_str.splitlines()
print(multi_str_split)
```

运行后结果如下：

```
[
    "Guard: What? Ridden on a horse?",
    "King Arthur: Yes!",
    "Guard: You're using coconuts!",
    "King Arthur: What?",
    "Guard: You've got ... coconut[s] and you're bangin' 'em together."
]
```

最后，假设只想获取 Guard 的台词。由于此文本为两人对话的形式，因此 Guard 每隔一行有一句台词。

```
guard = multi_str_split[::2]
print(guard)
```

运行后结果如下：

```
[
    "Guard: What? Ridden on a horse?",
    "Guard: You're using coconuts!",
    "Guard: You've got ... coconut[s] and you're bangin' 'em together."
]
```

如果仅想获取 Guard 的台词并去掉台词本中的"Guard："，方法可以有多种。方法之一是对字符串使用.replace()方法，用空字符串''替换掉"Guard："。然后再使用.splitlines()方法：

```
guard = multi_str.replace("Guard: ", "").splitlines()[::2]
print(guard)
```

运行后结果如下：

```
[
"What? Ridden on a horse?",
"You're using coconuts!",
"You've got ... coconut[s] and you're bangin' 'em together."
]
```

11.4 字符串格式化

字符串格式化允许为字符串指定一个通用模板，并在模板中插入变量。它还支持以多种形式来显示字符串，例如对一个 float 类型的变量显示两位小数值，或者将数字以百分数形式显示而非小数形式。

将字符串格式化还有助于向控制台输出内容。可以输出一个字符串，该字符串提供有关输出值的提示信息，而不仅仅是输出变量。

11.4.1 格式化的文字字符串

本章仅讨论格式化的文字字符串（formatted literal strings），简称为 f-string，它在 Python 3.6 中引入。较早的 C 语言风格的格式化和.format()方法已分别移至附录 W.1 和附录 W.2。

要想创建一个 f-string，将字符串写为 f" "：

```
s = f"hello"
print(s)
```

运行后结果如下：

```
hello
```

这是在声明该字符串是一个 f-string，这样就可以在字符串中使用大括号{}插入 Python 变量或公式：

```
num = 7
s = f"I only know {num} digits of pi."
print(s)
```

运行后结果如下：

```
I only know 7 digits of pi.
```

这就能够用 Python 变量创建可读性更好的字符串了。可以在 f-string 中放入不同类型的对象:

```
const = "e"
value = 2.718
s = f"Some digits of {const}: {value}"
print(s)
```

运行后结果如下:

```
Some digits of e: 2.718
```

```
lat = "40.7815° N"
lon = "73.9733° W"
s = f"Hayden Planetarium Coordinates: {lat}, {lon}"
print(s)
```

运行后结果如下:

```
Hayden Planetarium Coordinates: 40.7815° N, 73.9733° W
```

变量是可以在 f-string 中重复使用的:

```
word = "scratch"
s = f"""Black Knight: 'Tis but a {word}.
King Arthur: A {word}? Your arm's off!
"""
print(s)
```

运行后结果如下:

```
Black Knight: 'Tis but a scratch.
King Arthur: A scratch? Your arm's off!
```

11.4.2　格式化数字

数字也可以进行格式化:

```
p = 3.14159265359
print(f"Some digits of pi: {p}")
```

运行后结果如下:

```
Some digits of pi: 3.14159265359
```

使用可选的冒号可以指定如何格式化一个占位符,并使用格式规范迷你语言(format specification mini-language)来更改其在字符串中的输出方式。以下是一个使用千位分隔符格式化数字的示例:

```
digits = 67890
s = f"In 2005, Lu Chao of China recited {67890:,} digits of pi."
print(s)
```

运行后结果如下:

```
In 2005, Lu Chao of China recited 67,890 digits of pi.
```

格式规范迷你语言还支持显示小数点后的位数:

```
prop = 7 / 67890
s = f"I remember {prop:.4} or {prop:.4%} of what Lu Chao recited."
print(s)
```

运行后结果如下：

I remember 0.0001031 or 0.0103% of what Lu Chao recited.

还可以使用格式规范迷你语言在数字的左侧填充 0：

```
id = 42
print(f"My ID number is {id:05d}")
```

运行后结果如下：

My ID number is 00042

:05d 中的冒号表示将提供一个格式化模式，0 是用来填充的字符，5d 表示填充后共有 5 位数字。

不仅可以使用格式规范迷你语言，也可以使用很多内置的字符串方法：

```
id_zfill = "42".zfill(5)
print(f"My ID number is {id_zfill}")
```

运行后结果如下：

My ID number is 00042

或者，可以直接在 f-string 中放入一个 Python 表达式：

```
print(f"My ID number is {'42'.zfill(5)}")
```

运行后结果如下：

My ID number is 00042

在创建 f-string 之前，最好完成所有函数的调用，这样传递给 f-string 的只是一个变量，这样的代码更易于阅读。

11.5 正则表达式

在进行模式搜索时，如果基本的 Python 字符串方法不够用，还可以使用正则表达式（Regular Expression，RegEx）解决问题。正则表达式的功能极其强大，可以提供一种重要的查找和匹配字符串的模式。其缺点是，正则表达式很复杂，很难一眼搞清楚其所实现的功能。也就是说，正则表达式的语法难以读懂。

对于很多的数据任务，例如匹配电话号码或地址字段验证，几乎都可以在 Google 上轻松搜索到理想的模式，并能将别人已经编写好的模式粘贴到自己的代码中（别忘了记录从哪里获得的模式）。

在继续介绍下面的内容之前，可以先访问 regex101 网站，这是一个很好的学习正则表达式和测试模式字符串的网站。该网站甚至覆盖了 Python 模式，所以可以直接将网站上的模式复制粘贴到自己的 Python 代码中。

Python 中的正则表达式使用了 re 模块,该模块还提供了很多如何使用正则表达式的额外的资源。

表 11.5 和表 11.6 列出了一些本节中会用到的 RegEx 基本语法和特殊字符。

表 11.5　RegEx 基本语法

语　　法	说　　明
.	匹配任意一个字符
^	从字符串开头匹配
\$	从字符串末尾匹配
*	匹配前一个字符 0 次或多次
+	匹配前一个字符 1 次或多次
?	匹配前一个字符 0 次或 1 次
{m}	匹配前一个字符 m 次
{m,n}	匹配前一个字符,匹配次数为从 m 到 n 的任意数
\	转义字符
[]	一组字符(例如,[a-z]将匹配从 a 到 z 的所有字母)
|	或;A|B 将匹配 A 或 B
( )	精确匹配圆括号内指定的模式

表 11.6　RegEx 特殊字符

函　　数	说　　明
\d	匹配一个数字字符
\D	匹配一个非数字字符(与\d 相反)
\s	匹配任何不可见字符
\S	匹配任何可见字符(与\s 相反)
\w	匹配单词字符
\d	匹配任何非单词字符(与\w 相反)

为使用正则表达式,编写了一个包含 RegEx 模式的字符串,并为该模式提供一个待匹配的字符串。re 模块中的很多函数可用于处理各种特定的需求。表 11.7 列出了一些常见的函数。

表 11.7　re 模块中常见的 RegEx 函数

函　　数	说　　明
search()	搜索字符串中的第一个匹配项
match()	从字符串开头进行匹配
fullmatch()	匹配整个字符串
split()	按模式拆分字符串
findall()	查找字符串中所有的非重叠匹配项
finditer()	类似于 findall()函数,但返回 Python 迭代器
sub()	用提供的字符串替换匹配的模式

11.5.1　匹配模式

本节使用 re 模块编写想要在字符串中匹配的正则表达式模式。首先编写一个匹配 10 位数字(美国电话号码)的模式。

```
import re
tele_num = '1234567890'
```

匹配 10 个连续数字的方法有很多,可以使用 match()函数查看模式是否与字符串匹配。很多 re 模块中的函数返回的均是 match 对象。

```
m = re.match(pattern = '\d\d\d\d\d\d\d\d\d\d', string = tele_num)
print(type(m))
```

运行后结果如下:

```
< class 're.Match'>
```

```
print(m)
```

运行后结果如下:

```
< re.Match object; span = (0, 10), match = '1234567890'>
```

如果查看输出的 match 对象可以发现,如果存在匹配项,span 对象会给出匹配字符串的索引,而 match 对象会给出精确匹配到的字符串。

很多时候,当以某个模式匹配字符串时,只想得到一个 True 或 False 值用以表明是否存在匹配。如果仅需要返回 True 或 False 值,可以使用内置的 bool()函数获取匹配对象的布尔值:

```
print(bool(m))
```

有时,正则表达式是 if 语句的一部分(见附录 X)。在这种情况下,bool()类型转换就没有必要了。

【例 11.5】　在 if 语句中不使用正则表达式。

```
# should print match
if m:
print('match')
else:
print('no match')
```

运行后结果如下:

```
match
```

如果想获取匹配对象的某些值,例如索引位置或实际匹配到的字符串,可以不 match 对象的一些方法。

```
# get the first index of the string match
print(m.start())
```

运行后结果为 0。

```
# get the last index of the string match
```

```
print(m.end())
```

运行后结果为 10。

```
# get the first and last index of the string match
print(m.span())
```

运行后结果为（0，10）。

```
# the string that matched the pattern
print(m.group())
```

运行后结果为 1234567890。

电话号码可能比 10 个连续的数字稍微复杂一些，以下是另一种常见的表示方式：

```
tele_num_spaces = '123 456 7890'
```

本例中假设仍然使用前面的模式，如下所示：

```
# we can simplify the previous pattern
m = re.match(pattern = '\d{10}', string = tele_num_spaces)
print(m)
```

可以看到，匹配对象返回的是 None，表明模式匹配失败了。如果再次运行 if 语句，它将会输出 no match。

```
if m:
    print('match')
else:
    print('no match')
```

下面修改匹配模式。假设新的字符串由 3 个数字、1 个空格、另外 3 个数字、另外 1 个空格、最后是 4 个数字组成。如果想让它更接近原来的例子，空格可以被匹配 0 次或 1 次。新的正则表达式模式如以下所示：

```
# you may see the RegEx pattern as a separate variable
# because it can get long and
# make the actual match function call hard to read
p = '\d{3}\s?\d{3}\s?\d{4}'
m = re.match(pattern = p, string = tele_num_spaces)
print(m)
```

运行后结果如下：

```
< re.Match object; span = (0, 12), match = '123 456 7890'>
```

也可以用圆括号将区号括起来，并在 7 个主要数字之间用破折号隔开。

```
tele_num_space_paren_dash = '(123) 456 - 7890'
p = '\(?\d{3}\)?\s?\d{3}\s? - ?\d{4}'
m = re.match(pattern = p, string = tele_num_space_paren_dash)
print(m)
```

运行后结果如下：

```
< re.Match object; span = (0, 14), match = '(123) 456 - 7890'>
```

最后，电话号码之前还可能有国家代码：

```
cnty_tele_num_space_paren_dash = ' + 1 (123) 456 - 7890'
```

```
p = '\ + ?1\s?\(?\d{3}\)?\s?\d{3}\s? - ?\d{4}'
m = re.match(pattern = p, string = cnty_tele_num_space_paren_dash)
print(m)
```

运行后结果如下：

```
< re.Match object; span = (0, 17), match = ' + 1 (123) 456 - 7890'>
```

正如以上这些例子所示，尽管正则表达式功能强大，但也很容易变得难以操作。即使像匹配电话号码这样简单的任务，也可能会用到一系列繁杂的符号和数字。尽管如此，有时正则表达式却是完成某些任务的唯一方法。

11.5.2　记住 RegEx 模式

11.5.1 节关于电话号码的正则表达式中包含了很多复杂的组成部分。编写完该模式后，很可能就忘记各部分的含义，在将来回顾代码时就更弄不清楚代码的含义了。

现在，利用 Python 语言的特性，以更易维护的方式重新编写该示例。

在 Python 2 中，相邻的两个字符串将被连接在一起，组合成一个新的字符串：

```
"multiple" "strings" "next" "to" "each" "other"
```

运行后结果如下：

```
'multiplestringsnexttoeachother'
```

注意，在后续字符串之间不会添加额外的分隔符、空格或字符，它们只是连接在一起了。

> **提示**：也可以利用该技巧来处理想要跨多行分割的很长的 URL（Uniform Resource Locator，URL，未统一资源定位符）。

这也意味着可以将长模式字符串分割为多行。通过将表达式封装在一对圆括号中，就可以告知 Python 将所有分割后的字符串视为一个可以赋值给变量的单独的值：

```
p = (
 '\ + ?'
 '1'
 '\s?'
 '\(?'
 '\d{3}'
 '\)?'
 '\s?'
 '\d{3}'
 '\s?'
 ' - ?'
 '\d{4}'
)
print(p)
```

运行后结果如下：

```
\ + ?1\s?\(?\d{3}\)?\s?\d{3}\s? - ?\d{4}
```

这样,就有了跨多行的代码。可以将注释添加到字符串中,就好像是常规 Python 代码一样。

```
p = (
    '\ + ?'          # maybe starts with a + '1'# the number 1
    '\s?'            # maybe there's a whitespace
    '\(?'            # maybe there's an open round parenthesis (
    '\d{3}'          # 3 numbers
    '\)?'            # maybe there's a closing round parenthesis )
    '\s?'            # maybe there's a whitespace
    '\d{3}'          # 3 numbers
    '\s?'            # maybe there's a whitespace
    ' - ?'           # maybe there's a dash character
    '\d{4}'          # 4 numbers
)
print(p)
```

运行后结果如下:

```
\ + ?1\s?\(?\d{3}\)?\s?\d{3}\s? - ?\d{4}
```

此方法允许编程者以一种未来可以理解的方式编写正则表达式。如果其中某些内容与预期不匹配,模式调试也会更容易。

```
cnty_tele_num_space_paren_dash = ' + 1 (123) 456 - 7890'
m = re.match(pattern = p, string = cnty_tele_num_space_paren_dash)
print(m)
```

运行后结果如下:

```
< re.Match object; span = (0, 17), match = ' + 1 (123) 456 - 7890'>
```

11.5.3 查找模式

可以使用 findall()函数来查找模式中的所有匹配项。下面编写一个匹配数字的模式,并用它来查找字符串中的所有数字:

```
# python will concatenate 2 strings next to each other
s = (
    "14 Ncuti Gatwa, "
    "13 Jodie Whittaker, war John Hurt, 12 Peter Capaldi, "
    "11 Matt Smith, 10 David Tennant, 9 Christopher Eccleston"
)

print(s)
```

运行后结果如下:

```
14 Ncuti Gatwa, 13 Jodie Whittaker, war John Hurt, 12 Peter Capaldi,
11 Matt Smith, 10 David Tennant, 9 Christopher Eccleston
# pattern to match 1 or more digits
p = "\d + "
m = re.findall(pattern = p, string = s)
print(m)
```

运行后结果如下:

```
['14', '13', '12', '11', '10', '9']
```

11.5.4 替换模式

在前面的 str.replace() 示例中(11.3.2 节),为获取 Guard 的所有台词,最终在脚本上直接进行字符串替换。然而,使用正则表达式可以对模式进行泛化(generalize),这样就可以根据需要获取 Guard 或 King Arthur 的台词了:

```
multi_str = """Guard: What? Ridden on a horse?
King Arthur: Yes!
Guard: You're using coconuts!
King Arthur: What?
Guard: You've got ... coconut[s] and you're bangin' 'em together.
"""

p = '\w + \s?\w + :\s?'

s = re.sub(pattern = p, string = multi_str, repl = '')
print(s)
```

运行后结果如下:

```
What? Ridden on a horse?
Yes!
You're using coconuts!
What?
You've got ... coconut[s] and you're bangin' 'em together.
```

这样,就可以使用带增量的字符串切片来获取任何一方的台词了。

```
guard = s.splitlines()[ ::2]
kinga = s.splitlines()[1::2] # skip the first element
print(guard)
```

运行后结果如下:

```
[
    "What? Ridden on a horse?",
    "You're using coconuts!",
    "You've got ... coconut[s] and you're bangin' 'em together."
]
```

```
print(kinga)
```

运行后结果如下:

```
[
    "Yes!",
    "What?"
]
```

还可以将正则表达式与简单的模式匹配及字符串方法混合起来使用。

11.5.5 编译模式

在处理数据时,很多操作都是按行或按列来进行的。Python 的 re 模块支持对模式执行 compile() 操作,以便可以重用。这样可以提升性能,特别是当数据集很大时。下面介绍如何编译一个模式并使用它,就像本节前面的例子中所做的那样。

语法与之前几乎是一样的。首先编写正则表达式模式,但这次不是直接将其保存至变量中,而是将模式字符串传递给 compile()函数并保存结果。然后,就可以在已编译好的模式上调用其他 re 函数了。此外,由于模式已经编译好,无须再在方法中指定模式参数了。

以下是 match()函数的示例:

```
# pattern to match 10 digits
p = re.compile('\d{10}')
s = '1234567890'

# note: calling match on the compiled pattern
# not using the re.match function
m = p.match(s)
print(m)
```

运行后结果如下:

```
< re.Match object; span = (0, 10), match = '1234567890'>
```

以下是 findall()函数的示例:

```
p = re.compile('\d + ')
s = (
    "14 Ncuti Gatwa, "
    "13 Jodie Whittaker, war John Hurt, 12 Peter Capaldi, "
    "11 Matt Smith, 10 David Tennant, 9 Christopher Eccleston"
)

m = p.findall(s)
print(m)
```

运行后结果如下:

```
['14', '13', '12', '11', '10', '9']
```

以下是 sub()函数的示例:

```
p = re.compile('\w + \s?\w + :\s?')
s = "Guard: You're using coconuts!"
m = p.sub(string = s, repl = '')
print(m)
```

运行后结果如下:

```
You're using coconuts!
```

11.6   regex 库

re 库是 Python 中应用非常广泛的正则表达库,是 Python 内置和默认的正则表达式引擎。然而,经验丰富的正则表达式编写者可能会发现 regex 库的功能更全面。regex 库向后兼容 re 库,因此 11.5 节中涉及 re 库的所有代码均适用于 regex 库。regex 库的相关文档可以在 PyPI 文档页面上找到。

```
import regex

# a re example using the regex library
p = regex.compile('\d + ')
s = (
    "14 Ncuti Gatwa, "
    "13 Jodie Whittaker, war John Hurt, 12 Peter Capaldi, "
    "11 Matt Smith, 10 David Tennant, 9 Christopher Eccleston"
)

m = p.findall(s)
print(m)
```

运行后结果如下：

```
['14', '13', '12', '11', '10', '9']
```

本章小结

　　文本形式的数据随处可见。掌握如何处理文本字符串是数据科学家的一项基本技能。Python 中有很多内置的字符串方法和库，可以使字符串和文本的操作更容易。本章介绍了一些基本的字符串操作方法，可以在此基础上进行数据处理。

第12章

日期和时间

使用 Pandas 的一个很重要的理由是其强大的时间序列数据处理的能力。第 6 章在介绍数据连接、索引是如何自动对齐时,已经展示过 Pandas 的这种能力。本章重点介绍日期和时间数据的常用处理方法。

学习目标

(1) 使用 datetime 库创建日期对象。
(2) 使用函数将字符串转换为日期。
(3) 使用函数设置日期格式。
(4) 执行日期的计算。
(5) 使用函数对日期重新采样。
(6) 使用函数处理和转换时区。

12.1　Python 的 datetime 对象

Python 内置了 datetime 对象,可以在 datetime 库中找到。

```
from datetime import datetime
```

可以使用 datetime 获取当前的日期和时间。

```
now = datetime.now()
print(f"Last time this chapter was rendered for print: {now}")
```

运行后结果如下:

```
Last time this chapter was rendered for print: 2022 - 09 - 01 01:55:41.496795
```

也可以手动创建 datetime。

```
t1 = datetime.now()
t2 = datetime(1970, 1, 1)
```

而且,还可以对 datetime 做数学运算。

```
diff = t1 - t2 print(diff)
```

运行后结果如下：

```
19236 days, 1:55:41.499914
```

运算结果的数据类型是 timedelta。

```
print(type(diff))
```

运行后结果如下：

```
<class 'datetime.timedelta'>
```

处理 Pandas 的 DataFrame 时，也可以执行以上操作。

12.2 转换为 datetime

可以使用 to_datatime() 函数将一个对象转换为 datetime 类型。

【例12.1】 加载 Ebola 数据集，并将 Date 列转换为 datetime 对象。

（1）加载数据集，并输出部分数据：

```
import pandas as pd
ebola = pd.read_csv('data/country_timeseries.csv')
# top left corner of the data
print(ebola.iloc[:5, :5])
```

运行后结果如下：

```
     Date        Day    Cases_Guinea    Cases_Liberia    Cases_SierraLeone
0    1/5/2015    289    2776.0          NaN              10030.0
1    1/4/2015    288    2775.0          NaN              9780.0
2    1/3/2015    287    2769.0          8166.0           9722.0
3    1/2/2015    286    NaN             8157.0           NaN
4    12/31/2014  284    2730.0          8115.0           9633.0
```

（2）将 Date 列转换为 datetime 对象，并查看属性信息：

```
print(ebola.info())
```

Date 列包含日期信息，但由 .info() 属性可知，在 Pandas 中它实际上是一个普通的字符串 object：

```
<class 'pandas.core.frame.DataFrame'>
RangeIndex: 122 entries, 0 to 121
Data columns (total 18 columns):
#      Column             Non-Null Count       Dtype
0      Date               122 non-null         object
1      Day                122 non-null         int64
2      Cases_Guinea       93 non-null          float64
3      Cases_Liberia      83 non-null          float64
4      Cases_SierraLeone  87 non-null          float64
5      Cases_Nigeria      38 non-null          float64
6      Cases_Senegal      25 non-null          float64
7      Cases_UnitedStates 18 non-null          float64
8      Cases_Spain        16 non-null          float64
9      Cases_Mali         12 non-null          float64
10     Deaths_Guinea      92 non-null          float64
```

11	Deaths_Liberia	81 non-null	float64
12	Deaths_SierraLeone	87 non-null	float64
13	Deaths_Nigeria	38 non-null	float64
14	Deaths_Senegal	22 non-null	float64
15	Deaths_UnitedStates	18 non-null	float64
16	Deaths_Spain	16 non-null	float64
17	Deaths_Mali	12 non-null	float64

```
dtypes: float64(16), int64(1), object(1) memory usage: 17.3 + KB
None
```

【例 12.2】 为 Ebola 数据集创建新列,将 Date 列转换为 datetime 对象,并显示新列的数据类型。

(1)创建一个新的列 date_dt:

```
ebola['date_dt'] = pd.to_datetime(ebola['Date'])
```

(2)显式地指定如何将数据转换为 datetime 对象。to_datetime()函数有一个名为 format 的参数,允许手动指定日期的 format。此处日期格式为 month/day/year,因此可以传入字符串%m/%d/%Y:

```
ebola['date_dt'] = pd.to_datetime(ebola['Date'], format = '% m/% d/% Y')
```

(3)不论哪种情况,新列的数据类型均为 datetime:

```
< class 'pandas.core.frame.DataFrame'>
RangeIndex: 122 entries, 0 to 121
Data columns (total 21 columns):
```

#	Column	Non-Null Count	Dtype
0	Date	122 non-null	object
1	Day	122 non-null	int64
2	Cases_Guinea	93 non-null	float64
3	Cases_Liberia	83 non-null	float64
4	Cases_SierraLeone	87 non-null	float64
5	Cases_Nigeria	38 non-null	float64
6	Cases_Senegal	25 non-null	float64
7	Cases_UnitedStates	18 non-null	float64
8	Cases_Spain	16 non-null	float64
9	Cases_Mali	12 non-null	float64
10	Deaths_Guinea	92 non-null	float64
11	Deaths_Liberia	81 non-null	float64
12	Deaths_SierraLeone	87 non-null	float64
13	Deaths_Nigeria	38 non-null	float64
14	Deaths_Senegal	22 non-null	float64
15	Deaths_UnitedStates	18 non-null	float64
16	Deaths_Spain	16 non-null	float64
17	Deaths_Mali	12 non-null	float64
18	date_dt	122 non-null	datetime64[ns]
19	date_dt_a	122 non-null	datetime64[ns]
20	date_dt_al	122 non-null	datetime64[ns]

```
dtypes: datetime64[ns](3), float64(16), int64(1), object(1)
memory usage: 20.1 + KB
None
```

to_datetime()函数有一些内置的选项。如果日期格式以天开始(例如 31-03-2014),可以将 dayfirst 选项设置为 True；如果日期以年份开始（例如 2014-03-31），则可以将 yearfirst 选项设置为 True。

对于其他的日期格式，可以使用 Python 的 strptime 语法手动指定表示方式。表 12.1 列出了官方 Python 文档中给出的 strftime 和 strptime 语法。

表 12.1　Python 的 strftime 和 strptime 语法

指　　令	含　　义	示　　例
%a	星期的缩略名	Sun，Mon，…，Sat
%A	星期的全名	Sunday，Monday，…，Saturday
%w	用数字表示星期，0 为周日	0，1，…，6
%d	月份中的某一天（两位数）	01，02，…，31
%b	月份的缩略名	Jan，Feb，…，Dec
%B	月份的全名	January，February，…，December
%m	月份（两位数）	01，02，…，12
%y	年份（两位数）	00，01，…，99
%Y	年份（四位数）	0001，0002，…，2013，2014，…，9999
%H	小时（两位数，24 小时制）	00，01，…，23
%I	小时（两位数，12 小时制）	01，02，…，12
%p	AM 或 PM	AM，PM
%M	分钟（两位数）	00，01，…，59
%S	秒（两位数）	00，01，…，59
%f	微秒	000000，000001，…，999999
%z	UTC 偏移量（＋HHMM 或 \hbox{－HHMM}）	(empty)，+0000，−0400，+1030
%Z	时区名	(empty)，UTC，EST，CST
%j	一年中的某一天（三位数）	001，002，…，366
%U	一年中的某一周（周日为第一天）	00，01，…，53
%W	一年中的某一周（周一为第一天）	00，01，…，53
%c	日期和时间表示	Tue Aug 16 21:30:00 1988
%x	日期表示	08/16/88（None）；08/16/1988
%X	时间表示	21:30:00
%%	%字符	%
%G	ISO 8601 年	0001，0002，…，2013，2014，…，9999
%u	ISO 8601 星期	1，2，…，7
%V	ISO 8601 周	01，02，…，53

12.3　加载包含日期的数据

书中使用的很多数据集都是 CSV 格式的，或者是来自 Seaborn 库，但 Gapminder 数据集是一个例外，它是一个用制表符进行分隔（Tab-Separated Values，TSV）的文件。read_ csv()函数有很多参数,如 parse_dates、inher_datetime_format、keep_date_col、date_parser、dayfirst 和 cache_dates 等。

【例 12.3】 使用 read_csv()函数加载 Gapminder 数据集时,利用 parse_dates 参数指定想要解析的 Date 列。

```
ebola = pd.read_csv('data/country_timeseries.csv', parse_dates = ["Date"])
print(ebola.info())
```

运行后结果如下:

```
< class 'pandas.core.frame.DataFrame'>
RangeIndex: 122 entries, 0 to 121
#        Column                    Non – Null Count        Dtype
0        Date                      122 non – null          datetime64[ns]
1        Day                       122 non – null          int64
2        Cases_Guinea              93 non – null           float64
3        Cases_Liberia             83 non – null           float64
4        Cases_SierraLeone         87 non – null           float64
5        Cases_Nigeria             38 non – null           float64
6        Cases_Senegal             25 non – null           float64
7        Cases_UnitedStates        18 non – null           float64
8        Cases_Spain               16 non – null           float64
9        Cases_Mali                12 non – null           float64
10       Deaths_Guinea             92 non – null           float64
11       Deaths_Liberia            81 non – null           float64
12       Deaths_SierraLeone        87 non – null           float64
13       Deaths_Nigeria            38 non – null           float64
14       Deaths_Senegal            22 non – null           float64
15       Deaths_UnitedStates       18 non – null           float64
16       Deaths_Spain              16 non – null           float64
17       Deaths_Mali               12 non – null           float64

dtypes: datetime64[ns](1), float64(16), int64(1)
memory usage: 17.3 KB
None
```

例 12.3 展示了如何在加载数据时直接将列转换为日期类型。

12.4　提取日期的各个部分

如果已经有了一个 datetime 对象,就可以提取日期的各个部分了(如年、月或日)。

【例 12.4】 创建 datetime 对象,并提取日期中的年、月或日。

(1)创建 datetime 对象:

```
d = pd.to_datetime('2021 – 12 – 14')
print(d)
```

运行后结果如下:

```
2021 – 12 – 14 00:00:00
```

(2)传入一个字符串:

```
print(type(d))
```

运行后会得到一个 Timestamp 对象：

```
<class 'pandas._libs.tslibs.timestamps.Timestamp'>
```

（3）借助属性访问日期的各个部分：

```
print(d.year)
print(d.month)
print(d.day)
```

运行后可以分别得到日期的年、月和日，分别为 2021、12 和 14。

在第 4 章中，在解析存储有多种信息的列时介绍了整理数据并通过 .str. 访问器使用各种字符串的方法，如 .split()。对于 datetime 对象，也可以进行类似的操作，这里需要使用 .dt. 访问器访问 datetime 对象。

【例 12.5】 对于 Ebola 数据集，利用 .dt. 访问器访问其中的 datetime 对象。

（1）重新创建 date_dt 列：

```
ebola['date_dt'] = pd.to_datetime(ebola['Date'])
```

（2）可以通过对列分别使用 year、month 和 day 属性获取日期的年、月和日。在使用 .str. 访问器解析列中的字符串时，已经介绍了其工作原理。下面给出刚刚创建的 Date 和 date_dt 列的数据：

```
print(ebola[['Date', 'date_dt']])
```

运行后结果如下：

```
          Date          date_dt
0         2015-01-05    2015-01-05
1         2015-01-04    2015-01-04
2         2015-01-03    2015-01-03
3         2015-01-02    2015-01-02
4         2014-12-31    2014-12-31
...       ...           ...
117       2014-03-27    2014-03-27
118       2014-03-26    2014-03-26
119       2014-03-25    2014-03-25
120       2014-03-24    2014-03-24
121       2014-03-22    2014-03-22
[122 rows x 2 columns]
```

（3）基于 Date 列创建一个新的 year 列：

```
ebola['year'] = ebola['date_dt'].dt.year
print(ebola[['Date', 'date_dt', 'year']])
```

运行后结果如下：

```
          Date          date_dt       year
0         2015-01-05    2015-01-05     2015
1         2015-01-04    2015-01-04     2015
2         2015-01-03    2015-01-03     2015
3         2015-01-02    2015-01-02     2015
4         2014-12-31    2014-12-31     2014
...       ...           ...            ...
117       2014-03-27    2014-03-27     2014
```

```
118    2014 – 03 – 26    2014 – 03 – 26    2014
119    2014 – 03 – 25    2014 – 03 – 25    2014
120    2014 – 03 – 24    2014 – 03 – 24    2014
121    2014 – 03 – 22    2014 – 03 – 22    2014
[122 rows x 3 columns]
```

（4）继续解析日期的 month 和 day 部分：

```
ebola = ebola.assign(
  month = ebola["date_dt"].dt.month,
  day = ebola["date_dt"].dt.day
)
print(ebola[['Date', 'date_dt', 'year', 'month', 'day']])
```

运行后结果如下：

```
      Date          date_dt         year   month   day
0     2015 – 01 – 05    2015 – 01 – 05    2015   1       5
1     2015 – 01 – 04    2015 – 01 – 04    2015   1       4
2     2015 – 01 – 03    2015 – 01 – 03    2015   1       3
3     2015 – 01 – 02    2015 – 01 – 02    2015   1       2
4     2014 – 12 – 31    2014 – 12 – 31    2014   12      31
...   ...           ...            ...    ...     ...
117   2014 – 03 – 27    2014 – 03 – 27    2014   3       27
118   2014 – 03 – 26    2014 – 03 – 26    2014   3       26
119   2014 – 03 – 25    2014 – 03 – 25    2014   3       25
120   2014 – 03 – 24    2014 – 03 – 24    2014   3       24
121   2014 – 03 – 22    2014 – 03 – 22    2014   3       22
[122 rows x 5 columns]
```

（5）解析日期后，其数据类型也随之改变，此时再输出数据的信息：

```
print(ebola.info())
```

运行后结果如下：

```
< class 'pandas.core.frame.DataFrame'>
RangeIndex: 122 entries, 0 to 121
Data columns (total 22 columns):
#      Column             Non – Null Count      Dtype
0      Date               122 non – null        datetime64[ns]
1      Day                122 non – null        int64
2      Cases_Guinea       93 non – null         float64
3      Cases_Liberia      83 non – null         float64
4      Cases_SierraLeone  87 non – null         float64
5      Cases_Nigeria      38 non – null         float64
6      Cases_Senegal      25 non – null         float64
7      Cases_UnitedStates 18 non – null         float64
8      Cases_Spain        16 non – null         float64
9      Cases_Mali         12 non – null         float64
10     Deaths_Guinea      92 non – null         float64
11     Deaths_Liberia     81 non – null         float64
12     Deaths_SierraLeone 87 non – null         float64
13     Deaths_Nigeria     38 non – null         float64
14     Deaths_Senegal     22 non – null         float64
15     Deaths_UnitedStates 18 non – null        float64
16     Deaths_Spain       16 non – null         float64
```

17	Deaths_Mali	12 non-null	float64
18	date_dt	122 non-null	datetime64[ns]
19	year	122 non-null	int64
20	month	122 non-null	int64
21	date	122 non-null	int64

```
dtypes: datetime64[ns](2), float64(16), int64(4)
memory usage: 21.1 KB
None
```

12.5　日期运算和 timedeltas

　　获取到 date 对象就可以进行日期运算了。Ebola 数据集中包含一个名为 Day 的列,该列表示某个国家爆发埃博拉疫情的天数,可以通过日期运算重新创建该列。

　　【例 12.6】　利用 Ebola 数据集计算某个国家爆发埃博拉疫情的天数。

　　(1)输出数据集左下角的数据:

```
print(ebola.iloc[-5:, :5])
```

　　运行后结果如下:

	Date	Day	Cases_Guinea	Cases_Liberia	Cases_SierraLeone
117	2014-03-27	5	103.0	8.0	6.0
118	2014-03-26	4	86.0	NaN	NaN
119	2014-03-25	3	86.0	NaN	NaN
120	2014-03-24	2	86.0	NaN	NaN
121	2014-03-22	0	49.0	NaN	NaN

　　(2)疫情暴发的第一天(该数据集中最早的日期)是 2015-03-22。因此,如果想要计算疫情暴发的天数,可以调用列的.min()方法,从每个日期中减去最早日期即可:

```
print(ebola['date_dt'].min())
```

　　运行后得到数据为 2014-03-22 00:00:00。

　　(3)在运算时就可以使用该日期:

```
ebola['outbreak_d'] = ebola['date_dt'] - ebola['date_dt'].min()
print(ebola[['Date', 'Day', 'outbreak_d']])
```

　　运行后结果如下:

	Date	Day	outbreak_d
0	2015-01-05	289	289 days
1	2015-01-04	288	288 days
2	2015-01-03	287	287 days
3	2015-01-02	286	286 days
4	2014-12-31	284	284 days
...	...	...	...
117	2014-03-27	5	5 days
118	2014-03-26	4	4 days
119	2014-03-25	3	3 days
120	2014-03-24	2	2 days
121	2014-03-22	0	0 days

```
[122 rows x 3 columns]
```

（4）当执行这种日期运算时,实际上会得到一个 timedelta 对象:

```
< class 'pandas.core.frame.DataFrame'>
RangeIndex: 122 entries, 0 to 121
Data columns (total 23 columns):
 #      Column              Non-Null Count       Dtype
 0      Date                122 non-null         datetime64[ns]
 1      Day                 122 non-null         int64
 2      Cases_Guinea        93 non-null          float64
 3      Cases_Liberia       83 non-null          float64
 4      Cases_SierraLeone   87 non-null          float64
 5      Cases_Nigeria       38 non-null          float64
 6      Cases_Senegal       25 non-null          float64
 7      Cases_UnitedStates  18 non-null          float64
 8      Cases_Spain         16 non-null          float64
 9      Cases_Mali          12 non-null          float64
 10     Deaths_Guinea       92 non-null          float64
 11     Deaths_Liberia      81 non-null          float64
 12     Deaths_SierraLeone  87non-null           float64
 13     Deaths_Nigeria      non-null             float64
 14     Deaths_Senegal      non-null             float64
 15     Deaths_UnitedStates non-null             float64
 16     Deaths_Spain        non-null             float64
 17     Deaths_Mali         non-null             float64
 18     date_dt             non-null             datetime64[ns]
 19     year                non-null             int64
 20     month               non-null             int64
 21     date                non-null             int64
 22     outbreak_d          non-null             timedelta64[ns]
dtypes: datetime64[ns](2), float64(16), int64(4), timedelta64[ns](1)
memory usage: 22.0 KB
None
```

12.6　datetime 方法

【例 12.7】　利用包含银行倒闭数据的 banklist 数据集,查看每年及每个季度倒闭银行的数量。

（1）载入数据集:

```
banks = pd.read_csv('data/banklist.csv')
print(banks.head())
```

数据集输出如下:

```
     Bank Name                                     City               ST    CERT
0    Fayette County Bank                           Saint Elmo         IL    1802
1    Guaranty Bank, (d/b/a BestBank in Georgia & Mi...  Milwaukee     WI    30003
2    First NBC Bank                                New Orleans        LA    58302
3    Proficio Bank                                 Cottonwood Heights UT    35495
4    Seaway Bank and Trust Company                 Chicago            IL    19328

     Acquiring Institution                         Closing Date       Updated Date
```

0	United Fidelity Bank, fsb	26 – May – 17	26 – Jul – 17
1	First – Citizens Bank & Trust Company	5 – May – 17	26 – Jul – 17
2	Whitney Bank	28 – Apr – 17	26 – Jul – 17
3	Cache Valley Bank	3 – Mar – 17	18 – May – 17
4	State Bank of Texas	27 – Jan – 17	18 – May – 17

（2）也可以在导入数据集时直接解析日期：

```
banks = pd.read_csv(
    "data/banklist.csv", parse_dates = ["Closing Date", "Updated Date"]
)
print(banks.info())
```

运行后结果如下：

```
< class 'pandas.core.frame.DataFrame'>
RangeIndex: 553 entries, 0 to 552
Data columns (total 7 columns):
 #    Column                 Non – Null Count       Dtype
 0    Bank Name              553 non – null         object
 1    City                   553 non – null         object
 2    ST                     553 non – null         object
 3    CERT                   553 non – null         int64
 4    Acquiring Institution  553 non – null         object
 5    Closing Date           553 non – null         datetime64[ns]
 6    Updated Date           553 non – null         datetime64[ns]
dtypes: datetime64[ns](2), int64(1), object(4)
memory usage: 30.4 + KB
None
```

（3）解析日期，从而获得银行倒闭的季度和年份：

```
banks = banks.assign(
 closing_quarter = banks['Closing Date'].dt.quarter,
 closing_year = banks['Closing Date'].dt.year
)
closing_year = banks.groupby(['closing_year']).size()
```

（4）计算每年每季度倒闭的银行数量：

```
closing_year_q = (
    banks
    .groupby(['closing_year', 'closing_quarter'])
    .size()
)
```

（5）将结果绘制成图：

```
import matplotlib.pyplot as plt
fig, ax = plt.subplots()
ax = closing_year.plot()
plt.show()
fig, ax = plt.subplots()
ax = closing_year_q.plot()
plt.show()
```

运行结果分别如图 12.1 和图 12.2 所示。

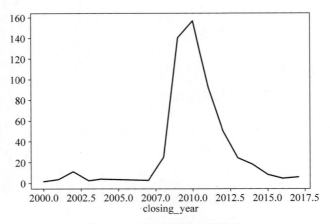

图 12.1　每年倒闭的银行数量

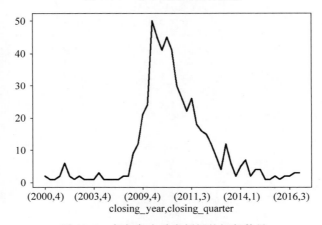

图 12.2　每年各个季度倒闭的银行数量

12.7　获取股票数据

股票价格是一种常见的包含日期的数据类型。Python 提供了一种方法,可以使用 pandas-datareader 库以编程方式获取此类数据。

【例 12.8】　用 pandas-datareader 库以编程方式从股票价格数据集中获取关于 Tesla 的股票信息。

（1）安装并使用 pandas_datareader 库从 Internet(互联网)获取数据:

```
# we can install and use the pandas_datafreader
# to get data from the Internet
import pandas_datareader.data as web

# in this example we are getting stock information about Tesla
tesla = web.DataReader('TSLA', 'yahoo')

print(tesla)
```

运行后结果如下：

Date	High	Low	Open	Close	Date	Volume	Adj_Close
2017 − 09 − 05	23.699333	23.059334	23.586666	23.306000	2017 − 09 − 05	57526500.0	23.306000
2017 − 09 − 06	23.398666	22.770666	23.299999	22.968666	2017 − 09 − 06	61371000.0	22.968666
2017 − 09 − 07	23.498667	22.896667	23.065332	23.374001	2017 − 09 − 07	63588000.0	23.374001
2017 − 09 − 08	23.318666	22.820000	23.266001	22.893333	2017 − 09 − 08	48952500.0	22.893333
2017 − 09 − 11	24.247334	23.333332	23.423332	24.246000	2017 − 09 − 11	115006500.0	24.246000
...	...	...	...	...	...	...	...
2022 − 08 − 25	302.959991	291.600006	302.359985	296.070007	2022 − 08 − 25	53230000.0	296.070007
2022 − 08 − 26	302.000000	287.470001	297.429993	288.089996	2022 − 08 − 26	56905800.0	288.089996
2022 − 08 − 29	287.739990	280.700012	282.829987	284.820007	2022 − 08 − 29	41864700.0	284.820007
2022 − 08 − 30	288.480011	272.649994	287.869995	277.700012	2022 − 08 − 30	50541800.0	277.700012
2022 − 08 − 31	281.250000	271.809998	280.619995	275.609985	2022 − 08 − 31	51788900.0	275.609985

[1257 rows x 6 columns]

（2）库存数据已保存，因此可以将相同的数据集加载为文件：

```
# the stock data was saved
# so we do not need to rely on the Internet again
# instead we can load the same data set as a file
tesla = pd.read_csv(
  'data/tesla_stock_yahoo.csv', parse_dates = ["Date"]
)


print(tesla)
```

运行后结果如下：

	Date	Open	High	Low	Close	Adj_Close	Volume
0	2010 − 06 − 29	19.000000	25.000000	17.540001	23.889999	23.889999	18766300
1	2010 − 06 − 30	25.790001	30.420000	23.299999	23.830000	23.830000	17187100
2	2010 − 07 − 01	25.000000	25.920000	20.270000	21.959999	21.959999	8218800
3	2010 − 07 − 02	23.000000	23.100000	18.709999	19.200001	19.200001	5139800
4	2010 − 07 − 06	20.000000	20.000000	15.830000	16.110001	16.110001	6866900
...	...	...	...	...	...	...	...
1786	2017 − 08 − 02	318.940002	327.119995	311.220001	325.890015	325.890015	13091500
1787	2017 − 08 − 03	345.329987	350.000000	343.149994	347.089996	347.089996	13535000
1788	2017 − 08 − 04	347.000000	357.269989	343.299988	356.910004	356.910004	9198400
1789	2017 − 08 − 07	357.350006	359.480011	352.750000	355.170013	355.170013	6276900
1790	2017 − 08 − 08	357.529999	368.579987	357.399994	365.220001	365.220001	7449837

[1791 rows x 7 columns]

12.8　基于日期子集化数据

12.4 节已经介绍了如何从列中提取日期各部分的方法，结合这些方法就可以子集化数据，而不必手动解析各部分。

【例 12.9】　使用布尔子集化方法从股票价格数据集中获取 2010 年 6 月的数据：

```
print(
  tesla.loc[
    (tesla.Date.dt.year == 2010) & (tesla.Date.dt.month == 6)
  ]
)
```

运行后结果如下：

```
    Date         Open       High    Low       Close     Adj_Close  Volume
0   2010 - 06 - 29   19.000000   25.00   17.540001   23.889999   23.889999   18766300
1   2010 - 06 - 30   25.790001   30.42   23.299999   23.830000   23.830000   17187100
```

12.8.1　DatetimeIndex 对象

在处理包含 datetime 对象的数据时，通常需要将 datetime 对象设置为 DataFrame 的索引。目前为止，大多数时候将 DataFrame 对象的行索引设置为行号。这样做会有一些副作用，因为行索引并不总是可以用作行号，比如第 6 章中连接 DataFrame 时的情形。

【例 12.10】　针对 Tesla 股票价格，以 datetime 数据为索引查看部分日期的股票变化。

（1）将 Date 列指定为索引：

```
tesla.index = tesla['Date']
print(tesla.index)
```

运行后结果如下：

```
DatetimeIndex(['2010 - 06 - 29', '2010 - 06 - 30', '2010 - 07 - 01',
               '2010 - 07 - 02', '2010 - 07 - 06', '2010 - 07 - 07',
               '2010 - 07 - 08', '2010 - 07 - 09', '2010 - 07 - 12',
               '2010 - 07 - 13',
               ...
               '2017 - 07 - 26', '2017 - 07 - 27', '2017 - 07 - 28',
               '2017 - 07 - 31', '2017 - 08 - 01', '2017 - 08 - 02',
               '2017 - 08 - 03', '2017 - 08 - 04', '2017 - 08 - 07',
               '2017 - 08 - 08'],
               dtype = 'datetime64[ns]', name = 'Date', length = 1791, freq = None)
```

（2）将索引设置为日期对象后，可以使用日期直接对行进行子集化，例如基于年份对数据进行子集化：

```
print(tesla['2015'])
```

运行后结果如下：

```
Date          Date          Open       High        Close       Adj Close    Volume
2015 - 01 - 02   2015 - 01 - 02   222.869995   223.250000   219.309998   219.309998   4764400
2015 - 01 - 05   2015 - 01 - 05   214.550003   216.500000   210.089996   210.089996   5368500
2015 - 01 - 06   2015 - 01 - 06   210.059998   214.199997   211.279999   211.279999   6261900
2015 - 01 - 07   2015 - 01 - 07   213.350006   214.779999   210.949997   210.949997   2968400
2015 - 01 - 08   2015 - 01 - 08   212.809998   213.800003   210.619995   210.619995   3442500
...              ...              ...          ...          ...          ...          ...
2015 - 12 - 24   2015 - 12 - 24   230.559998   231.880005   230.570007   230.570007   708000
2015 - 12 - 28   2015 - 12 - 28   231.490005   231.979996   228.949997   228.949997   1901300
2015 - 12 - 29   2015 - 12 - 29   230.059998   237.720001   237.190002   237.190002   2406300
2015 - 12 - 30   2015 - 12 - 30   236.600006   243.630005   238.089996   238.089996   3697900
2015 - 12 - 31   2015 - 12 - 31   238.509995   243.449997   240.009995   240.009995   2683200
[252 rows x 7 columns]
```

（3）基于年份和月份对数据进行子集化：

```
print(tesla['2010 - 06'])
```

运行后结果如下：

Date	Open	High	Low	Close	Adj Close	Volume
2010-06-29	19.000000	25.00	17.540001	23.889999	23.889999	18766300
2010-06-30	25.790001	30.42	23.299999	23.830000	23.830000	17187100

12.8.2　TimedeltaIndex 对象

正如将 DataFrame 的索引设置为 datetime 可以创建 DatetimeIndex 对象一样,也可以对时间增量 timedelta 执行相同的操作以创建 TimedeltaIndex 对象。

【例12.11】　针对 Tesla 股票价格,创建 timedelta 对象,以此数据为索引查看部分日期的股票变化。

(1) 创建一个 timedelta 对象:

```
tesla['ref_date'] = tesla['Date'] - tesla['Date'].min()
```

(2) 将 timedelta 赋值给索引:

```
tesla.index = tesla['ref_date']
print(tesla)
```

运行后结果如下:

```
ref_date    Date         Open        High        Low         Close       Adj_Close   Volume    ref_date
0 days      2010-06-29   19.000000   25.000000   17.540001   23.889999   23.889999   18766300  0 days
1 days      2010-06-30   25.790001   30.420000   23.299999   23.830000   23.830000   17187100  1 days
2 days      2010-07-01   25.000000   25.920000   20.270000   21.959999   21.959999   8218800   2 days
3 days      2010-07-02   23.000000   23.100000   18.709999   19.200001   19.200001   5139800   3 days
7 days      2010-07-06   20.000000   20.000000   15.830000   16.110001   16.110001   6866900   7 days
...         ...          ...         ...         ...         ...         ...         ...       ...
2591 days   2017-08-02   318.940002  327.119995  311.220001  325.890015  325.890015  13091500  2591 days
2592 days   2017-08-03   345.329987  350.000000  343.149994  347.089996  347.089996  13535000  2592 days
2593 days   2017-08-04   347.000000  357.269989  343.299988  356.910004  356.910004  9198400   2593 days
2596 days   2017-08-07   357.350006  359.480011  352.750000  355.170013  355.170013  6276900   2596 days
2597 days   2017-08-08   357.529999  368.579987  357.399994  365.220001  365.220001  7449837   2597 days
[1791 rows x 8 columns]
```

(3) 基于增量选择数据:

```
print(tesla['0 day': '10 day'])
```

运行后结果如下:

```
ref_date  Date         Open        High        Low         Close       Adj_Close   Volume    ref_date
0 days    2010-06-29   19.000000   25.000000   17.540001   23.889999   23.889999   18766300  0 days
1 days    2010-06-30   25.790001   30.420000   23.299999   23.830000   23.830000   17187100  1 days
2 days    2010-07-01   25.000000   25.920000   20.270000   21.959999   21.959999   8218800   2 days
3 days    2010-07-02   23.000000   23.100000   18.709999   19.200001   19.200001   5139800   3 days
7 days    2010-07-06   20.000000   20.000000   15.830000   16.110001   16.110001   6866900   7 days
8 days    2010-07-07   16.400000   16.629999   14.980000   15.800000   15.800000   6921700   8 days
9 days    2010-07-08   16.139999   17.520000   15.570000   17.459999   17.459999   7711400   9 days
10 days   2010-07-09   17.580000   17.900000   16.549999   17.400000   17.400000   4050600   10 days
```

12.9　日期范围

并非每个数据集的值都有固定的频率,Ebola 数据集中并没有某个日期范围内每一天的观察数据。

【例 12.12】 针对 Ebola 数据集,确定给定日期范围内的数据。

(1) 确载入数据集:

```
ebola = pd.read_csv(
 'data/country_timeseries.csv', parse_dates = ["Date"]
)
print(ebola.iloc[:,:5])
```

此处,缺失了 2015-01-01 的数据,运行后结果如下:

```
      Date         Day   Cases_Guinea   Cases_Liberia   Cases_SierraLeone
0     2015 - 01 - 05   289   2776.0         NaN             10030.0
1     2015 - 01 - 04   288   2775.0         NaN             9780.0
2     2015 - 01 - 03   287   2769.0         8166.0          9722.0
3     2015 - 01 - 02   286   NaN            8157.0          NaN
4     2014 - 12 - 31   284   2730.0         8115.0          9633.0
...   ...              ...   ...            ...             ...
117   2014 - 03 - 27   5     103.0          8.0             6.0
118   2014 - 03 - 26   4     86.0           NaN             NaN
119   2014 - 03 - 25   3     86.0           NaN             NaN
120   2014 - 03 - 24   2     86.0           NaN             NaN
121   2014 - 03 - 22   0     49.0           NaN             NaN
[122 rows x 5 columns]
```

(2) 创建一个日期范围,使用 date_range() 函数实现数据集的索引重建:

```
head_range = pd.date_range(start = '2014 - 12 - 31', end = '2015 - 01 - 05')
print(head_range)
```

运行后结果如下:

```
DatetimeIndex(['2014 - 12 - 31', '2015 - 01 - 01', '2015 - 01 - 02',
               '2015 - 01 - 03', '2015 - 01 - 04', '2015 - 01 - 05'],
              dtype = 'datetime64[ns]', freq = 'D')
```

(3) 此处仅处理前 5 行数据,先将该日期范围设置为索引,再对数据进行索引重建:

```
ebola_5 = ebola.head()
ebola_5.index = ebola_5['Date']
ebola_5 = ebola_5.reindex(head_range)
print(ebola_5.iloc[:, :5])
```

运行后结果如下:

```
                 Date           Day     Cases_Guinea   Cases_Liberia   Cases_SierraLeone
2014 - 12 - 31   2014 - 12 - 31   284.0   2730.0         8115.0          9633.0
2015 - 01 - 01   NaT            NaN     NaN            NaN             NaN
2015 - 01 - 02   2015 - 01 - 02   286.0   NaN            8157.0          NaN
2015 - 01 - 03   2015 - 01 - 03   287.0   2769.0         8166.0          9722.0
2015 - 01 - 04   2015 - 01 - 04   288.0   2775.0         NaN             9780.0
2015 - 01 - 05   2015 - 01 - 05   289.0   2776.0         NaN             10030.0
```

12.9.1 频率

在之前的例子中,使用 date_range() 函数创建了 head_range,其中的 print 语句包含一个参数 freq,其值为 D,表示"天"。也就是说,日期范围内的值是以天为增量的。Pandas 时间序列文档中给出了 freq 可能的取值,如表 12.2 所示。

表 12.2 **freq 参数可能的取值**

别 名	说 明	别 名	说 明
A	工作日	QS	季初
B	自定义工作日(实验)	BQS	季初工作日
C	日历日	A	年终
W	每周	BA	年终工作日
M	月底	AS	年初
SM	月中和月底(每月 15 日和月底)	BAS	年初工作日
BM	月底工作日	BH	工作时间
CBM	自定义月底工作日	H	小时
MS	月初	T	分钟
SMS	月初和月中(每月 1 日和 15 日)	S	秒
BMS	月初工作日	L	毫秒
CBMS	自定义月初工作日	U	微秒
Q	季末	N	纳秒
BQ	季末工作日		

这些值可以在调用 date_range 时传入 freq 参数。例如,2022 年 1 月 2 日是周日,可以创建一个包含该周 5 个工作日的日期范围:

```
# business days during the week of Jan 1, 2022
print(pd.date_range('2022-01-01', '2022-01-07', freq='B'))
```

运行后结果如下:

```
DatetimeIndex(['2022-01-03', '2022-01-04', '2022-01-05',
               '2022-01-06', '2022-01-07'],
              dtype='datetime64[ns]', freq='B')
```

12.9.2 偏移量

偏移量是在基本频率基础上的微调。例如,可以给刚刚创建的工作日范围添加一个偏移量,这样数据就不是每个工作日的,而是每隔一个(every other)工作日的。

```
# every other business day during the week of Jan 1, 2022 print(pd.date_range('2022-01-01',
'2017-01-07', freq='2B'))
```

运行后结果如下:

```
DatetimeIndex([], dtype='datetime64[ns]', freq='2B')
```

以上代码中,通过在基本频率前增加一个乘数值创建了一个偏移量。该类偏移量也可以与其他基本频率结合使用。

【例 12.13】 利用偏移量指定 2022 年每月的第 1 个星期四。

```
print(pd.date_range('2022-01-01', '2022-12-31', freq='WOM-1THU'))
```

运行后结果如下：

```
DatetimeIndex(['2022 - 01 - 06', '2022 - 02 - 03', '2022 - 03 - 03',
               '2022 - 04 - 07', '2022 - 05 - 05', '2022 - 06 - 02',
               '2022 - 07 - 07', '2022 - 08 - 04', '2022 - 09 - 01',
               '2022 - 10 - 06', '2022 - 11 - 03', '2022 - 12 - 01'],
              dtype = 'datetime64[ns]', freq = 'WOM - 1THU')
```

【例 12.14】 利用偏移量指定 2022 年每月的第 3 个星期五。

```
print(pd.date_range('2022 - 01 - 01', '2022 - 12 - 31', freq = 'WOM - 3FRI'))
```

运行后结果如下：

```
DatetimeIndex(['2022 - 01 - 21', '2022 - 02 - 18', '2022 - 03 - 18',
               '2022 - 04 - 15', '2022 - 05 - 20', '2022 - 06 - 17',
               '2022 - 07 - 15', '2022 - 08 - 19', '2022 - 09 - 16',
               '2022 - 10 - 21', '2022 - 11 - 18', '2022 - 12 - 16'],
              dtype = 'datetime64[ns]', freq = 'WOM - 3FRI')
```

12.10　日期变动

有时候，出于某种原因可能需要变动数据的日期。例如，可能需要修正数据中的某个测量误差；或者，可能需要将数据的开始日期标准化，以便比较趋势。

尽管当前的 Ebola 数据集不是"整洁的"，但其当前格式便于绘制疫情暴发图，代码如下：

```
import matplotlib.pyplot as plt
ebola.index = ebola['Date']
fig, ax = plt.subplots()
ax = ebola.plot(ax = ax)
ax.legend(fontsize = 7, loc = 2, borderaxespad = 0.0)
plt.show()
```

结果如图 12.3 所示。

在观察疫情暴发状况时，一个重要的信息是疫情相对于其他国家来说传播速度的快慢。首先观察 Ebola 数据集中的若干列：

```
ebola_sub = ebola[['Day', 'Cases_Guinea', 'Cases_Liberia']]
print(ebola_sub.tail(10))
```

运行后结果如下：

Date	Day	Cases_Guinea	Cases_Liberia
2014 - 04 - 04	13	143.0	18.0
2014 - 04 - 01	10	127.0	8.0
2014 - 03 - 31	9	122.0	8.0
2014 - 03 - 29	7	112.0	7.0
2014 - 03 - 28	6	112.0	3.0
2014 - 03 - 27	5	103.0	8.0
2014 - 03 - 26	4	86.0	NaN
2014 - 03 - 25	3	86.0	NaN
2014 - 03 - 24	2	86.0	NaN
2014 - 03 - 22	0	49.0	NaN

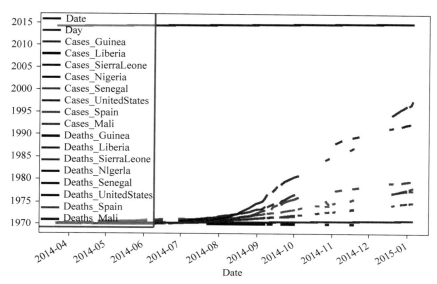

图 12.3 Ebola 病例和死亡情况图(日期未变动)

由以上输出可以看出,每个国家疫情暴发的日期是不同的,这使得若日后发生新的疫情时很难比较各国疫情暴发的实际情形。

【例 12.15】 利用 Ebola 数据集查看每个国家疫情暴发第一天的数据情况。

本例中,希望所有的日期都从 0 天开始。实现过程需要如下三步:①由于有些日期未被列出,需要创建一个包含数据集中所有日期的日期范围;②需要计算数据集中最早日期与每列中最早有效日期(非 NaN)之间的差值;③根据运算结果变动每列的日期。

(1) 读取 Ebola 数据集的一个副本。把 Date 列解析为一个 date 对象,并将该日期赋给 index。此处会解析日期并直接将其设置为索引:

```
ebola = pd.read_csv(
    "data/country_timeseries.csv",
    index_col = "Date",
    parse_dates = ["Date"],
)
print(ebola.iloc[:, :4])
```

运行后结果如下:

```
Date           Day     Cases_Guinea     Cases_Liberia     Cases_SierraLeone
2015 − 01 − 05  289     2776.0           NaN               10030.0
2015 − 01 − 04  288     2775.0           NaN               9780.0
2015 − 01 − 03  287     2769.0           8166.0            9722.0
2015 − 01 − 02  286     NaN              8157.0            NaN
2014 − 12 − 31  284     2730.0           8115.0            9633.0
...             ...     ...              ...               ...
2014 − 03 − 27  5       103.0            8.0               6.0
2014 − 03 − 26  4       86.0             NaN               NaN
2014 − 03 − 25  3       86.0             NaN               NaN
2014 − 03 − 24  2       86.0             NaN               NaN
2014 − 03 − 22  0       49.0             NaN               NaN
```

```
[122 rows x 4 columns]
```

（2）创建日期范围以填充数据中的所有缺失的日期。当向下变动日期值时，数据变动的天数将与所移动的行数相同：

```
new_idx = pd.date_range(ebola.index.min(), ebola.index.max())
 print(new_idx)
```

运行后结果如下：

```
DatetimeIndex(['2014 – 03 – 22', '2014 – 03 – 23', '2014 – 03 – 24',
                '2014 – 03 – 25', '2014 – 03 – 26', '2014 – 03 – 27',
                '2014 – 03 – 28', '2014 – 03 – 29', '2014 – 03 – 30',
                '2014 – 03 – 31',
                ...
                '2014 – 12 – 27', '2014 – 12 – 28', '2014 – 12 – 29',
                '2014 – 12 – 30', '2014 – 12 – 31', '2015 – 01 – 01',
                '2015 – 01 – 02', '2015 – 01 – 03', '2015 – 01 – 04',
                '2015 – 01 – 05'],
                dtype = 'datetime64[ns]', length = 290, freq = 'D')
```

（3）查看 new_idx，发现日期的顺序并不理想。为解决该问题，可以颠倒索引的顺序：

```
new_idx = reversed(new_idx)
print(new_idx)
```

运行后结果如下：

```
< reversed object at 0x105aedfc0 >
```

（4）为数据集创建索引，如果索引在数据集中不存在，就会创建值为 NaN 的行：

```
ebola = ebola.reindex(new_idx)
```

（5）如果查看结果数据的开头和结尾，可以看到原来未列出的日期（2014-03-23）已经添加到数据集中，同时还有一行 NaN 缺失值。此外，Date 列被填充了 NaT 值，这是缺失时间值的 Pandas 内部表示形式（类似于数值缺失值 NaN）。

```
print(ebola.iloc[:, :4])
```

运行后结果如下：

```
Date           Day      Cases_Guinea     Cases_Liberia      Cases_SierraLeone
2015 – 01 – 05  289.0    2776.0           NaN                10030.0
2015 – 01 – 04  288.0    2775.0           NaN                9780.0
2015 – 01 – 03  287.0    2769.0           8166.0             9722.0
2015 – 01 – 02  286.0    NaN              8157.0             NaN
2015 – 01 – 01  NaN      NaN              NaN                NaN
...             ...      ...              ...                ...
2014 – 03 – 26  4.0      86.0             NaN                NaN
2014 – 03 – 25  3.0      86.0             NaN                NaN
2014 – 03 – 24  2.0      86.0             NaN                NaN
2014 – 03 – 23  NaN      NaN              NaN                NaN
2014 – 03 – 22  0.0      49.0             NaN                NaN
[290 rows x 4 columns]
```

（6）至此，已经创建了日期范围并将其赋给 index，下一步是计算数据集中最早的日期和每列中最早的有效日期（非缺失值）之间的差值。可以使用名为 .last_valid_index() 的

Series 方法执行此计算,该方法返回最后一个非缺失值或非空值的索引。类似的方法还有 .first_valid_index(),它返回第一个非缺失值或非空值。由于要对所有列执行此运算,所以可以使用.apply()方法:

```
last_valid = ebola.apply(pd.Series.last_valid_index)
print(last_valid)
```

运行后结果如下:

```
Day                    2014 - 03 - 22
Cases_Guinea           2014 - 03 - 22
Cases_Liberia          2014 - 03 - 27
Cases_SierraLeone      2014 - 03 - 27
Cases_Nigeria          2014 - 07 - 23
...                    ...
Deaths_Nigeria         2014 - 07 - 23
Deaths_Senegal         2014 - 09 - 07
Deaths_UnitedStates    2014 - 10 - 01
Deaths_Spain           2014 - 10 - 08
Deaths_Mali            2014 - 10 - 22
Length: 17, dtype: datetime64[ns]
```

(7) 获取数据集中的最早日期:

```
earliest_date = ebola.index.min()
print(earliest_date)
```

结果为 2014-03-22 00:00:00。

(8) 用每个 last_valid 日期减去最早日期:

```
shift_values = last_valid - earliest_date
print(shift_values)
```

运行后结果如下:

```
Day                    0 days
Cases_Guinea           0 days
Cases_Liberia          5 days
Cases_SierraLeone      5 days
Cases_Nigeria          123 days
...                    ...
Deaths_Nigeria         123 days
Deaths_Senegal         169 days
Deaths_UnitedStates    193 days
Deaths_Spain           200 days
Deaths_Mali            214 days
days Length: 17, dtype: timedelta64[ns]
```

(9) 遍历每个列,基于 shift_values 中相应的值,使用.shift()方法将列向下移动:

```
ebola_dict = {}
for idx, col in enumerate(ebola):
d = shift_values[idx].days
shifted = ebola[col].shift(d)
ebola_dict[col] = shifted

# print(ebola_dict)
```

注意,shift_values 中的值都是正数,如果出现负数(比如颠倒减法的顺序),该运算会将值上移。

(10) 有了值的 dict,就可以使用 Pandas 的 DataFrame()函数将其转换为 DataFrame 对象:

```
ebola_shift = pd.DataFrame(ebola_dict)
print(ebola_shift.tail())
```

现在,每列的最后一行都有值了。也就是说,这些列已经被向下移动了。

Date	Day	Cases_Guinea	Cases_Liberia	Cases_SierraLeone	Cases_Nigeria	Cases_Senegal
2014 - 03 - 26	4.0	86.0	8.0	2.0	1.0	NaN
2014 - 03 - 25	3.0	86.0	NaN	NaN	NaN	NaN
2014 - 03 - 24	2.0	86.0	7.0	NaN	NaN	NaN
2014 - 03 - 23	NaN	NaN	3.0	2.0	NaN	NaN
2014 - 03 - 22	0.0	49.0	8.0	6.0	0.0	1.0

Date	Cases_UnitedStates	Cases_Spain	Cases_Mali	Deaths_Guinea	Deaths_Liberia	Deaths_SierraLeone
2014 - 03 - 26	1.0	1.0	NaN	62.0	4.0	2.0
2014 - 03 - 25	NaN	NaN	NaN	60.0	NaN	NaN
2014 - 03 - 24	NaN	NaN	NaN	59.0	2.0	NaN
2014 - 03 - 23	NaN	NaN	NaN	NaN	3.0	2.0
2014 - 03 - 22	1.0	1.0	1.0	29.0	6.0	5.0

Date	Deaths_Nigeria	Deaths_Senegal	Deaths_UnitedStates	Deaths_Spain	Deaths_Mali
2014 - 03 - 26	1.0	NaN	0.0	1.0	NaN
2014 - 03 - 25	NaN	NaN	NaN	NaN	NaN
2014 - 03 - 24	NaN	NaN	NaN	NaN	NaN
2014 - 03 - 23	NaN	NaN	NaN	NaN	NaN
2014 - 03 - 22	0.0	0.0	0.0	1.0	1.0

(11) 由于每一行的索引已失效,可以将其删除,然后赋予正确的索引,即 Day。注意,Day 不再表示疫情暴发的第一天,而是表示特定国家疫情暴发的第一天。

```
ebola_shift.index = ebola_shift['Day']
ebola_shift = ebola_shift.drop(['Day'], axis = "columns")
print(ebola_shift.tail())
```

运行后结果如下:

Day	Cases_Guinea	Cases_Liberia	Cases_SierraLeone	Cases_Nigeria	Cases_Senegal	Cases_Senegal
4.0	86.0	8.0	2.0	1.0	NaN	NaN
3.0	86.0	NaN	NaN	NaN	NaN	NaN
2.0	86.0	7.0	NaN	NaN	NaN	NaN
NaN	NaN	3.0	2.0	NaN	NaN	NaN
0.0	49.0	8.0	6.0	0.0	1.0	1.0

Day	Cases_UnitedStates	Cases_Spain	Cases_Mali	Deaths_Guinea	Deaths_SierraLeone
4.0	1.0	1.0	NaN	62.0	2.0
3.0	NaN	NaN	NaN	60.0	NaN
2.0	NaN	NaN	NaN	59.0	NaN
NaN	NaN	NaN	NaN	NaN	2.0
0.0	1.0	1.0	1.0	29.0	5.0

Day	Deaths_Nigeria	Deaths_Senegal	Deaths_UnitedStates	Deaths_Spain	Deaths_Mali
4.0	1.0	NaN	0.0	1.0	NaN

3.0	NaN	NaN	NaN	NaN	NaN
2.0	NaN	NaN	NaN	NaN	NaN
NaN	NaN	NaN	NaN	NaN	NaN
0.0	0.0	0.0	0.0	1.0	1.0

12.11　重新采样

重新采样(resampling)可以将 datetime 对象从一个频率转换为另一个频率。重新采样有以下 3 种类型。

(1) 下采样(downsampling)：从高频率到低频率(例如从每天到每月)。

(2) 上采样(upsampling)：从低频率到高频率(例如从每月到每天)。

(3) 无变化(no change)：采样频率不变(例如从每月的第一个星期四到最后一个星期五)。

可以传递给.resample()函数的值详见表 12.2。

【例 12.16】　对 Ebola 数据集的每日值进行下采样,作为每月值。并对得到的下采样值进行上采样,注意缺失的日期是如何填充的。

(1) 因为数据集中包含多个值,需要再汇总结果,此处使用平均值：

```
# downsample daily values to monthly values
# since we have multiple values, we need to aggregate the results
# here we will use the mean
down = ebola.resample('M').mean()
print(down.iloc[:, :5])
```

运行后结果如下：

Date	Day	Cases_Guinea	Cases_Liberia	Cases_SierraLeone	Cases_Nigeria
2014-03-31	4.500000	94.500000	6.500000	3.333333	NaN
2014-04-30	24.333333	177.818182	24.555556	2.200000	NaN
2014-05-31	51.888889	248.777778	12.555556	7.333333	NaN
2014-06-30	84.636364	373.428571	35.500000	125.571429	NaN
2014-07-31	115.700000	423.000000	212.300000	420.500000	1.333333
...	...	...	...	...	...
2014-09-30	177.500000	967.888889	2815.625000	1726.000000	20.714286
2014-10-31	207.470588	1500.444444	4758.750000	3668.111111	20.000000
2014-11-30	237.214286	1950.500000	7039.000000	5843.625000	20.000000
2014-12-31	271.181818	2579.625000	7902.571429	8985.875000	20.000000
2015-01-31	287.500000	2773.333333	8161.500000	9844.000000	NaN

[11 rows x 5 columns]

(2) 对下采样值进行上采样,缺失的日期使用缺失值 NaN 进行填充：

```
# here we will upsample our downsampled value
# notice how missing dates are populated,
# but they are filled in with missing values
up = down.resample('D').mean()
print(up.iloc[:, :5])
```

运行后结果如下：

Date	Day	Cases_Guinea	Cases_Liberia	Cases_SierraLeone	Cases_Nigeria
2014-03-31	4.5	94.500000	6.5	3.333333	NaN

2014 − 04 − 01	NaN	NaN	NaN	NaN	NaN
2014 − 04 − 02	NaN	NaN	NaN	NaN	NaN
2014 − 04 − 03	NaN	NaN	NaN	NaN	NaN
2014 − 04 − 04	NaN	NaN	NaN	NaN	NaN
...	...	...	...	...	
2015 − 01 − 27	NaN	NaN	NaN	NaN	NaN
2015 − 01 − 28	NaN	NaN	NaN	NaN	NaN
2015 − 01 − 29	NaN	NaN	NaN	NaN	NaN
2015 − 01 − 30	NaN	NaN	NaN	NaN	NaN
2015 − 01 − 31	287.5	2773.333333	8161.5	9844.000000	NaN

[307 rows x 5 columns]

12.12   时区

千万不要试图自己编写时区转换器。正如 Tom Scott 在 YouTube 的视频 "Computerphile"中所阐释的:"那样做实在太疯狂了"。在处理不同时区时,有很多事情都是始料不及的。例如,并非每个国家都实行夏令时,即使是实行夏令时的国家,也不一定会在每年的同一天调整时钟。况且,别忘了还有闰年和闰秒(leap seconds)!幸运的是,Python 有一个专门用来处理时区的库,Pandas 也对该库进行了封装。

【例 12.17】   利用 Python 的处理时区库,查看美国的时区。

(1) 载入数据库:

```
import pytz
print(len(pytz.all_timezones))
```

该库中包含的可用时区有 594 个。

(2) 输出美国的时区如下所示:

```
import re
regex = re.compile(r'^US')
selected_files = filter(regex.search, pytz.common_timezones)
print(list(selected_files))
```

运行后结果如下:

['US/Alaska', 'US/Arizona', 'US/Central', 'US/Eastern', 'US/Hawaii', 'US/Mountain', 'US/Pacific']

在 Pandas 中处理时区,最简单的方法是使用 pytz.all_timezones()函数给出字符串名。为演示时区的用法,使用 Pandas 的 Timestamp()函数创建两个时间戳。

【例 12.18】   假设有一班从纽约肯尼迪国际机场(JFK)到洛杉矶国际机场(LAX)的航班,早上 7 点从 JFK 起飞,9 点 57 分在 LAX 降落。使用 Timestamp()函数对以上时间进行编码。

(1) 起飞时间:

```
# 7AM Eastern
depart = pd.Timestamp('2017 − 08 − 29 07:00', tz = 'US/Eastern')
print(depart)
```

运行结果为 2017-08-29 07:00:00-04:00。

（2）抵达时间：

```
arrive = pd.Timestamp('2017 - 08 - 29 09:57')
print(arrive)
```

运行结果为 2017-08-29 09:57:00。

对时区进行编码的另外一种办法是对"空"时间戳调用 .tz_localize() 方法。

【例 12.19】 假设有一班从纽约肯尼迪国际机场(JFK)到洛杉矶国际机场(LAX)的航班,早上 7 点从 JFK 起飞,9 点 57 分在 LAX 降落。使用 .tz_localize() 方法对以上时间进行编码。

（1）抵达时间：

```
arrive = arrive.tz_localize('US/Pacific')
print(arrive)
```

运行结果为 2017-08-29 09:57:00-07:00

（2）将航班到达时间转换回美国东部时区,查看航班到达时东海岸的具体时间：

```
print(arrive.tz_convert('US/Eastern'))
```

运行结果为 2017-08-29 12:57:00-04:00。

（3）对时区进行运算,此处计算了航班降落和起飞时间之差,得出了飞行时间：

```
duration = arrive - depart
print(duration)
```

运行结果为 0 days 05:57:00。

12.13　arrow 库

如果需要经常处理与日期和时间相关的数据,建议查看 arrow 库。不要将此 arrow 库与 Apache Arrow 项目混淆在一起。

arrow 库是一个需要单独安装的库,其工作方式与本章介绍的方法略有不同,但是该库在处理时区方面确实很出色。更多关于该库的信息请参阅 Paul Ganssle 的论文"pytz：The Fastest Footgun in the West"。

本章小结

Pandas 提供了一系列用于处理日期和时间的简便方法和函数,因为这类数据经常与时间序列数据一起使用。时间序列数据的一个常见例子是股票价格,当然也包括观测数据和模拟数据等。这些简便的 Pandas 函数和方法非常有助于处理日期对象,而无须诉诸字符串操作和解析。

第四部分

数 据 建 模

本部分内容包括：

第 13 章　线性回归；

第 14 章　广义线性模型；

第 15 章　生存分析；

第 16 章　模型诊断；

第 17 章　正则化；

第 18 章　聚类。

本部分的内容沿用 Jared Lander 在 *R for Everyone* 一书中介绍的方法。因为只要掌握了在 Python 中使用 Pandas 进行数据处理的方法，在以后需要使用其他分析语言时只需将 Pandas 处理后的数据集保存下来就可以了。

本部分涵盖许多基本的建模技术，是数据分析和机器学习的入门内容。相关参考书籍包括 Andreas Müller 和 Sarah Guido 的 *Introduction to Machine Learning with Python*、Sebastian Raschka 和 Vahid Mirjalili 的 *Python Machine Learning*、Mark Fenner 的 *Machine Learning with Python for Everyone*、Andrew Kelleher 和 Adam Kelleher 的 *Machine Learning in Production*：*Developing and Optimizing Data Science Workflows and Applications*。

截至目前，本书探讨的许多技术主要是为了弄清数据属于哪种类型，特别是拟建模或预测的变量的数据类型。有了数据处理的结果变量，就可以使用有监督的建模技术了。如果变量是连续的，可以使用第 13 章介绍的线性回归模型。如果结果变量是二元值，可以使用逻辑回归模型。如果是计数数据，可以使用第 14 章介绍的泊松模型。生存模型（survival model）用于寻找感兴趣的结果，但也会进行删失（censoring），详见第 15 章。在拟合预测模型时,有时需要找到选择"最佳"模型的一种方法,这就需要第 16 章介绍的比较模型诊断。如果只对预测感兴趣,而不是推断,可以采用第 17 章介绍的正则化技术使模型更稳定。如果没有可以用来测试模型的结果变量,可以使用某种无监督的建模技术,如聚类(clustering),详见第 18 章。

第13章

线 性 回 归

13.1 简单线性回归

线性回归的目标是在响应变量（也称为"结果"或"因变量"）和预测变量（也称为"特征""协变量"或"自变量"）之间建立其相应的线性关系。

本章仍主要以 tips 数据集为例进行介绍，重点了解 total_bill 与 tip 之间的关系（或者 total_bill 对 tip 的影响）。

tips 数据集的载入及数据如下：

```
import pandas as pd
import seaborn as sns
tips = sns.load_dataset('tips')
print(tips)
```

运行后结果如下：

```
     total_bill    tip    sex     smoker   day    time     size
0    16.99         1.01   Female  No       Sun    Dinner   2
1    10.34         1.66   Male    No       Sun    Dinner   3
2    21.01         3.50   Male    No       Sun    Dinner   3
3    23.68         3.31   Male    No       Sun    Dinner   2
4    24.59         3.61   Female  No       Sun    Dinner   4
...  ...           ...    ...     ...      ...    ...      ...
239  29.03         5.92   Male    No       Sat    Dinner   3
240  27.18         2.00   Female  Yes      Sat    Dinner   2
241  22.67         2.00   Male    Yes      Sat    Dinner   2
242  17.82         1.75   Male    No       Sat    Dinner   2
243  18.78         3.00   Female  No       Thur   Dinner   2

[244 rows x 7 columns]
```

13.1.1 使用 statsmodels 库

可以使用 statsmodels 库执行简单的线性回归。下面会用到 statsmodels 库中的公式 API（formula API）：

```
import statsmodels.formula.api as smf
```

为了执行这个简单的线性回归,使用 ols() 函数计算普通最小二乘值,这是线性回归中估计参数的一种方法。回想一下,直线的公式为

$$y = mx + b$$

其中,y 是响应变量;x 是自变量;b 是截距;m 是斜率,即要估计的参数。

在程序中,公式由两部分组成,用波浪线(~)隔开。波浪线的左边是响应变量,右边是自变量。

【例 13.1】 使用 statsmodels 库执行 total_bill 与 tip 之间关系的运算。

(1)指定模型:

```
model = smf.ols(formula = 'tip ~ total_bill', data = tips)
```

(2)指定好模型后,调用 .fit() 方法使用数据拟合模型:

```
results = model.fit()
```

(3)对 results. 调用 .summary() 方法来查看结果:

```
print(results.summary())
```

运行后结果如下:

```
                         OLS Regression Results
==============================================================================
Dep. Variable:              tip        R - squared:                    0.457
Model:                      OLS        Adj. R - squared:               0.454
Method:            Least Squares       F - statistic:                  203.4
Date:           Thu, 01 Sep 2022       Prob (F - statistic):        6.69e - 34
Time:                  01:55:45        Log - Likelihood:             - 350.54
No. Observations:           244        AIC:                            705.1
Df Residuals:               242        BIC:                            712.1
Df Model:                     1
Covariance Type:      nonrobust
==============================================================================
                 coef      std err        t        P>|t|      [0.025     0.975]
------------------------------------------------------------------------------
Intercept      0.9203       0.160      5.761      0.000       0.606      1.235
total_bill     0.1050       0.007     14.260      0.000       0.091      0.120
==============================================================================
Omnibus:                 20.185        Durbin - Watson:                2.151
Prob(Omnibus):            0.000        Jarque - Bera (JB):            37.750
Skew:                     0.443        Prob(JB):                   6.35e - 09
Kurtosis:                 4.711        Cond. No.                       53.0
==============================================================================

Notes:
[1] Standard Errors assume that the covariance matrix of the errors is correctly specified.
```

由例 13.1 的输出可以得到模型的参数 Intercept 和 total_bill。将这些参数代入公式得出线性方程

$$y = 0.105x + 0.920$$

该方程可解释为:total_bill 每增加 1 个单位(即消费额每增加 1 美元),小费就会增加 0.105 个单位(即 10.5 美分)。

如果只想求系数，可以对 results. 调用 .params 属性：

```
print(results.params)
```

运行后结果如下：

```
Intercept        0.920270
total_bill       0.105025
dtype: float64
```

对于不同的字段，可能还需要一个置信区间，用于确定估计值。例 13.1 的置信区间为 $[0.025 \ 0.975]$，可以使用 .conf_int() 方法来提取这些值：

```
print(results.conf_int())
```

运行后结果如下：

```
                 0                1
Intercept        0.605622         1.234918
total_bill       0.090517         0.119532
```

13.1.2　使用 Scikit-learn 库

还可以使用 Scikit-learn 库拟合各种机器学习模型。要想执行与 13.1.1 节相同的分析，需要先从该库导入 linear_model 模块：

```
from sklearn import linear_model
```

然后创建线性回归对象：

```
# create our LinearRegression object
lr = linear_model.LinearRegression()
```

接下来，需要指定自变量 X 和响应变量 y。为此，需要将拟回归的列传入模型。

> **注意**：自变量是一个**矩阵**，因此用大写的 X 来表示；响应变量 y 是一个**向量**，因此用小写的 y 来表示。

如果仅将单个变量传给参数 X，会出错的。

```
# note it is an uppercase X
# and a lowercase y
# this will fail because our X has only 1 variable
predicted = lr.fit(X = tips['total_bill'], y = tips['tip'])
```

运行后结果如下：

```
ValueError: Expected 2D array, got 1D array instead:
array = [
        16.99   10.34   21.01   23.68   24.59   25.29   8.77    26.88   15.04   14.78
        10.27   35.26   15.42   18.43   14.83   21.58   10.33   16.29   16.97   20.65
        17.92   20.29   15.77   39.42   19.82   17.81   13.37   12.69   21.7    19.65
        9.55    18.35   15.06   20.69   17.78   24.06   16.31   16.93   18.69   31.27
        16.04   17.46   13.94   9.68    30.4    18.29   22.23   32.4    28.55   18.04
        12.54   10.29   34.81   9.94    25.56   19.49   38.01   26.41   11.24   48.27
        20.29   13.81   11.02   18.29   17.59   20.08   16.45   3.07    20.23   15.01
        12.02   17.07   26.86   25.28   14.73   10.51   17.92   27.2    22.76   17.29
```

```
19.44   16.66   10.07   32.68   15.98   34.83   13.03   18.28   24.71   21.16
28.97   22.49    5.75   16.32   22.75   40.17   27.28   12.03   21.01   12.46
11.35   15.38   44.3    22.42   20.92   15.36   20.49   25.21   18.24   14.31
14.      7.25   38.07   23.95   25.71   17.31   29.93   10.65   12.43   24.08
11.69   13.42   14.26   15.95   12.48   29.8     8.52   14.52   11.38   22.82
19.08   20.27   11.17   12.26   18.26    8.51   10.33   14.15   16.     13.16
17.47   34.3    41.19   27.05   16.43    8.35   18.64   11.87    9.78    7.51
14.07   13.13   17.26   24.55   19.77   29.85   48.17   25.     13.39   16.49
21.5    12.66   16.21   13.81   17.51   24.52   20.76   31.71   10.59   10.63
50.81   15.81    7.25   31.85   16.82   32.9    17.89   14.48    9.6    34.63
34.65   23.33   45.35   23.17   40.55   20.69   20.9    30.46   18.15   23.1
15.69   19.81   28.44   15.48   16.58    7.56   10.34   43.11   13.     13.51
18.71   12.74   13.     16.4    20.53   16.47   26.59   38.73   24.27   12.76
30.06   25.89   48.33   13.27   28.17   12.9    28.15   11.59    7.74   30.14
12.16   13.42    8.58   15.98   13.42   16.27   10.09   20.45   13.28   22.12
24.01   15.69   11.61   10.77   15.53   10.07   12.6    32.83   35.83   29.03
27.18   22.67   17.82   18.78    ].
```

Reshape your data either using array.reshape(−1, 1) if your data has a single feature or array.reshape(1, −1) if it contains a single sample.

由于 Scikit-learn 接受的是 NumPy 数组,因此有时必须对数据进行处理,以便将 DataFrame 传递给 Scikit-learn。之前的出错消息实际上是在告知:传入矩阵的形状不正确,需要重塑输入。根据是否仅有一个变量(本例的情形)或一个样本(即多个观测值),可以分别指定 reshape(−1, 1)或 reshape(1, −1)。

直接在列上调用.reshape():

```
# this will fail
predicted = lr.fit(
  X = tips["total_bill"].reshape(−1, 1), y = tips["tip"]
)
```

会引发 DeprecationWarning(Pandas 0.17)、ValueError(Pandas 0.19)或 AttributeError,具体取决于所使用的 Pandas 版本:

```
AttributeError: 'Series' object has no attribute 'reshape'
```

为正确地重塑数据,必须使用.values 属性(否则可能会引发另一个错误或警告)。当对 Pandas 的 DataFrame 或 Series 调用.values 属性时,得到的是 NumPy ndarray 表示的数据。

```
# we fix the data by putting it in the correct shape for sklearn
predicted = lr.fit(
  X = tips["total_bill"].values.reshape(−1, 1), y = tips["tip"]
)
```

由于 Scikit-learn 可以处理 NumPy ndarray,所以,代码中将 NumPy 向量显式地传递给 X 或 y 参数:y = tips['tip'].values。

但是,Scikit-learn 无法提供像 statsmodels 一样漂亮的汇总表。这反映了两个库背后不同的学科思想:统计学(预测)和计算机科学(机器学习)。通过拟合模型的.coef_属性:

```
print(predicted.coef_)
```

获得 Scikit-learn 的系数为 0.10502452。

调用.intercept_属性：

```
print(predicted.intercept_)
```

可获得截距为 0.920269613554674。

注意,得到的结果与使用 statsmodels 时相同。也就是说,在该数据集中,顾客按照账单金额的百分之十左右支付小费。

13.2　多元回归

在简单线性回归中,一个自变量对一个响应变量进行线性回归。同样,也可以使用多元回归将多个自变量放入一个模型中。

13.2.1　使用 statsmodels 库

使用多元回归模型拟合数据集与拟合简单的线性回归模型非常相似。使用 formula 接口,可以将其他协变量添加到波浪线右侧。

【例 13.2】　使用 formula 接口在公式中添加变量 size。

```
# note the .fit() method chain at the end
model = smf.ols(formula = "tip ~ total_bill + size", data = tips).fit()
print(model.summary())
```

运行后结果如下：

```
                            OLS Regression Results
==============================================================================
Dep. Variable:                    tip   R - squared:                     0.468
Model:                            OLS   Adj. R - squared:                0.463
Method:                 Least Squares   F - statistic:                   105.9
Date:                Thu, 01 Sep 2022   Prob (F - statistic):         9.673 - 34
Time:                        01:55:46   Log - Likelihood:              - 347.99
No. Observations:                 244   AIC:                             702.0
Df Residuals:                     241   BIC:                             712.5
Df Model:                           2
Covariance Type:            nonrobust
==============================================================================
                 coef    std err          t      P>|t|      [0.025      0.975]
------------------------------------------------------------------------------
Intercept      0.6689      0.194      3.455      0.001       0.288       1.050
total_bill     0.0927      0.009     10.172      0.000       0.075       0.111
size           0.1926      0.085      2.258      0.025       0.025       0.361
==============================================================================
Omnibus:                       24.753   Durbin - Watson:                 2.100
Prob(Omnibus):                  0.000   Jarque - Bera (JB):             46.169
Skew:                           0.545   Prob(JB):                     9.43e - 11
Kurtosis:                       4.831   Cond. No.                         67.6
==============================================================================

Notes:
[1] Standard Errors assume that the covariance matrix of the errors is correctly specified.
```

对以上输出的解释与之前完全相同，只是每个参数都被解释为"在所有其他变量保持不变的情形下"（with all other variables held constant）。也就是说，total_bill 每增加 1 个单位（即 1 美元），只要分组的规模不变，小费就会增加 0.09（即 9 美分）。

13.2.2　使用 Scikit-learn 库

在 Scikit-learn 中，多元回归语法与该库中的简单线性回归语法非常相似。为了向模型中添加更多功能，需要传入想要使用的列。

【例 13.3】　执行多元回归，获取 Scikit-learn 的系数及截距。

```
lr = linear_model.LinearRegression()

# since we are performing multiple regression
# we no longer need to reshape our X values
predicted = lr.fit(X = tips[["total_bill", "size"]], y = tips["tip"])
print(predicted.coef_)
print(predicted.intercept_)
```

可获得系数为[0.09271334 0.19259779]，截距为 0.6689447408125035。

13.3　包含分类变量的模型

到目前为止，仅在模型中使用了连续自变量。如果查看一下 tips 数据集的.info()方法：

```
print(tips.info())
```

可以发现数据中还包含有分类变量（也可以使用.dtypes 属性），运行后结果如下：

```
< class 'pandas.core.frame.DataFrame'>
RangeIndex: 244 entries, 0 to 243
Data columns (total 7 columns):
 #    Column       Non - Null Count     Dtype
--    ------       ------------         ------
 0    total_bill   244 non - null       float64
 1    tip          244 non - null       float64
 2    sex          244 non - null       category
 3    smoker       244 non - null       category
 4    day          244 non - null       category
 5    time         244 non - null       category
 6    size         244 non - null       int64
dtypes: category(4), float64(2), int64(1)
memory usage: 7.4 KB
None
```

当对分类变量进行建模时，必须创建虚拟变量（dummy variable）。也就是说，分类中的每个唯一值都变为新的二元值，也称为独热（one-hot）编码，取决于所在的领域。例如，数据中的 sex 可以是 Female 或 Male：

```
print(tips.sex.unique())
```

运行后结果如下：

```
['Female', 'Male']
Categories (2, object): ['Male', 'Female']
```

13.3.1 statsmodels 中的分类变量

statsmodels 会自动创建虚拟变量。为了避免多重共线性（multicollinearity），通常会删除其中一个虚拟变量。也就是说，如果数据中有一列表示某人是否为女性，那么就知道此人不是女性就一定是男性（该数据中）。在此情形下可以删除编码男性的虚拟变量，数据会保持不变。

【例 13.4】 创建模型，使用 tips 数据集中的所有变量。

```
model = smf.ols(
  formula = "tip ~ total_bill + size + sex + smoker + day + time",
  data = tips,
).fit()
print(model.summary())
```

模型的概况表明，statsmodels 自动创建了虚拟变量，并删除了参考变量以避免多重共线性。

```
                      OLS Regression Results
Dep. Variable:            tip      R-squared:              0.470
Model:                    OLS      Adj. R-squared:         0.452
Method:          Least Squares     F-statistic:            26.06
Date:         Thu, 01 Sep 2022     Prob (F-statistic):   1.20e-28
Time:                 01:55:46     Log-Likelihood:       -347.48
No. Observations:          244     AIC:                    713.0
Df Residuals:              235     BIC:                    744.4
Df Model:                    8
Covariance Type:     nonrobust
==============================================================================
                    coef    std err       t      P>|t|     [0.025     0.975]
------------------------------------------------------------------------------
Intercept         0.5908     0.256     2.310    0.022      0.087      1.095
sex[T.Female]     0.0324     0.142     0.229    0.819     -0.247      0.311
smoker[T.No]      0.0864     0.147     0.589    0.556     -0.202      0.375
day[T.Fri]        0.1623     0.393     0.412    0.680     -0.613      0.937
day[T.Sat]        0.0408     0.471     0.087    0.931     -0.886      0.968
day[T.Sun]        0.1368     0.472     0.290    0.772     -0.793      1.066
time[T.Dinner]   -0.0681     0.445    -0.153    0.878     -0.944      0.808
total_bill        0.0945     0.010     9.841    0.000      0.076      0.113
size              0.1760     0.090     1.966    0.051     -0.000      0.352
==============================================================================
Omnibus:               27.860    Durbin-Watson:               2.096
Prob(Omnibus):          0.000    Jarque-Bera (JB):           52.555
Skew:                   0.607    Prob(JB):                 3.87e-12
Kurtosis:               4.923    Cond. No.                      281.
Notes:
[1] Standard Errors assume that the covariance matrix of the errors is correctly specified.
```

对以上连续（即数值）参数的解释与之前相同。不过，对分类变量的解释必须和参考变量（即从分析中删除的虚拟变量）联系起来。例如，对于 sex[T.Female]，系数为 0.0324，解释该值时要与参考值（即 Male）联系起来。也就是说，当服务员的性别从 Male"改变"为 Female 时，小费增加了 0.324。对于 day 变量：

```
print(tips.day.unique())
```

查看其信息可得：

```
['Sun', 'Sat', 'Thur', 'Fri']
Categories (4, object): ['Thur', 'Fri', 'Sat', 'Sun']
```

模型的.summary()中少了 Thur，因此它就是那个用于解释系数的参考变量。

13.3.2　Scikit-learn 中的分类变量

必须手动为 Scikit-learn 创建虚拟变量。Pandas 提供了 get_dummies()函数可以完成这项工作。该函数自动将所有分类变量转换为虚拟变量，因此不需要逐个传入各列。Scikit-learn 中提供了 OneHotEncoder()函数，功能与 get_dummies()函数类似。

1. Pandas 中的虚拟变量

Pandas 中的 get_dummies()函数可以创建 DataFrame 的虚拟变量编码：

```
tips_dummy = pd.get_dummies(
  tips[["total_bill", "size", "sex", "smoker", "day", "time"]]
)

print(tips_dummy)
```

运行后结果如下：

	total_bill	size	sex_Male	sex_Female	smoker_Yes	smoker_No
0	16.99	2	0	1	0	1
1	10.34	3	1	0	0	1
2	21.01	3	1	0	0	1
3	23.68	2	1	0	0	1
4	24.59	4	0	1	0	1
...	...	...	...	...	...	...
239	29.03	3	1	0	0	1
240	27.18	2	0	1	1	0
241	22.67	2	1	0	1	0
242	17.82	2	1	0	0	1
243	18.78	2	0	1	0	1

	day_Thur	day_Fri	day_Sat	day_Sun	time_Lunch	time_Dinner
0	0	0	0	1	0	1
1	0	0	0	1	0	1
2	0	0	0	1	0	1
3	0	0	0	1	0	1
4	0	0	0	1	0	1
...	...	...	...	...	...	...
239	0	0	1	0	0	1
240	0	0	1	0	0	1
241	0	0	1	0	0	1
242	0	0	1	0	0	1

```
243    1         0         0         0         0              1
    [244 rows x 12 columns]
```

为删除参考变量，可以给 get_dummies() 函数传入参数 drop_first＝True：

```
x_tips_dummy_ref = pd.get_dummies(
    tips[["total_bill", "size", "sex", "smoker", "day", "time"]],
    drop_first = True,
)
print(x_tips_dummy_ref)
```

运行后结果如下：

```
      total_bill   size  sex_Female  smoker_No  day_Fri  day_Sat  day_Sun  time_Dinner
0        16.99      2        1            1         0        0        1          1
1        10.34      3        0            1         0        0        1          1
2        21.01      3        0            1         0        0        1          1
3        23.68      2        0            1         0        0        1          1
4        24.59      4        1            1         0        0        1          1
...        ...      ...      ...          ...       ...      ...      ...        ...
239      29.03      3        0            1         0        1        0          1
240      27.18      2        1            0         0        1        0          1
241      22.67      2        0            0         0        1        0          1
242      17.82      2        0            1         0        1        0          1
243      18.78      2        1            1         0        0        0          1
[244 rows x 8 columns]
```

如前所述来拟合模型：

```
lr = linear_model.LinearRegression()
predicted = lr.fit(X = x_tips_dummy_ref, y = tips["tip"])
```

系数也可以用相同的方式获得：

```
print(predicted.intercept_)
print(predicted.coef_)
```

运行后结果如下：

```
0.5908374259513787

[ 0.09448701  0.175992  0.03244094  0.08640832  0.1622592  0.04080082
  0.13677854  - 0.0681286 ]
```

2. 保留 Scikit-learn 的索引标签

在对 Scikit-learn 模型进行解释时，令人沮丧的是模型的系数不带标签，原因是 NumPy ndarray 无法存储该类型的元数据。如果想让输出类似于 statsmodels 的输出，需要手动存储标签并附加系数。

```
import numpy as np

# create and fit the model
lr = linear_model.LinearRegression()
predicted = lr.fit(X = x_tips_dummy_ref, y = tips["tip"])

# get the intercept along with other coefficients
values = np.append(predicted.intercept_, predicted.coef_)
```

```
# get the names of the values
names = np.append("intercept", x_tips_dummy_ref.columns)

# put everything in a labeled dataframe
results = pd.DataFrame({"variable": names, "coef": values}) print(results)
```

运行后结果如下：

```
   variable       coef
0  intercept      0.590837
1  total_bill     0.094487
2  size           0.175992
3  sex_Female     0.032441
4  smoker_No      0.086408
5  day_Fri        0.162259
6  day_Sat        0.040801
7  day_Sun        0.136779
8  time_Dinner   - 0.068129
```

13.4 带 Transformer Pipelines 的 Scikit-learn 中的 one-hot 编码

Scikit-learn 提供了自身处理数据的方式，即使用 Pipelines。在拟合模型之前，可以在 Scikit-learn 中使用 Pipelines 的 one-hot 编码 Transformer 处理数据，而不是使用 Pandas。

```
from sklearn.compose import ColumnTransformer
from sklearn.preprocessing import OneHotEncoder
from sklearn.pipeline import Pipeline
```

首先，需要指定拟处理的列。此处，仅想处理分类变量。

```
categorical_features = ["sex", "smoker", "day", "time"]
categorical_transformer = OneHotEncoder(drop = "first")
```

一旦确定了拟处理的列以及要执行的处理步骤，就可以将这些步骤传入 ColumnTransformer()。由于希望在最终模型中仍然保留数值变量，没有为它们指定处理步骤，因此传入 remainder＝"passthrough"可确保那些未在转换步骤中指定的变量仍然可以保留在最终模型中。

```
preprocessor = ColumnTransformer(
    transformers = [
        ("cat", categorical_transformer, categorical_features),
    ],
    remainder = "passthrough", # keep the numeric columns
)
```

然后，可以使用所有预处理步骤创建一个 Pipeline()，并将其应用于想要的模型。

```
pipe = Pipeline(
  steps = [
      ("preprocessor", preprocessor),
      ("lr", linear_model.LinearRegression()),
  ]
)
```

最后，可以像之前那样来拟合模型。

```
pipe.fit(
  X = tips[["total_bill", "size", "sex", "smoker", "day", "time"]],
  y = tips["tip"],
)
```

运行后结果如下：

```
Pipeline(steps = [('preprocessor',
                 ColumnTransformer(remainder = 'passthrough',
                                   transformers = [('cat',OneHotEncoder(drop = 'first'),
                                                    ['sex', 'smoker', 'day',
                                                     'time'])])),
  ('lr', LinearRegression())])
```

无法获取.intercept_和.coef_，因为 Pipeline()不是一个 LinearRegression()对象。

```
print(type(pipe))
```

运行后结果如下：

```
<class 'sklearn.pipeline.Pipeline'>
```

需要额外的一步来访问系数。这是因为并非所有模型都有.intercept_ 和.coef_值，Pipeline()是一个通用函数，适用于 Scikit-learn 库中的任何模型。

```
# combine the intercept and coefficients into single vector
coefficients = np.append(
    pipe.named_steps["lr"].intercept_, pipe.named_steps["lr"].coef_
)

# combine the intercept text with the other feature names
labels = np.append(
    ["intercept"], pipe[: -1].get_feature_names_out()
)

# create a dataframe of all the results
coefs = pd.DataFrame({"variable": labels, "coef": coefficients})

print(coefs)
```

运行后结果如下：

```
     variable            coef
0    intercept           0.803817
1    cat sex_Male        - 0.032441
2    cat smoker_Yes      - 0.086408
3    cat day_Sat         - 0.121458
4    cat day_Sun         - 0.025481
5    cat day_Thur        - 0.162259
6    cat time_Lunch      0.068129
7    remainder total_bill 0.094487
8    remainder size      0.175992
```

注意，此处的系数与 statsmodels 的值并不完全相同，因为参考变量不同。

本章小结

　　本章介绍了使用 statsmodels 和 Scikit-learn 库拟合模型的基础知识。在拟合模型时，经常需要添加特征和创建虚拟变量。到目前为止，主要介绍了如何拟合线性模型，其中涉及的响应变量是一个连续变量。在后续章节中，涉及的响应变量将不再是连续变量。

第14章

广义线性模型

并非每个响应变量都是连续的,因此线性回归并不总是适用所有的情形。有些结果中可能包含二元值(例如生病或未生病),甚至包含计数数据(例如掷硬币时正面的次数)。名为广义线性模型(Generalized Linear Model,GLM)的一类通用模型可用于解释这类数据,而该模型使用的仍是自变量的线性组合。

> **说明**:本章在第一版的基础上进行了一些修订。首先,数据集改为使用 Seaborn 库中的 titanic 数据集。纽约美国社区调查(American Community Survey,ACS)的原始代码替换为新的数据集,以使模型输出在多个库和编程语言之间更具可比性(见附录 Z)。
>
> 其次,本书第一版中未强调 Scikit-learn 库函数中的不同参数选项。这可能会误导读者以为:当默认参数不同时,这些模型实现的功能完全相同。本章提供了更多的代码和示例,以强调建模库之间的模型差异。ACS 原始建模代码仍然可以在附录 Y 中找到。

14.1 逻辑回归

当响应变量是一个二元响应变量(即结果仅有两种可能)时,通常使用逻辑回归对数据进行建模。本节将以从 Seaborn 库导出的 Titanic 数据集为例。

> **关于 Titanic 数据集**:Titanic 数据集来自 Seaborn 库,它直接从库中导出以供读入,因此完整的数据集可以在本章与附录 Z.2 中使用的示例一起重复使用。

以下是用于创建数据集的代码:

```
import seaborn as sns

titanic = sns.load_data set("titanic")
titanic.to_csv("data/titanic.csv", index = False)
```

数据加载后,仅使用将用于该模型的列来子集化 DataFrame。因为模型通常会忽略不完整的观测值,所以还要删除具有缺失值的行。本章不再演示如何填充缺失数据。注意,在对所需的列进行子集化之后,将删除缺失值,所以不会手动地删除观测值。

```
titanic_sub = (
  titanic[["survived", "sex", "age", "embarked"]].copy().dropna()
)

print(titanic_sub)
```

运行后结果如下：

```
         survived      sex        age      embarked
0        0             male       22.0     S
1        1             female     38.0     C
2        1             female     26.0     S
3        1             female     35.0     S
4        0             male       35.0     S
...      ...           ...        ...      ...
885      0             female     39.0     Q
886      0             male       27.0     S
887      1             female     19.0     S
889      1             male       26.0     C
890      0             male       32.0     Q
[712 rows x 4 columns]
```

在该数据集中，感兴趣的是 survived 列，即某人在 Titanic 号沉没期间是幸免于难（1），还是不幸身亡（0）。同时，将使用其他列（如 sex、age 和 embarked 等）作为判断到底是谁幸免于难的变量。

【例 14.1】 查看 Titanic 数据集中 survived 列的信息。

```
# count of values in the survived column
print(titanic_sub["survived"].value_counts())
```

运行后结果如下：

```
0    424
1    288
Name: survived, dtype: int64
```

数据集的 embarked 列描述了某人是从何处登船的。embarked 可以取 3 个值，分别是 Southampton（S）、Cherbourg（C）和 Queenstown（Q）。

【例 14.2】 查看 Titanic 数据集中的 embarked 列。

```
# count of values in the embarked column
print(titanic_sub["embarked"].value_counts())
```

运行后结果如下：

```
S    554
C    130
Q    28
Name: embarked, dtype: int64
```

解释逻辑回归模型的结果并不像解释线性回归模型那么简单。在逻辑回归中，与所有广义线性模型一样，存在一个影响如何解释结果的变换，即链接函数（link function）。

逻辑回归的链接函数通常是 logit 链接函数。

$$\text{logit}(p) = \log\left(\frac{p}{1-p}\right)$$

其中，p 表示事件的概率（probability），$\frac{p}{1-p}$ 表示事件发生的几率（odds）。这就是为什么逻辑回归的输出通常被解释为"赔率"，通过将结果进行指数化可取消对 log 函数的调用。可以将"几率"视为结果可能发生的"倍数"（times likely）。然而这只能视为一种比喻，因为从技术上来说是不对的。几率的值只能大于零，不可能为负。然而，对数几率（log odds，即 logit）可以是负数。

14.1.1　使用 statsmodels 库

在 statsmodels 库中执行逻辑回归可以使用 logit() 函数。该函数的语法与第 13 章中用于线性回归的语法相同。

```
import statsmodels.formula.api as smf

# formula for the model
form = 'survived ~ sex + age + embarked'

# fitting the logistic regression model, note the .fit() at the end
py_logistic_smf = smf.logit(formula = form, data = titanic_sub).fit()

print(py_logistic_smf.summary())
```

运行后结果如下：

```
Optimization terminated successfully.
Current function value: 0.509889 Iterations 6
                        OLS Regression Results
==================================================================
Dep. Variable:          survived     No.Observations:          712
Model:                     Logit     Df Residuals:             707
Method:                      MLE     Df Model:                   4
Date:          Thu, 01 Sep 2022     Pseudo R-squ.:         0.2444
Time:                   01:55:49     Log-Likelihood:       -363.04
converged:                  True     LL-Null:              -480.45
Covariance Type:       nonrobust     LLR P-value:        1.209e-49
==================================================================
                  coef    std err        z      P>|z|     [0.025      0.975]
------------------------------------------------------------------
Intercept       2.2046      0.322    6.851      0.000      1.574       2.835
sex[T.male]    -2.4760      0.191  -12.976      0.000     -2.850      -2.102
embarked[T.Q]  -1.8156      0.535   -3.393      0.001     -2.864      -0.767
embarked[T.S]  -1.0069      0.237   -4.251      0.000     -1.471      -0.543
age            -0.0081      0.007   -1.233      0.217     -0.021       0.005
==================================================================
```

得到模型系数后，对其进行指数化以计算每个变量的几率：

```
import numpy as np
# get the coefficients into a dataframe
res_sm = pd.DataFrame(py_logistic_smf.params, columns = ["coefs_sm"])

# calculate the odds
```

```
res_sm["odds_sm"] = np.exp(res_sm["coefs_sm"])

# round the decimals
print(res_sm.round(3))
```

运行后结果如下：

```
              coefs_sm    odds_sm
Intercept       2.205      9.066
sex[T.male]    -2.476      0.084
embarked[T.Q]  -1.816      0.163
embarked[T.S]  -1.007      0.365
age            -0.008      0.992
```

这些数字的一种示例解释是，age 每增加 1 个单位，survived 的几率就会降低为原来的 0.992。由于该值接近 1，因此年龄似乎并不是幸免于难的一个重要的因素。可以通过查看汇总表中的变量 p 的值（在 $P>|z|$ 列下）来确认这一点。

分类变量也可以做出类似的解释。回想一下，分类变量总是相对于参考变量来进行解释的。

该数据集中的 sex 可以取 2 个值：male 或 female，但只给出了 male 的一个系数。这意味着该值被解释为"与女性相比的男性"，其中 female 是参考变量。male 变量的几率被解释为：与女性相比，男性幸免于难的可能性高 0.084 倍（即男性在悲剧中不幸遇难的机会很高）。

14.1.2 使用 Scikit-learn 库

在使用 Scikit-learn 库时，虚拟变量需要手动创建。

```
titanic_dummy = pd.get_dummies(
    titanic_sub[["survived", "sex", "age", "embarked"]],
    drop_first = True
)

# note our outcome variable is the first column (index 0)
print(titanic_dummy)
```

运行后结果如下：

```
      survived      age    sex_male    embarked_Q    embarked_S
0        0         22.0       1            0            1
1        1         38.0       0            0            0
2        1         26.0       0            0            1
3        1         35.0       0            0            1
4        0         35.0       1            0            1
...     ...        ...       ...          ...          ...
885      0         39.0       0            1            0
886      0         27.0       1            0            1
887      1         19.0       0            0            1
889      1         26.0       1            0            0
890      0         32.0       1            1            0

[712 rows x 5 columns]
```

然后，可以使用 linear_model 模块中的 LogisticRegression()函数创建一个匹配模型的逻辑回归输出。

```
from sklearn import linear_model

# this is the only part that fits the model
py_logistic_sklearn1 = (
    linear_model.LogisticRegression().fit(
        X = titanic_dummy.iloc[:, 1:], # all the columns except first
        y = titanic_dummy.iloc[:, 0] # just the first column
    )
)
```

> **注意**：14.1.3 节中强调了要查阅相关文档并充分认识到 Scikit-learn 默认使用 LogisticRegression() 的后果，务必认真阅读。

以下代码将 Scikit-learn 拟合的逻辑回归模型处理为单个的 DataFrame，以便更好地比较结果。

```
# get the names of the dummy variable columns
dummy_names = titanic_dummy.columns.to_list()

# get the intercept and coefficients into a dataframe
sk1_res1 = pd.DataFrame(
    py_logistic_sklearn1.intercept_,
    index = ["Intercept"],
    columns = ["coef_sk1"],
)
sk1_res2 = pd.DataFrame(
    py_logistic_sklearn1.coef_.T,
    index = dummy_names[1:],
    columns = ["coef_sk1"],
)

# put the results into a single dataframe to show the results
res_sklearn_pd_1 = pd.concat([sk1_res1, sk1_res2])

# calculate the odds
res_sklearn_pd_1["odds_sk1"] = np.exp(res_sklearn_pd_1["coef_sk1"])

print(res_sklearn_pd_1.round(3))
```

运行后结果如下：

```
            coef_sk1        odds_sk1
Intercept    2.024          7.571
age         -0.008          0.992
sex_male    -2.372          0.093
embarked_Q  -1.369          0.254
embarked_S  -0.887          0.412
```

从以上输出可以发现，此处得到的系数与刚刚使用 statsmodels 计算的结果相差较大，这不仅仅是四舍五入带来的误差。

14.1.3　注意 Scikit-learn 默认值

造成 Sklearn 与 statsmodels 的结果存在较大差异的主要原因是：两个软件包面向的领域不同。Scikit-learn 面向的是机器学习，更侧重于预测，因此其模型的默认设置重在数值稳定性而非推理。但是，statsmodels 中的函数是以一种更传统的统计学方式实现的。

LogisticRegression() 函数有一个默认值为 l2 的 penalty 参数，该参数添加了一个 L2 惩罚项（更多关于惩罚项的内容参见第 17 章）。如果想让 LogisticRegression() 函数以传统的统计学方式实现，需要设置参数 penalty＝"none"。

```
# fit another logistic regression with no penalty
py_logistic_sklearn2 = linear_model.LogisticRegression(
    penalty = "none"                # this parameter is important!
)
.fit(
    X = titanic_dummy.iloc[:, 1:],    # all the columns except first
    y = titanic_dummy.iloc[:, 0]      # just the first column
)
# rest of the code is the same as before, except variable names
sk2_res1 = pd.DataFrame(
    py_logistic_sklearn2.intercept_,
    index = ["Intercept"], columns = ["coef_sk2"],
)
sk2_res2 = pd.DataFrame(
    py_logistic_sklearn2.coef_.T,
    index = dummy_names[1:],
    columns = ["coef_sk2"],
)

res_sklearn_pd_2 = pd.concat([sk2_res1, sk2_res2])
res_sklearn_pd_2["odds_sk2"] = np.exp(res_sklearn_pd_2["coef_sk2"])
```

> **注意**：一般来说，请随时查阅所使用的函数的文档，并确保了解其所有参数的用法。

首先，看原始 statsmodels 的结果。

```
sm_results = res_sm.round(3)

# sort values to make things easier to compare
sm_results = sm_results.sort_index()

print(sm_results)
```

运行后结果如下：

```
                coefs_sm        odds_sm
Intercept       2.205           9.066
age             -0.008          0.992
embarked[T.Q]   -1.816          0.163
embarked[T.S]   -1.007          0.365
sex[T.male]     -2.476          0.084
```

现在，将其与两个 Scikit-learn 结果进行比较。

```
# concatenate the 2 model results
sk_results = pd.concat(
  [res_sklearn_pd_1.round(3), res_sklearn_pd_2.round(3)],
  axis = "columns",
)

# sort cols and rows to make things easy to compare
sk_results = sk_results[sk_results.columns.sort_values()]
sk_results = sk_results.sort_index()

print(sk_results)
```

运行后结果如下：

```
            coef_sk1      coef_sk2      odds_sk1      odds_sk2
Intercept   2.024         2.205         7.571         9.066
age         - 0.008       - 0.008       0.992         0.992
embarked_Q  - 1.369       - 1.816       0.254         0.163
embarked_S  - 0.887       - 1.007       0.412         0.365
sex_male    - 2.372       - 2.476       0.093         0.084
```

此处的结果也可以与附录 Z.2 中 R 编程语言在相同的数据和模型下的结果进行比较。可以看到模型参数微小的差异就会导致结果的不同。

14.2 泊松回归

当响应变量涉及计数数据时，可以进行泊松回归。

```
acs = pd.read_csv('data/acs_ny.csv')
print(acs.columns)
```

运行后结果如下：

```
Index(['Acres', 'FamilyIncome', 'FamilyType', 'NumBedrooms', 'NumChildren', 'NumPeople',
       'NumRooms', 'NumUnits', 'NumVehicles', 'NumWorkers', 'OwnRent', 'YearBuilt',
       'HouseCosts', 'ElectricBill', 'FoodStamp', 'HeatingFuel', 'Insurance',
       'Language'],
      dtype = 'object')
```

例如，在 ACS 数据集中，NumChildren 变量是计数数据的一个示例。

> **关于 ACS 数据集**：此处使用的美国社区调查（ACS）数据包含纽约市家庭和房屋规模的信息。

14.2.1 使用 statsmodels

【例 14.3】 使用 statsmodels 中的 countplot()函数绘制。

```
import matplotlib.pyplot as plt
fig, ax = plt.subplots()
sns.countplot(data = acs, x = "NumBedrooms", ax = ax)
ax.set_title('Number of Bedrooms')
```

```
ax.set_xlabel('Number of Bedrooms in a House')
ax.set_ylabel('Count')

plt.show()
```

运行结果如图 14.1 所示。

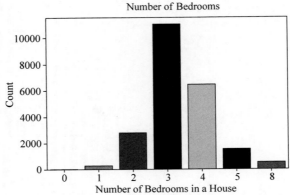

图 14.1　使用 statsmodels 中 countplot( )函数绘制的 NumBedrooms 的条形图

【**例 14.4**】　使用 statsmodels 中的 poisson( )函数执行泊松回归。此处会用到 NumBedrooms 变量。

```
model = smf.poisson(
    "NumBedrooms ~ HouseCosts + OwnRent", data = acs
)
results = model.fit()

print(results.summary())
```

运行结果如下：

```
Optimization terminated successfully.
Current function value: 1.680998 Iterations 10
                     Poisson Regression Results
===============================================================
Dep. Variable:           survived     No. Observations:        22745
Model:                   Poisson      Df Residuals:            22741
Method:                  MLE          Df Model:                    3
Date:          Thu, 01 Sep 2022       Pseudo R - squ. :     0.008309
Time:                 01:55:49        Log - Likelihood:       - 38234.
converged:               True         LL - Null:              - 38555.
Covariance Type:         nonrobust    LLR P - value:       1.512e - 138
===============================================================
                    coef     std err       z     P>|z|     [0.025     0.975]
---------------------------------------------------------------
Intercept          1.1387     0.006    184.928   0.000     1.127      1.151
OwnRent[T.Outright] - 0.2659  0.051     - 5.182  0.000    - 0.367    - 0.165
OwnRent[T.Rented]  - 0.1237   0.012     - 9.996  0.000    - 0.148    - 0.099
HouseCosts       6.217e - 05  2.96e - 06  21.017  0.000   5.64e - 05  6.8e - 05
===============================================================
```

使用广义线性模型的好处是仅需要改变需拟合模型的 family 以及转换数据的 link() 函数。也可以使用更通用的 glm() 函数执行相同的计算。

【例 14.5】 使用 glm() 函数拟合模型的 family。

```python
import statsmodels.api as sm
import statsmodels.formula.api as smf

model = smf.glm(
    "NumBedrooms ~ HouseCosts + OwnRent",
    data = acs,
    family = sm.families.Poisson(sm.genmod.families.links.log()),
).fit()
print(results.summary())
```

在本示例中,使用来自 sm.families 的 Poisson 族,并通过 sm.genmod.families.links.log() 传递对数链接函数。使用此方法时,得到的值与之前相同。

```
                        Poisson Regression Results
================================================================================
Dep. Variable:          NumBedrooms        No.Observations:           22745
Model:                      Poisson        Df Residuals:              22741
Method:                         MLE        Df Model:                      3
Date:             Thu, 01 Sep 2022        Pseudo R - squ. :        0.008309
Time:                      01:55:49        Log - Likelihood:         -38234.
converged:                     True        LL - Null:                -38555.
Covariance Type:          nonrobust        LLR p - value:        1.512e - 138
================================================================================
                       coef     std err        z      P>|z|     [0.025     0.975]
--------------------------------------------------------------------------------
Intercept            1.1387       0.006   184.928      0.000      1.127      1.151
OwnRent[T.Outright] -0.2659       0.051    -5.182      0.000     -0.367     -0.165
OwnRent[T.Rented]   -0.1237       0.012    -9.996      0.000     -0.148     -0.099
HouseCosts        6.217e-05    2.96e-06    21.017      0.000   5.64e-05    6.8e-05
================================================================================
```

14.2.2 负二项回归

如果泊松回归的假设不成立,也就是说,数据过度离散(overdispersion),此时可以执行负二项式回归,如图 14.2 所示。过度离散是一个统计学术语,指的是数值的方差比预期的要大,即数值过于分散。

```python
fig, ax = plt.subplots()
sns.countplot(data = acs, x = "NumPeople", ax = ax)
ax.set_title('Number of People')
ax.set_xlabel('Number of People in a Household')
ax.set_ylabel('Count')
plt.show()

model = smf.glm(
    "NumPeople ~ Acres + NumVehicles",
    data = acs,
    family = sm.families.NegativeBinomial(
        sm.genmod.families.links.log()
```

```
    ),
)
results = model.fit()
print(results.summary())
```

运行后结果如下：

```
                 Generalized Linear Model Regression Results
================================================================
Dep. Variable:          NumPeople      No.Observations:        22745
Model:                        GLM      Df Residuals:           22741
Model Family:    NegativeBinomial      Df Model:                   3
Link Function:                log      Scale:                 1.0000
Method:                      IRLS      Log - Likelihood:      -53542.
Date:            Thu, 01 Sep 2022      Deviance:              2605.6
Time:                    01:55:50      Pearson chi2:        2.99e+03
No. Iterations:                 6      Pseudo R - squ. (CS): 0.003504
Covariance Type:        nonrobust
================================================================
          coef      std err      z       P>|z|    [0.025    0.975]
----------------------------------------------------------------
Intercept      1.0418    0.025    41.580    0.000    0.993    1.091
Acres[T.10 + ] -0.0225    0.040    -0.564    0.573   -0.101    0.056
Acres[T.Sub 1]  0.0509    0.019     2.671    0.008    0.014    0.088
NumVehicles     0.0661    0.008     8.423    0.000    0.051    0.081
================================================================
```

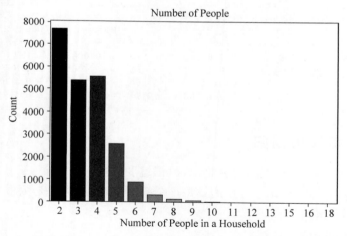

图 14.2　使用 statsmodels 中 countplot() 函数绘制的 NumPeople 的条形图

查找 Acres 中的参考变量，代码如下：

```
print(acs["Acres"].value_counts())
```

运行后结果如下：

```
Sub 1      17114
1 - 10  4627
10 +   1004
Name: Acres, dtype: int64
```

14.3 更多的 GLM

statsmodels 中的 GLM 文档页面列出了可以传入 glm 参数的许多分布族。这些族都可以在 sm. families. <FAMILY>下找到:

(1) Binomial(二项式分布);

(2) Gamma(伽马分布);

(3) Gaussian(高斯分布);

(4) InverseGaussian(逆高斯分布);

(5) NegativeBinomial(负二项分布);

(6) Poisson(泊松分布);

(7) Tweedie 分布。

连接函数可以在 sm. families. family. <FAMILY>. links 中找到。以下是连接函数的列表,但下列连接函数并不适用于所有分布族:

(1) CDFLink;

(2) cloglog;

(3) loglog;

(4) log;

(5) logit;

(6) legativeBinomial;

(7) power;

(8) cauchy;

(9) cloglog;

(10) loglog;

(11) identity;

(12) inverse_power;

(13) inverse_squared。

例如,使用 Binomial 族的全部连接函数:

```
sm.families.family.Binomial.links
```

运行后结果如下:

```
[statsmodels.genmod.families.links.Logit,
statsmodels.genmod.families.links.probit,
statsmodels.genmod.families.links.cauchy,
statsmodels.genmod.families.links.Log,
statsmodels.genmod.families.links.CLogLog,
statsmodels.genmod.families.links.LogLog,
statsmodels.genmod.families.links.identity]
```

本章小结

本章介绍了数据分析中最基本、最常见的一些模型,这些类型的模型可以作为更复杂的机器学习模型的可解释基线。在介绍更复杂的模型时切记,有时候简单的、行之有效的、易于解释的模型比花哨的新模型更高效。

第15章

生 存 分 析

在想对某事件发生的时间进行建模时会用到生存分析。它通常用于医疗健康领域,例如观察某种药物或干预措施是否可以防止不良事件的发生。在介绍生存分析的示例前,先定义如下术语。

(1)事件(event):研究中要追踪的结果、情况或"事件"。

(2)随访(follow-up):失访(lost to follow-up)是医学数据中的一个术语。它意味着停止了对就诊患者的随访。这可能意味着患者不再出现,或者患者已经死亡。通常在这种情况下,死亡便是要追踪的"事件"。

(3)删失(censoring):对某一特定观察结果的状态不确定。这可能是右删失(在此时间段后无更多数据)或左删失(在此时间段之前无数据)。右删失通常是由于失访或发生了严重不良事件(例如死亡)。

(4)停止时间(stop time):数据中发生了某些删失事件的时间点。

在医学研究中,当试图确定一种治疗方法是否比标准治疗方法或其他治疗方法更好地预防严重不良事件(如死亡)时,通常会使用生存分析。当数据被删失时,即不完全知道事件的确切结果时,也会使用生存分析,例如接受治疗方案的患者有时可能会失访。删失通常发生在"停止"事件中。

本章主要使用 lifelines 库进行生存分析。

15.1　生存数据

本章主要基于 Bladder 数据集进行分析,首先导入数据集:

```
bladder = pd.read_csv('data/bladder.csv')
print(bladder)
```

运行后可看到数据集如下:

	d	rx	number	size	stop	event	enum
0	1	1	1	3	1	0	1
1	1	1	1	3	1	0	2
2	1	1	1	3	1	0	3
3	1	1	1	3	1	0	4

```
4    2    1    2        1        4        0        1
...  ...  ...  ...      ...      ...      ...      ...
335  84   2    2        1        54       0        4
336  85   2    1        3        59       0        1
337  85   2    1        3        59       0        2
338  85   2    1        3        59       0        3
339  85   2    1        3        59       0        4
[340 rows × 7 columns]
```

> **关于 Bladder 数据集**：Bladder 数据集来自 R 语言的{survival}软件包。它包含了 85 名患者，以及他们的癌症复发状况和接受的治疗，以下是该数据集的部分内容。
>
> （1）id：患者 ID。
>
> （2）rx：疗法（1＝安慰剂；2＝噻替哌）。
>
> （3）number：肿瘤的初始数量（8 个或更多）。
>
> （4）size：初始最大肿瘤的大小（单位为 cm）。
>
> （5）stop：复发或删失时间。
>
> （6）event：膀胱癌复发（0：否；1：是）。
>
> （7）enum：复发类型（最多 4 个）。

【例 15.1】　对 Bladder 数据集的 rx 列进行统计，查看采用的不同治疗方法的数量。

```
print(bladder['rx'].value_counts())
```

运行后结果如下：

```
1    188
2    152
Name: rx, dtype: int64
```

15.2　Kaplan-Meier 曲线

为执行生存分析，从 lifelines 库导入 KaplanMeierFitter()函数：

```
from lifelines import KaplanMeierFitter
```

创建模型并拟合数据的过程与使用 Scikit-learn 拟合模型的过程类似。stop 变量表明了事件发生的时间，而 event 变量则指出了所关注事件（膀胱癌复发）是否发生。event 值可以是 0，因为病人可能会失访。如前所述，此类数据被称为删失数据。

【例 15.2】　使用 KaplanMeierFitter()函数拟合数据，使用 Matplotlib 绘制生存曲线并显示置信区间。

（1）拟合数据：

```
kmf = KaplanMeierFitter()
kmf.fit(bladder['stop'], event_observed = bladder['event'])
```

运行后结果如下：

```
< lifelines.KaplanMeierFitter:"KM_estimate", fitted with 340 total
observations, 228 right – censored observations >
```

（2）绘制曲线：

```
import matplotlib.pyplot as plt
fig, ax = plt.subplots()
kmf.survival_function_.plot(ax = ax)
ax.set_title('Survival function of cancer recurrence')
plt.show()
```

生存曲线如图 15.1 所示。

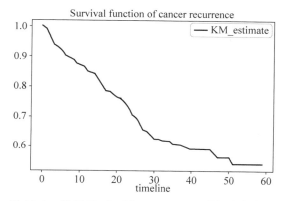

图 15.1 使用 KaplanMeierFitter()函数拟合的数据

（3）显示生存曲线的置信区间：

```
fig, ax = plt.subplots()
kmf.plot(ax = ax)
ax.set_title('Survival with confidence intervals')
plt.show()
```

置信区间如图 15.2 所示。

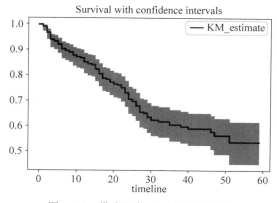

图 15.2 带有置信区间的生存曲线

15.3 Cox 比例风险模型

到目前为止，仅绘制出了生存曲线。还可以拟合一个模型来预测存活率，此类模型之一被称为 Cox 比例风险（Cox Proportional Hazards，CPH）模型。可使用 lifelines 库中的 CoxPHFitter 类来拟合该模型。

【例 15.3】 使用 CoxPHFitter 类拟合 Cox 比例风险模型。

（1）从 lifelines 库导入 CoxPHFitter()类：

```
from lifelines import CoxPHFitter
cph = CoxPHFitter()
```

（2）传入用作自变量的列：

```
cph_bladder_df = bladder[
    ["rx", "number", "size", "enum", "stop", "event"]
]
cph.fit(cph_bladder_df, duration_col = "stop", event_col = "event")
```

运行后结果如下：

> < lifelines. CoxPHFitter: fitted with 340 total observations, 228 right - censored observations >

（3）使用.print_summary()方法来输出系数：

```
cph.print_summary()
```

最后，得到模型的系数如表 15.1 所示。

表 15.1　Cox 比例风险模型的系数

covariate	coef	exp (coef)	se (coef)	coef lower 95%	coef upper 95%	exp (coef) lower 95%	exp (coef) upper 95%	cmp to	z	p	−log2 (p)
rx	−0.60	0.55	0.20	−0.99	−0.20	0.37	0.82	0.00	−2.97	0.00	8.41
number	0.22	1.24	0.05	0.13	0.31	1.13	1.36	0.00	4.68	0.00	18.38
size	−0.06	0.94	0.07	−0.20	0.08	0.82	1.09	0.00	−0.80	0.42	1.24
enum	−0.60	0.55	0.09	−0.79	−0.42	0.45	0.66	0.00	−6.42	0.00	32.80

在研究 Cox 比例风险模型时，主要关注的是风险比（hazard ratio）。在表 14-1 中，由 exp(coef)列表示，接近 1 的值表示生存风险没有变化；位于 0～1 的值表示风险较小；大于 1 的值表示风险增加。

> **注释**：在癌症研究中，对风险比的解释不太一样。
> ◇ 风险比大于 1，被称为不良预后因素。
> ◇ 风险比小于 1，被称为良好预后因素。
> 也就是说，风险比小于 1 告诉我们什么可能导致了癌症。

检验 Cox 比例风险模型假设的一种方法是根据分层绘制单独的生存曲线。在 Bladder 数据集中，分层是 rx 列的值，这意味着将为每种治疗方法单独绘制一条曲线。

【**例 15.4**】 绘制生存曲线验证 Cox 比例风险模型。

```
rx1 = bladder.loc[bladder['rx'] == 1]
rx2 = bladder.loc[bladder['rx'] == 2]


kmf1 = KaplanMeierFitter()
kmf1.fit(rx1['stop'], event_observed = rx1['event'])
kmf2 = KaplanMeierFitter()
kmf2.fit(rx2['stop'], event_observed = rx2['event'])
fig, axes = plt.subplots()
# put both plots on the same axes
kmf1.plot_loglogs(ax = axes)
kmf2.plot_loglogs(ax = axes)
axes.legend(['rx1', 'rx2'])


plt.show()
```

如果 $\log(-\log(\text{survival curve}))$ 与 $\log(\text{time})$ 曲线相交,如图 15.3 所示,则表明该模型需要按变量进行分层。

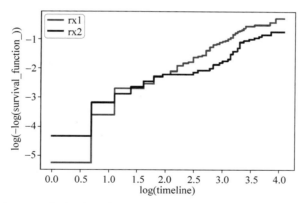

图 15.3 分别绘制生存曲线以检验 Cox 比例风险模型的假设

由于两条曲线相交,因此对分析进行分层是有意义的。

```
cph_strat = CoxPHFitter()
    cph_strat.fit(
    cph_bladder_df,
    duration_col = "stop",
    event_col = "event",
    strata = ["rx"],
)


cph_strat.print_summary()
```

运行后结果如下：

covariate	coef	exp (coef)	se (coef)	coef lower 95%	coef upper 95%	exp (coef) lower 95%	exp (coef) upper 95%	cmp to	z	p	− log2 (p)
number	0.21	1.24	0.05	0.12	0.30	1.13	1.36	0.00	4.60	0.00	17.84
size	− 0.05	0.95	0.07	− 0.19	0.08	0.82	1.09	0.00	− 0.77	0.44	1.19
enum	− 0.61	0.55	0.09	− 0.79	− 0.42	0.45	0.66	0.00	− 6.45	0.00	33.07

本章小结

生存模型可以测量具有删失的"事件发生的时间"，通常用于健康领域，但并不仅限于该领域。如果能够定义所关注的事件，例如访问网站并购买商品的人，就有可能用到生存模型。

第16章

模型诊断

模型构建是一项持续性的活动。我们在模型中添加或删除变量时,需要设法比较模型,并找到一种稳定的方法来衡量模型的性能。比较模型的方法有很多,本章将对其中的若干方法进行介绍。

16.1 比较单个模型

16.1.1 残差

模型的残差是指实际值与模型估计值之差。本章将使用住房数据集拟合几个模型:

```
import pandas as pd
housing = pd.read_csv('data/housing_renamed.csv')
print(housing.head())
```

运行后住房数据集如下:

```
   neighborhood  type              units  year_built  sq_ft   income    income_per_sq_ft
0  FINANCIAL     R9 - CONDOMINIUM  42     1920.0      36500   1332615   36.51
1  FINANCIAL     R4 - CONDOMINIUM  78     1985.0      126420  6633257   52.47
2  FINANCIAL     RR - CONDOMINIUM  500    NaN         554174  17310000  31.24
3  FINANCIAL     R4 - CONDOMINIUM  282    1930.0      249076  11776313  47.28
4  TRIBECA       R4 - CONDOMINIUM  239    1985.0      219495  10004582  45.58

   expense   expense_per_sq_ft  net_income  value     value_per_sq_ft  boro
0  342005    9.37               990610      7300000   200.00           Manhattan
1  1762295   13.94              4870962     30690000  242.76           Manhattan
2  3543000   6.39               13767000    90970000  164.15           Manhattan
3  2784670   11.18              8991643     67556006  271.23           Manhattan
4  2783197   12.68              7221385     54320996  247.48           Manhattan
```

首先,从包含 3 个协变量的多元线性回归模型入手。

```
import statsmodels
import statsmodels.api as sm
import statsmodels.formula.api as smf

house1 = smf.glm(
```

```
    "value_per_sq_ft ~ units + sq_ft + boro", data = housing
).fit()
```

```
print(house1.summary())
```

运行后结果如下：

```
                  Generalized Linear Model Regression Results
================================================================================
Dep. Variable:              value_per_sq_ft   No. Observations:           2626
Model:                                  GLM   Df Residuals:               2619
Model Family:                      Gaussian   Df Model:                      6
Link Function:                     identity   Scale:                    1879.5
Method:                                IRLS   Log - Likelihood:         -13621.
Date:                      Thu, 01 Sep 2022   Deviance:              4.9224e+06
Time:                              01:55:55   Pearson chi2:            4.92e+06
No. Iterations:                           3   Pseudo R - squ. (CS):     0.7772
Covariance Type:                  nonrobust
================================================================================
                          coef    std err        z    P>|z|    [0.025   0.975]
--------------------------------------------------------------------------------
Intercept              43.2909      5.330     8.122    0.000    32.845   53.737
boro[T. Brooklyn]      34.5621      5.535     6.244    0.000    23.714   45.411
boro[T. Manhattan]    130.9924      5.385    24.327    0.000   120.439  141.546
boro[T. Queens]        32.9937      5.663     5.827    0.000    21.895   44.092
boro[T. Staten Island] -3.6303      9.993    -0.363    0.716   -23.216   15.956
units                  -0.1881      0.022    -8.511    0.000    -0.231   -0.145
sq_ft                   0.0002   2.09e-05    10.079    0.000     0.000    0.000
================================================================================
```

绘制图 16.1 所示模型的残差，得到的将是一个随机分布的散点图。如果图中明显呈现出某种模式，就需要研究数据和模型，分析为什么会呈现出该种模式。

【例 16.1】 绘制住房数据集 house1 的模型残差。

```
import seaborn as sns
import matplotlib.pyplot as plt

fig, ax = plt.subplots()
sns.scatterplot(
    x = house1.fittedvalues, y = house1.resid_deviance, ax = ax
)

plt.show()
```

残差图一般来说应该是随机的，但图 16.1 的残差图中包含了明显的簇和群组，显然是有问题的。

【例 16.2】 将 house1 的残差图按 boro 变量着色，以不同的颜色表示纽约市不同的行政区。

```
# get the data used for the residual plot and boro color
```

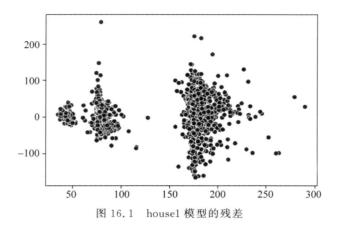

图 16.1　house1 模型的残差

```
res_df = pd.DataFrame(
{
    "fittedvalues": house1.fittedvalues, # get a model attribute
    "resid_deviance": house1.resid_deviance,
    "boro": housing["boro"], # get a value from data column
    }
)
# greyscale friendly color palette
color_dict = dict(
    {
    "Manhattan": "#d7191c",
    "Brooklyn": "#fdae61",
    "Queens": "#ffffbf",
    "Bronx": "#abdda4",
    "Staten Island": "#2b83ba",
    }
)

fig, ax = plt.subplots()
fig = sns.scatterplot(
    x = "fittedvalues",
    y = "resid_deviance",
    data = res_df,
    hue = "boro",
    ax = ax,
    palette = color_dict,
    edgecolor = 'black',
)
plt.show()
```

运行后结果如图 16.2 所示。以 boro 为点着色时，可以看到这些点簇很大程度上受到变量的控制。

16.1.2　Q-Q 图

Q-Q 图是用于判断数据是否符合某种参考分布的一种图形技术。由于很多模型均假设数据是正态分布的，因此 Q-Q 图常用来检验数据是否服从正态分布。

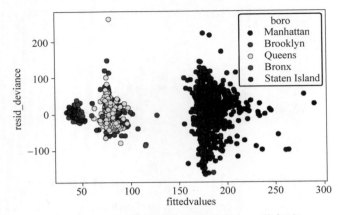

图 16.2　house1 模型的残差（按变量 boro 着色后）

【例 16.3】　绘制住房数据集 house1 的 Q-Q 图。

```
from scipy import stats
# make a copy of the variable so we don't need to keep typing it
resid = house1.resid_deviance.copy()
fig = statsmodels.graphics.gofplots.qqplot(resid, line = 'r')
plt.show()
```

数据集 house1 的 Q-Q 图如图 16.3 所示。

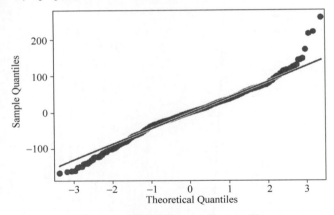

图 16.3　数据集 house1 的 Q-Q 图

还可以绘制残差的直方图，以观察数据是否为正态分布。

【例 16.4】　绘制住房数据集 house1 的残差直方图。

```
resid_std = stats.zscore(resid)
fig, ax = plt.subplots()
sns.histplot(resid_std, ax = ax)
plt.show()
```

数据集 house1 的残差直方图如图 16.4 所示。

如果 Q-Q 图上的点落在红线上，意味着数据符合参考分布；否则，可以采取的一种方

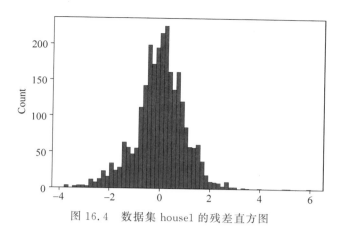

图 16.4 数据集 house1 的残差直方图

法是对数据进行转换。表 16.1 列出了可以对数据进行哪些转换。相比于红色参考线,如果 Q-Q 图是凸的,可以沿表向上转换数据;如果 Q-Q 图是凹的,则可以沿表向下转换数据。

表 16.1 转换

x^p	等 同 于	说 明
x^{-2}	x^{-2}	平方
x^{-1}	x	
$x^{1/2}$	$\sqrt{x}$	平方根
"x"x	$\log(x)$	对数
$x^{-1/2}$	$1/\sqrt{x}$	平方根倒数
x^{-1}	$1/x$	倒数
x^{-2}	$1/x^2$	平方倒数

16.2 比较多个模型

前面已经介绍了如何评估单个模型,还需要一种方法来比较多个模型,以便能够从中选出"最佳"模型。

16.2.1 比较线性模型

首先拟合 5 个模型:

```
f1 = 'value_per_sq_ft ~ units + sq_ft + boro'
f2 = 'value_per_sq_ft ~ units * sq_ft + boro'
f3 = 'value_per_sq_ft ~ units + sq_ft * boro + type'
f4 = 'value_per_sq_ft ~ units + sq_ft * boro + sq_ft * type'
f5 = 'value_per_sq_ft ~ boro + type'

house1 = smf.ols(f1, data = housing).fit()
house2 = smf.ols(f2, data = housing).fit()
house3 = smf.ols(f3, data = housing).fit()
```

```
house4 = smf.ols(f4, data = housing).fit()
house5 = smf.ols(f5, data = housing).fit()
```

注意,有些模型使用"＋"运算符将协变量添加到模型中,而其他模型使用的则是"＊"运算符。要想在模型中指定交互作用,需使用"＊"运算符。交互变量的行为不是彼此独立的,它们的值相互影响,而不是简单地相加。

使用拟合的 5 个模型,就可以获取所有的系数以及相关的模型:

```
mod_results = (
  pd.concat(
    [
        house1.params,
        house2.params,
        house3.params,
        house4.params,
        house5.params,
    ],
    axis = 1,
  )
  .rename(columns = lambda x: "house" + str(x + 1))
  .reset_index()
  .rename(columns = {"index": "param"})
  .melt(id_vars = "param", var_name = "model", value_name = "estimate")
)
```

```
print(mod_results)
```

运行后结果如下:

```
        param                          model      estimate
0       Intercept                      house1     43.290863
1       boro[T.Brooklyn]               house1     34.562150
2       boro[T.Manhattan]              house1     130.992363
3       boro[T.Queens]                 house1     32.993674
4       boro[T.Staten Island]          house1     - 3.630251
...     ...                            ...        ...
85      sq_ft:boro[T.Queens]           house5     NaN
86      sq_ft:boro[T.Staten Island]    house5     NaN
87      sq_ft:type[T.R4 - CONDOMINIUM] house5     NaN
88      sq_ft:type[T.R9 - CONDOMINIUM] house5     NaN
89      sq_ft:type[T.RR - CONDOMINIUM] house5     NaN
[90 rows x 3 columns]
```

由于查看大量值的意义不大,系数绘制出来可以直观展现模型是如何估计彼此的参数的:

```
color_dict = dict(
  {
    "house1": "#d7191c",
    "house2": "#fdae61",
    "house3": "#ffffbf",
    "house4": "#abdda4",
    "house5": "#2b83ba",
  }
)
```

```
fig, ax = plt.subplots()
ax = sns.pointplot(
    x = "estimate",
    y = "param",
    hue = "model",
    data = mod_results,
    dodge = True,        # jitter the points
    join = False,        # don't connect the points
    palette = color_dict
)

plt.tight_layout()
plt.show()
```

模型 house1～house5 的系数如图 16.5 所示。

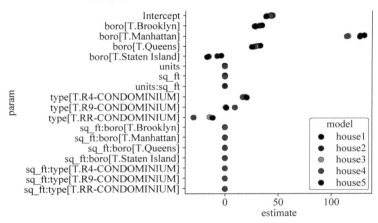

图 16.5 模型 house1～house5 的系数

现在,得到了线性模型,就可以使用方差分析(ANalysis Of VAriance,ANOVA)方法来比较它们。ANOVA 方法将给出残差平方和(Residual Sum of Squares,RSS),这是评估模型性能的一种方法(RSS 越小,模型拟合的越好)。

```
model_names = ["house1", "house2", "house3", "house4", "house5"]
house_anova = statsmodels.stats.anova.anova_lm(
    house1, house2, house3, house4, house5
)
house_anova.index = model_names
print(house_anova)
```

运行后结果如下:

	df_resid	ssr	df_diff	ss_diff	F	Pr(> F)
house1	2619.0	4.922389e + 06	0.0	NaN	NaN	NaN
house2	2618.0	4.884872e + 06	1.0	37517.437605	20.039049	7.912333e − 06
house3	2612.0	4.619926e + 06	6.0	264945.539994	23.585728	2.754431e − 27
house4	2609.0	4.576671e + 06	3.0	43255.441192	7.701289	4.025581e − 05
house5	2618.0	4.901463e + 06	− 9.0	− 324791.847907	19.275539	NaN

评估模型性能的另一种方法是使用 Akaike 信息准则(Akaike information criterion,

AIC)和贝叶斯信息准则(Bayesian information criterion,BIC),这些方法均引入了与模型参数个数相关的惩罚项(AIC 和 BIC 值越低越好)。因此,应该努力在性能和简洁性之间做好平衡。

```
house_models = [house1, house2, house3, house4, house5]

abic = pd.DataFrame(
    {
        "model": model_names,
        "aic": [mod.aic for mod in house_models],
        "bic": [mod.bic for mod in house_models],
    }
)

print(abic.sort_values(by = ["aic", "bic"]))
```

运行后结果如下:

```
    model     aic            bic
3   house4    27084.800043   27184.644733
2   house3    27103.502577   27185.727615
1   house2    27237.939618   27284.925354
4   house5    27246.843392   27293.829128
0   house1    27256.031113   27297.143632
```

16.2.2　比较 GLM 模型

可以采用同样的方法评估和诊断广义线性模型,可以使用模型的偏差进行模型比较:

```
def deviance_table( * models):
"""Create a table of model diagnostics from model objects"""
return pd.DataFrame(
    {
        "df_residuals": [mod.df_resid for mod in models],
        "resid_stddev": [mod.deviance for mod in models],
        "df": [mod.df_model for mod in models],
        "deviance": [mod.deviance for mod in models],
    }
)

f1 = 'value_per_sq_ft ~ units + sq_ft + boro'
f2 = 'value_per_sq_ft ~ units * sq_ft + boro'
f3 = 'value_per_sq_ft ~ units + sq_ft * boro + type'
f4 = 'value_per_sq_ft ~ units + sq_ft * boro + sq_ft * type'
f5 = 'value_per_sq_ft ~ boro + type'

glm1 = smf.glm(f1, data = housing).fit()
glm2 = smf.glm(f2, data = housing).fit()
glm3 = smf.glm(f3, data = housing).fit()
glm4 = smf.glm(f4, data = housing).fit()
glm5 = smf.glm(f5, data = housing).fit()

glm_anova = deviance_table(glm1, glm2, glm3, glm4, glm5) print(glm_anova)
```

运行后结果如下：

	df_residuals	resid_stddev	df	deviance
0	2619	4.922389e+06	6	4.922389e+06
1	2618	4.884872e+06	7	4.884872e+06
2	2612	4.619926e+06	13	4.619926e+06
3	2609	4.576671e+06	16	4.576671e+06
4	2618	4.901463e+06	7	4.901463e+06

当然，也可以在逻辑回归中进行相同的计算：

```
# create a binary variable
housing["high"] = (housing["value_per_sq_ft"] >= 150).astype(int)

print(housing["high"].value_counts())
```

运行后结果如下：

```
0    1619
1    1007
Name: high, dtype: int64
```

```
# create and fit our logistic regression using GLM
f1 = "high ~ units + sq_ft + boro"
f2 = "high ~ units * sq_ft + boro"
f3 = "high ~ units + sq_ft * boro + type"
f4 = "high ~ units + sq_ft * boro + sq_ft * type"
f5 = "high ~ boro + type"
logistic = statsmodels.genmod.families.family.Binomial(
  link = statsmodels.genmod.families.links.Logit()
)

glm1 = smf.glm(f1, data = housing, family = logistic).fit()
glm2 = smf.glm(f2, data = housing, family = logistic).fit()
glm3 = smf.glm(f3, data = housing, family = logistic).fit()
glm4 = smf.glm(f4, data = housing, family = logistic).fit()
glm5 = smf.glm(f5, data = housing, family = logistic).fit()

# show the deviances from our GLM models
print(deviance_table(glm1, glm2, glm3, glm4, glm5))
```

运行后结果如下：

	df_residuals	resid_stddev	df	deviance
0	2619	1695.631547	6	1695.631547
1	2618	1686.126740	7	1686.126740
2	2612	1636.492830	13	1636.492830
3	2609	1619.431515	16	1619.431515
4	2618	1666.615696	7	1666.615696

最后，可以创建一个包含 AIC 和 BIC 值的表格：

```
mods = [glm1, glm2, glm3, glm4, glm5]
abic_glm = pd.DataFrame(
  {
    "model": model_names,
    "aic": [mod.aic for mod in house_models],
```

```
    "bic": [mod.bic for mod in house_models],
  }
)
print(abic_glm.sort_values(by = ["aic", "bic"]))
```

运行后结果如下:

```
      model      aic            bic
3     house4     27084.800043   27184.644733
2     house3     27103.502577   27185.727615
1     house2     27237.939618   27284.925354
4     house5     27246.843392   27293.829128
0     house1     27256.031113   27297.143632
```

从所有这些指标来看,model 4 的表现是最好的。

16.3　K 折交叉验证

K 折交叉验证是另一种比较模型的方法,其主要优点之一是可以解释模型在新数据上的表现。该方法将数据分为 k 个部分,其中一个部分作为测试(test)集,其余的 $k-1$ 个部分用作训练(training)集以拟合模型。模型拟合好之后,使用测试集进行测试,并计算误差率。不断重复该过程,直到所有的 k 个部分都被测试。模型的最终误差是所有模型的平均值。

交叉验证的方法有很多种,上述方法被称为 K 折交叉验证(k-fold cross-validation)。还有其他方法,如留一交叉验证(leave-one-out cross-validation),该方法中每次仅保留一个样本用作测试集,其他所有样本都被用作训练集。

下面,将把数据分成 $k-1$ 个测试集和训练集:

```
from sklearn.model_selection import train_test_split
from sklearn.linear_model import LinearRegression
print(housing.columns)
```

运行后结果如下:

```
Index(['neighborhood', 'type', 'units', 'year_built', 'sq_ft', 'income', 'income_per_sq_ft',
'expense', 'expense_per_sq_ft', 'net_income', 'value', 'value_per_sq_ft', 'boro', 'high'],
dtype = 'object')

# get training and test data
X_train, X_test, y_train, y_test = train_test_split(
    pd.get_dummies(
      housing[["units", "sq_ft", "boro"]], drop_first = True
    ),
    housing["value_per_sq_ft"],
    test_size = 0.20,
    random_state = 42,
)
```

> **注意**:在查看 Scikit-learn 教程和文档时,请注意字母 X 是大写的,统计学和数学中通常用大写、X 字母来表示矩阵,在代码中用大写正体表示矩阵。

可以算出一个分数，该分数用来衡量模型在测试数据上的表现：

```
lr = LinearRegression().fit(X_train, y_train)
print(lr.score(X_test, y_test))
```

运行后结果如下：

```
0.6137125285030868
```

由于 Scikit-learn 严重依赖于 NumPy ndarray，所以 Patsy 库允许指定一个公式，就像在 statsmodels 中的公式 API 一样，并返回一个适当的 NumPy 数组，以便在 Scikit-learn 中使用。

以下的代码与之前基本相同，但使用了 Patsy 库中的 dmatrices()函数：

```
from patsy import dmatrices

y, X = dmatrices(
    "value_per_sq_ft ~ units + sq_ft + boro",
    housing,
    return_type = "dataframe",
)
X_train, X_test, y_train, y_test = train_test_split(
    X, y, test_size = 0.20, random_state = 42
)
lr = LinearRegression().fit(X_train, y_train)
print(lr.score(X_test, y_test))
```

运行后结果如下：

```
0.6137125285030818
```

为了进行 K 折交叉验证，需要先从 Scikit-learn 导入该函数。

```
from sklearn.model_selection import KFold, cross_val_score

# get a fresh new housing data set
housing = pd.read_csv('data/housing_renamed.csv')
```

接下来，必须指定要将数据折分成多少个部分，这取决于数据有多少行。如果数据中包括的观测值不太多，可以选择一个较小的 k（例如 2）。k 通常介于 5~10。但切记，k 值越高，计算所需的时间越长。

```
kf = KFold(n_splits = 5)
y, X = dmatrices('value_per_sq_ft ~ units + sq_ft + boro', housing)
```

然后，可以在每个折上训练并测试模型：

```
coefs = []
scores = []
for train, test in kf.split(X):
    X_train, X_test = X[train], X[test]
    y_train, y_test = y[train], y[test]
    lr = LinearRegression().fit(X_train, y_train)
    coefs.append(pd.DataFrame(lr.coef_))
    scores.append(lr.score(X_test, y_test))
```

也可以查看计算结果：

```
coefs_df = pd.concat(coefs)
coefs_df.columns = X.design_info.column_names
print(coefs_df)
```

运行后结果如下：

Intercept	boro [T.Brooklyn]	boro [T.Manhattan]	boro [T.Queens]	boro [T.Staten Island]	units	Sq_ft
0 0.0	33.369037	129.904011	32.103100	− 4.381085e + 00	− 0.205890	0.000220
0 0.0	32.889925	116.957385	31.295956	− 4.919232e + 00	− 0.146180	0.000155
0 0.0	30.975560	141.859327	32.043449	− 4.379916e + 00	− 0.179671	0.000194
0 0.0	41.449196	130.779013	33.050968	− 3.430209e + 00	− 0.207904	0.000232
0 0.0	− 38.511915	56.069855	− 17.557939	3.552714e − 15	− 0.145829	0.000202

还可以使用.apply()和np.mean()函数查看所有折的平均系数。

```
import numpy as np
print(coefs_df.apply(np.mean))
```

运行后结果如下：

```
Intercept                 0.000000
boro[T.Brooklyn]         20.034361
boro[T.Manhattan]       115.113918
boro[T.Queens]           22.187107
boro[T.Staten Island]    − 3.422088
units                    − 0.177095
sq_ft                     0.000201
dtype: float64
```

还可以查看每个模型的分数。每个模型都有一个默认的评分方法。例如，LinearRegression()函数使用 R2 决定系数(coefficient of determination)回归评分函数。

```
print(scores)
```

运行后结果如下：

```
[0.02731416291043942, − 0.5538362212110504, − 0.1563637168806138,
 − 0.3234202061929452, − 1.6929655586752923]
```

还可以使用 cross_val_scores(用于交叉验证评分)来计算分数：

```
# use cross_val_scores to calculate CV scores
model = LinearRegression()
scores = cross_val_score(model, X, y, cv = 5)
print(scores)
```

运行后结果如下：

```
[ 0.02731416 − 0.55383622 − 0.15636372 − 0.32342021 − 1.69296556]
```

当需要比较多个模型时，可以比较平均分数：

```
print(scores.mean())
```

运行后结果如下：

```
− 0.5398543080098925
```

现在，将使用 K 折交叉验证重新拟合所有的模型：

```
# create the predictor and response matrices
y1, X1 = dmatrices(
    "value_per_sq_ft ~ units + sq_ft + boro", housing)
y2, X2 = dmatrices("value_per_sq_ft ~ units * sq_ft + boro", housing)
y3, X3 = dmatrices(
    "value_per_sq_ft ~ units + sq_ft * boro + type", housing
)
y4, X4 = dmatrices(
    "value_per_sq_ft ~ units + sq_ft * boro + sq_ft * type", housing
)
y5, X5 = dmatrices("value_per_sq_ft ~ boro + type", housing)
# fit our models
model = LinearRegression()
scores1 = cross_val_score(model, X1, y1, cv = 5)
scores2 = cross_val_score(model, X2, y2, cv = 5)
scores3 = cross_val_score(model, X3, y3, cv = 5)
scores4 = cross_val_score(model, X4, y4, cv = 5)
scores5 = cross_val_score(model, X5, y5, cv = 5)
```

最后，可以查看交叉验证得分：

```
scores_df = pd.DataFrame(
    [scores1, scores2, scores3, scores4, scores5]
)
print(scores_df.apply(np.mean, axis = 1))
```

运行后结果如下：

```
0   -5.398543e-01
1   -1.088184e+00
2   -8.668885e+25
3   -7.634198e+25
4   -3.172546e+25
dtype: float64
```

结果再次说明 model 4 的性能最好。

本章小结

在比较模型时，性能评估是最重要的一环。在挑选最佳模型时，ANOVA（针对线性模型）、偏差观察法（针对 GLM）以及交叉验证法都可以帮助我们测量模型误差和评估模型性能。

第17章

正 则 化

第16章介绍了各种评估模型性能的方法。16.3节描述的K折交叉验证是一种通过观察模型如何预测测试数据来评估模型性能的方法。本章将探讨正则化(regularization)技术,该技术用于提升模型在测试数据上的性能。具体而言,正则化技术旨在解决模型的过拟合问题。

17.1　为什么要正则化

以 ACS 数据为例,从基本的线性回归讲起:

```python
import pandas as pd
acs = pd.read_csv('data/acs_ny.csv')
print(acs.columns)
```

运行后结果如下:

```
    Index(['Acres', 'FamilyIncome', 'FamilyType', 'NumBedrooms', 'NumChildren', 'NumPeople',
'NumRooms', 'NumUnits', 'NumVehicles', 'NumWorkers', 'OwnRent', 'YearBuilt', 'HouseCosts',
'ElectricBill', 'FoodStamp', 'HeatingFuel', 'Insurance', 'Language'],
    dtype = 'object')
```

现在,使用 Patsy 创建设计矩阵:

```python
from patsy import dmatrices
# sequential strings get concatenated together in Python
response, predictors = dmatrices(
    "FamilyIncome ~ NumBedrooms + NumChildren + NumPeople + "
    "NumRooms + NumUnits + NumVehicles + NumWorkers + OwnRent + "
    "YearBuilt + ElectricBill + FoodStamp + HeatingFuel + "
    "Insurance + Language",
    data = acs,
)
```

创建好预测变量矩阵和响应矩阵之后,就可以使用 Scikit-learn 将数据划分为训练集和测试集:

```python
from sklearn.model_selection import train_test_split
X_train, X_test, y_train, y_test = train_test_split(
```

```
predictors, response, random_state = 0
)
```

下面拟合线性模型。此处,首先对数据进行归一化处理,以便在应用正则化技术时可以比较系数:

```
from sklearn.linear_model import LinearRegression
from sklearn.pipeline import make_pipeline
from sklearn.preprocessing import StandardScaler
lr = make_pipeline(
    StandardScaler(with_mean = False), LinearRegression()
)
lr = lr.fit(X_train, y_train)
print(lr)
```

运行后结果如下:

```
Pipeline(steps = [('standardscaler', StandardScaler(with_mean = False)), ('linearregression',
LinearRegression())])
```

```
model_coefs = pd.DataFrame(
    data = list(
        zip(
            predictors.design_info.column_names,
            lr.named_steps["linearregression"].coef_[0],
        )
    ),
    columns = ["variable", "coef_lr"],
)

print(model_coefs)
```

运行后结果如下:

```
      variable                        coef_lr
0     Intercept                       2.697159e-13
1     NumUnits[T.Single attached]     9.661755e+03
2     NumUnits[T.Single detached]     8.345408e+03
3     OwnRent[T.Outright]             2.382740e+03
4     OwnRent[T.Rented]               2.260806e+03
...   ...                             ...
34    NumRooms                        1.340575e+04
35    NumVehicles                     7.228920e+03
36    NumWorkers                      1.877535e+04
37    ElectricBill                    1.000008e+04
38    Insurance                       3.072892e+04
[39 rows x 2 columns]
```

现在,可以使用如下代码查看模型得分:

```
# score on the _training_ data
print(lr.score(X_train, y_train))

# score on the _testing_ data
print(lr.score(X_test, y_test))
```

训练数据模型得分为 0.2726140465638568,测试数据模型得分为 0.26976979568488013。

本例中的模型表现不佳。在其他情形中,得到的训练分数可能较高,但测试分数较低,说明模型出现了过拟合的问题。正则化通过对系数和变量施加约束来解决过拟合问题,这会导致数据的系数变小。对于最小绝对收缩和选择算子(Least Absolute Shrinkage and Selection Operator,LASSO)回归来说,其实可以丢弃某些系数(即变为 0),而在岭回归(ridge regression)中,系数会趋近于 0,但并不会被丢弃。

17.2　LASSO 回归

第一种正则化技术 LASSO 也称为"L1 正则化回归"。下面,将拟合与之前线性回归相同的一个模型:

```python
from sklearn.linear_model import Lasso
lasso = make_pipeline(
  StandardScaler(with_mean = False),
  Lasso(max_iter = 10000, random_state = 42),
)

lasso = lasso.fit(X_test, y_test)
print(lasso)
```

运行后结果如下:

```
Pipeline(steps = [('standardscaler', StandardScaler(with_mean = False)),
                  ('lasso', Lasso(max_iter = 10000, random_state = 42))])
```

然后,获取到一个由系数组成的 DataFrame,并将其与线性回归结果结合。

```python
coefs_lasso = pd.DataFrame(
  data = list(
    zip(
      predictors.design_info.column_names,
      lasso.named_steps["lasso"].coef_.tolist(),
    )
  ),
  columns = ["variable", "coef_lasso"],
)

model_coefs = pd.merge(model_coefs, coefs_lasso, on = 'variable')
print(model_coefs)
```

运行后结果如下:

```
    variable                        coef_lr         coef_lasso
0   Intercept                       2.697159e-13    0.000000
1   NumUnits[T.Single attached]     9.661755e+03    7765.482025
2   NumUnits[T.Single detached]     8.345408e+03    7512.067593
3   OwnRent[T.Outright]             2.382740e+03    2431.710977
4   OwnRent[T.Rented]               2.260806e+03    604.186925
...  ...                            ...             ...
34  NumRooms                        1.340575e+04    10940.150208
35  NumVehicles                     7.228920e+03    7724.681161
36  NumWorkers                      1.877535e+04    16911.035390
```

```
37   ElectricBill              1.000008e + 04    9516.123582
38   Insurance                 3.072892e + 04    32155.544169
[39 rows x 3 columns]
```

注意,现在的系数比原来的线性回归值都要小。此外,有些系数变为了 0。

最后,查看训练数据和测试数据的得分:

```
print(lasso.score(X_train, y_train))
print(lasso.score(X_test, y_test))
```

训练数据模型得分为 0.2669751487716776,测试数据模型得分为 0.2752627973740016。

虽然区别不是太大,但仍然可以看出测试结果比训练结果要好。也就是说,当使用新的、未见过的数据进行预测时,模型性能会有所改进。

17.3 岭回归

本节介绍另外一种正则化技术——岭回归,也称为 L2 正则化回归。

以下的大部分代码与前面的代码非常相似。我们将在训练数据上拟合模型,并将其结果与已有的结果 DataFrame 相结合。

```
from sklearn.linear_model import Ridge
ridge = make_pipeline(
    StandardScaler(with_mean = False), Ridge(random_state = 42)
)
ridge = ridge.fit(X_train, y_train)
print(ridge)

Pipeline(steps = [('standardscaler', StandardScaler(with_mean = False)), ('ridge', Ridge
(random_state = 42))])

coefs_ridge = pd.DataFrame(
    data = list(
        zip(
            predictors.design_info.column_names,
            ridge.named_steps["ridge"].coef_.tolist()[0],
        )
    ),
    columns = ["variable", "coef_ridge"],
)

model_coefs = pd.merge(model_coefs, coefs_ridge, on = "variable")
print(model_coefs)
```

运行后结果如下:

```
    variable                        coef_lr          coef_lasso      coef_ridge
0   Intercept                       2.697159e - 13   0.000000        0.000000
1   NumUnits[T. Single attached]    9.661755e + 03   7765.482025     9659.413514
2   NumUnits[T. Single detached]    8.345408e + 03   7512.067593     8342.247690
3   OwnRent[T. Outright]            2.382740e + 03   2431.710977     2381.429615
4   OwnRent[T. Rented]              2.260806e + 03   604.186925      2259.526329
... ...                             ...              ...             ...
```

		1.340575e + 04	10940.150208	13405.409584
34	NumRooms			
35	NumVehicles	7.228920e + 03	7724.681161	7228.542922
36	NumWorkers	1.877535e + 04	16911.035390	18773.079462
37	ElectricBill	1.000008e + 04	9516.123582	10000.853603
38	Insurance	3.072892e + 04	32155.544169	30727.230542

[39 rows x 4 columns]

17.4　弹性网

弹性网（elastic net）则是一种结合了岭回归和 LASSO 回归的正则化技术。

```
from sklearn.linear_model import ElasticNet
en = ElasticNet(random_state = 42).fit(X_train, y_train)
coefs_en = pd.DataFrame(
  list(zip(predictors.design_info.column_names, en.coef_)),
  columns = ["variable", "coef_en"],
)
model_coefs = pd.merge(model_coefs, coefs_en, on = "variable")
print(model_coefs)
```

运行后结果如下：

	variable	coef_lr	coef_lasso	coef_ridge	coef_en
0	Intercept	2.697159e – 13	0.000000	0.000000	0.000000
1	NumUnits[T.Single attached]	9.661755e + 03	7765.482025	9659.413514	1342.291706
2	NumUnits[T.Single detached]	8.345408e + 03	7512.067593	8342.247690	168.728479
3	OwnRent[T.Outright]	2.382740e + 03	2431.710977	2381.429615	445.533238
4	OwnRent[T.Rented]	2.260806e + 03	604.186925	2259.526329	– 600.673747
...	...	...	...	...	...
34	NumRooms	1.340575e + 04	10940.150208	13405.409584	5685.101939
35	NumVehicles	7.228920e + 03	7724.681161	7228.542922	6059.776166
36	NumWorkers	1.877535e + 04	16911.035390	18773.079462	12247.547800
37	ElectricBill	1.000008e + 04	9516.123582	10000.853603	97.566664
38	Insurance	3.072892e + 04	32155.544169	30727.230542	32.484207

[39 rows x 5 columns]

ElasticNet 对象有两个参数——alpha 和 l1_ratio，可用于控制模型的行为。l1_ratio 参数专用于控制 L2 或 L1 使用的惩罚量。如果 l1_ratio ＝0，则模型为岭回归。如果 l1_ratio ＝1，则模型为 LASSO 回归。如果 l1_ratio 的值介于 0 和 1 之间，则模型为岭回归和 LASSO 回归的组合。

由于 LASSO 回归可以将系数归零，对这些系数与已通过 LASSO 回归变为 0 的变量进行比较。

```
print(model_coefs.loc[model_coefs["coef_lasso"] == 0])
```

运行后结果如下：

	variable	coef_lr	coef_lasso	coef_ridge	coef_en
0	Intercept	2.697159e – 13	0.0	0.000000	0.000000
25	HeatingFuel[T.Solar]	1.442204e + 02	0.0	142.354045	0.994142

17.5　交叉验证

交叉验证(参见 16.3 节)是拟合模型时常用的一种技术,本章开头介绍正则化时就提到过,但其实交叉验证也是选择最优正则化参数的一种方法。在选择模型时,用户必须调整某些参数,也称为超参数(hyper-parameters),因此可以使用交叉验证来尝试超参数的各种组合,以选择"最佳"模型。ElasticNet 对象有一个类似的函数叫作 ElasticNetCV,可以迭代拟合具有各种超参数值的弹性网。

```
from sklearn.linear_model import ElasticNetCV
en_cv = ElasticNetCV(cv = 5, random_state = 42).fit(
    X_train, y_train.ravel() # ravel is to remove the 1d warning
)

coefs_en_cv = pd.DataFrame(
    list(zip(predictors.design_info.column_names, en_cv.coef_)),
    columns = ["variable", "coef_en_cv"],
)
model_coefs = pd.merge(model_coefs, coefs_en_cv, on = "variable")
print(model_coefs)
```

运行后结果如下:

	variable	coef_lr	coef_lasso	coef_ridge	coef_en	coef_en_cv
0	Intercept	2.697159e-13	0.000000	0.000000	0.000000	0.000000
1	NumUnits[T.Single attached]	9.661755e+03	7765.482025	9659.413514	1342.291706	-0.000000
2	NumUnits[T.Single detached]	8.345408e+03	7512.067593	8342.247690	168.728479	0.000000
3	OwnRent[T.Outright]	2.382740e+03	2431.710977	2381.429615	445.533238	0.000000
4	OwnRent[T.Rented]	2.260806e+03	604.186925	2259.526329	-600.673747	-0.000000
...	...	...	...	...	...	...
34	NumRooms	1.340575e+04	10940.150208	13405.409584	5685.101939	0.028443
35	NumVehicles	7.228920e+03	7724.681161	7228.542922	6059.776166	0.000000
36	NumWorkers	1.877535e+04	16911.035390	18773.079462	12247.547800	0.000000
37	ElectricBill	1.000008e+04	9516.123582	10000.853603	97.566664	26.166320
38	Insurance	3.072892e+04	32155.544169	30727.230542	32.484207	38.561748

[39 rows x 6 columns]

比较一下哪些系数变成了 0:

```
print(model_coefs.loc[model_coefs["coef_en_cv"] == 0])
```

运行后结果如下:

	variable	coef_lr	coef_lasso	coef_ridge	coef_en	coef_en_cv
0	Intercept	2.697159e-13	0.000000	0.000000	0.000000	0.0
1	NumUnits [T.Single attached]	9.661755e+03	7765.482025	9659.413514	1342.291706	-0.0
2	NumUnits [T.Single detached]	8.345408e+03	7512.067593	8342.247690	168.728479	0.0
3	OwnRent[T.Outright]	2.382740e+03	2431.710977	2381.429615	445.533238	0.0
4	OwnRent[T.Rented]	2.260806e+03	604.186925	2259.526329	-600.673747	-0.0
...	...	...	...	...	...	...
31	NumBedrooms	3.755708e+03	4447.892458	3755.521256	2073.910045	0.0
32	NumChildren	9.524915e+03	6905.672216	9521.180875	2498.719581	0.0
33	NumPeople	-1.153672e+04	-8777.265840	-11533.098634	-2562.412933	0.0

| 35 | NumVehicles | 7.228920e+03 | 7724.681161 | 7228.542922 | 6059.776166 | 0.0 |
| 36 | NumWorkers | 1.877535e+04 | 16911.035390 | 18773.079462 | 12247.547800 | 0.0 |

[36 rows x 6 columns]

本章小结

正则化是一种用于防止数据过拟合的技术,它通过为每个添加到模型中的特征施加一些"惩罚"来实现该目标。最终结果要么从模型中删除一些变量,要么减少模型的系数。两种技术都会降低模型对训练数据的拟合准确度,但可以提高对未知数据的预测能力。这些技术可以组合起来使用(如弹性网),也可以通过交叉验证进行迭代和改进。

第18章

聚　类

机器学习方法通常可以分为两大类：监督学习和无监督学习。到目前为止，我们用的都是监督学习模型，因为用的是目标变量 y 或响应变量来训练模型的。换句话说，在模型的训练数据中，预设了"正确"答案。而无监督模型是一种"正确"答案未知的建模技术。聚类的方法有很多，其中 K 均值（K-means）聚类和层次聚类是较为重要的两种方法。

18.1　K 均值聚类

在 K 均值聚类算法中，首先要将数据分为 k 个簇。该算法随机选择数据中的 k 个点，并计算每个数据点到最初选取的 k 个点之间的距离，与 k 个簇中的某个簇最接近的点被分配在同一个簇中；然后指定每个簇的中心为新的簇质心。重复该过程，即计算每个点到每个簇质心的距离，并将其分配给一个簇，然后确定一个新的簇质心。该算法会重复执行，直至收敛。

有关 K 均值聚类的工作原理，网上可以找到很好的介绍和可视化资源。下面以 wine 数据集为例介绍 K 均值聚类算法。

【例 18.1】　导入 wine 数据集，并列出其数据。

```
import pandas as pd
wine = pd.read_csv('data/wine.csv')
```

因为 Cultivar 列与数据中实际簇的关联太过密切，所以要删除此列：

```
wine = wine.drop('Cultivar', axis = 1)
# note that the data values are all numeric
print(wine.columns)
print(wine.head())
```

wine 数据集中的数据如下所示：

```
Index(['Alcohol', 'Malic acid', 'Ash', 'Alcalinity of ash ', 'Magnesium', 'Total phenols',
'Flavanoids',
    'Nonflavanoid phenols', 'Proanthocyanins', 'Color intensity', 'Hue', 'OD280/OD315 of diluted
wines', 'Proline'],
    dtype = 'object')
```

	Alcohol	Malicacid	Ash	Alcalinity of ash	Magnesium	Total phenols	Flavanoids
0	14.23	1.71	2.43	15.6	127	2.80	3.06
1	13.20	1.78	2.14	11.2	100	2.65	2.76
2	13.16	2.36	2.67	18.6	101	2.80	3.24
3	14.37	1.95	2.50	16.8	113	3.85	3.49
4	13.24	2.59	2.87	21.0	118	2.80	2.69

	Nonflavanoid phenols	Proanthocyanins	Color intensity	Hue	OD280/OD315 of diluted wines	Proline
0	0.28	2.29	5.64	1.04	3.92	1065
1	0.26	1.28	4.38	1.05	3.40	1050
2	0.30	2.81	5.68	1.03	3.17	1185
3	0.24	2.18	7.80	0.86	3.45	1480
4	0.39	1.82	4.32	1.04	2.93	735

Scikit-learn 库中提供了名为 K-means 的 K 均值聚类算法的实现。

【例 18.2】 设置 $k=3$，使用 wine 数据集中的所有数据实现均值聚类。

（1）使用随机种子 42，创建 $k=3$ 个簇，可以选择省略 random_state 参数或使用其他的值：

```
from sklearn.cluster import KMeans
kmeans = KMeans(n_clusters = 3, random_state = 42).fit(wine.values)
print(kmeans)
```

输出 KMeans 对象如下：

```
KMeans(n_clusters = 3, random_state = 42)
```

（2）指定的簇是 3 个，此时查看标签：

```
import numpy as np
print(np.unique(kmeans.labels_, return_counts = True))
```

可以看到只有 3 个特殊标签：

```
(array([0, 1, 2], dtype = int32), array([69, 47, 62]))
```

（3）进行聚类：

```
kmeans_3 = pd.DataFrame(kmeans.labels_, columns = ['cluster'])
print(kmeans_3)
```

均值聚类数据如下：

```
       cluster
0        1
1        1
2        1
3        1
4        2
...      ...
173      2
174      2
175      2
176      2
177      0
[178 rows x 1 columns]
```

　　最后,可以将簇进行可视化。由于人眼只能观察到三维空间,所以需要降低数据的维度。wine 数据集有 13 列,需要将其降至 3 列,这样才便于理解。此外,由于是在平面印刷的书中(非交互式媒介)绘制这些点,所以应该尽可能将维数降至二维。

　　主成分分析(Principal Component Analysis,PCA)方法是一种投影技术,用来降低数据集的维度。PCA 的工作原理是在数据中找到较低的维数来最大化方差。想象一个由点组成的三维球体。PCA 的本质是通过这些点射出光线,并在较低的二维平面上投射出阴影。理想情况下,阴影会非常分散。虽然 PCA 中相距很远的点可能不会引起关注,但在原始的三维球体中,光线可以通过相距很远的点,使投射的阴影彼此紧邻。在解释这些彼此紧邻的点时要非常小心,因为它们在原始三维球体中可能相距甚远。

【例 18.3】 使用 PCA 方法降低 wine 数据集的维度。

(1) 首先,从 Scikit-learn 库中导入 PCA:

```
from sklearn.decomposition import PCA
```

(2) 告知 PCA 想要将数据投影的维度(即主成分)。此处,将数据投影到两个成分中:

```
# project our data into 2 components
pca = PCA(n_components = 2).fit(wine)
```

(3) 将数据转换到新的空间,并将转换后的数据添加到数据集中:

```
# transform our data into the new space
pca_trans = pca.transform(wine)

# give our projections a name
pca_trans_df = pd.DataFrame(pca_trans, columns = ['pca1', 'pca2'])

# concatenate our data
kmeans_3 = pd.concat([kmeans_3, pca_trans_df], axis = 1)

print(kmeans_3)
```

降维后的均值聚类数据如下:

```
     cluster        pca1           pca2
0    1          318.562979      21.492131
1    1          303.097420     - 5.364718
2    1          438.061133     - 6.537309
3    1          733.240139       0.192729
4    2          - 11.571428      18.489995
..   ...        ...             ...
173  2          - 6.980211      - 4.541137
174  2            3.131605        2.335191
175  2           88.458074       18.776285
176  2           93.456242       18.670819
177  0         - 186.943190     - 0.213331
[178 rows x 3 columns]
```

(4) 绘制 K 均值散点图:

```
import seaborn as sns
import matplotlib.pyplot as plt
```

```
fig, ax = plt.subplots()
sns.scatterplot(
    x = "pca1",
    y = "pca2",
    data = kmeans_3,
    hue = "cluster",
    ax = ax
)
plt.show()
```

结果如图 18.1 所示。

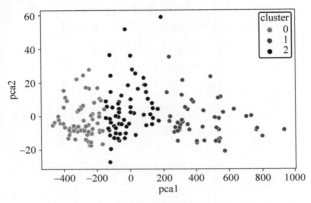

图 18.1　K 均值散点图（PCA）

我们已经看到了 K 均值对 wine 数据集的影响，再次加载原始数据集，并保留之前删除的 Cultivar 列：

```
wine_all = pd.read_csv('data/wine.csv')
print(wine_all.head())
```

此时 wine 数据集数据如下：

	Cultivar	Alcohol	Malicacid	Ash	Alcalinity of ash	Magnesium	Total phenols	Flavanoids
0	1	14.23	1.71	2.43	15.6	127	2.80	3.06
1	1	13.20	1.78	2.14	11.2	100	2.65	2.76
2	1	13.16	2.36	2.67	18.6	101	2.80	3.24
3	1	14.37	1.95	2.50	16.8	113	3.85	3.49
4	1	13.24	2.59	2.87	21.0	118	2.80	2.69

	Nonflavanoid phenols	Proanthocyanins	Color intensity	Hue	OD280/OD315 of diluted wines	Proline
0	0.28	2.29	5.64	1.04	3.92	1065
1	0.26	1.28	4.38	1.05	3.40	1050
2	0.30	2.81	5.68	1.03	3.17	1185
3	0.24	2.18	7.80	0.86	3.45	1480
4	0.39	1.82	4.32	1.04	2.93	735

如前所示，对数据集运行 PCA，并比较 PCA 的簇和 Cultivar 变量：

```
pca_all = PCA(n_components = 2).fit(wine_all)
pca_all_trans = pca_all.transform(wine_all)
pca_all_trans_df = pd.DataFrame(
```

```
    pca_all_trans, columns = ["pca_all_1", "pca_all_2"]
)

kmeans_3 = pd.concat(
    [kmeans_3, pca_all_trans_df, wine_all["Cultivar"]], axis = 1
)
```

可以通过分面图比较这些分组，如图 18.2 所示：

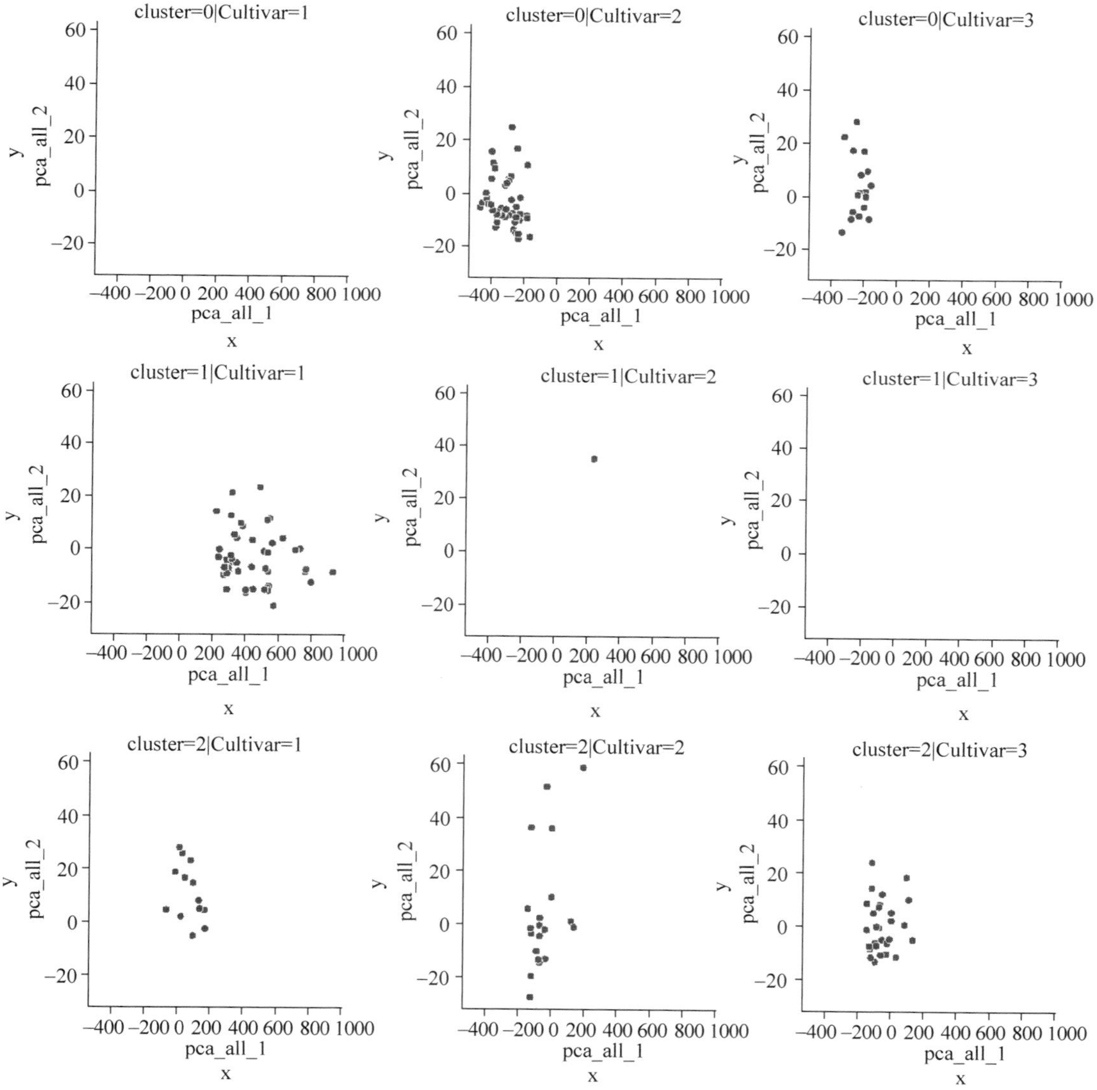

图 18.2 K 均值分面图

```
with sns.plotting_context(context = "talk"):
fig = sns.relplot(
    x = "pca_all_1",
```

```
      y = "pca_all_2",
      data = kmeans_3,
      row = "cluster",
      col = "Cultivar",
)

fig.figure.set_tight_layout(True)
plt.show()
```

或者，可以查看交叉制表的频率计数：

```
print(
  pd.crosstab(
    kmeans_3["cluster"], kmeans_3["Cultivar"], margins = True
  )
)
```

```
Cultivar cluster    1     2     3     All
0                   0    50    19     69
1                  46     1     0     47
2                  13    20    29     62
All                59    71    48    178
```

18.2　层次聚类

顾名思义，层次聚类（hierarchical clustering）旨在构建簇的层次结构。可以采用自底向上的聚合法（agglomerative）或自顶向下的分裂法（decisive）来实现。

此处使用 SciPy 库来演示层次聚类方法，首先加载 SciPy 库：

```
from scipy.cluster import hierarchy
```

再次加载 wine 数据集，并删除 Cultivar 列：

```
wine = pd.read_csv('data/wine.csv')
wine = wine.drop('Cultivar', axis = 1)
```

层次聚类的算法有很多，可以使用 Matplotlib 绘制结果。

下面介绍几种聚类算法，它们的工作方式略有不同，计算的结果可能也会不同。

（1）Complete：使各个簇彼此之间的相似度尽可能高。

（2）Single：通过连接尽可能多的簇，创建更松散、更相近的簇。

（3）Average and Centroid：Complete 和 Single 的组合。

（4）Ward：使每个簇内点之间的距离最小化。

18.2.1　Complete 聚类算法

使用 Complete 聚类算法的层次聚类：

```
wine_complete = hierarchy.complete(wine)
fig = plt.figure()
dn = hierarchy.dendrogram(wine_complete)
plt.show()
```

聚类结果如图 18.3 所示。

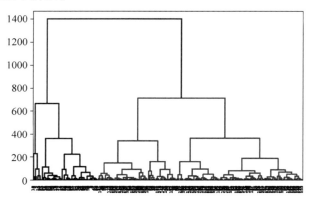

图 18.3　使用 Complete 聚类算法的层次聚类结果

18.2.2　Single 聚类算法

使用 Single 聚类算法的层次聚类：

```
wine_single = hierarchy.single(wine)
fig = plt.figure()
dn = hierarchy.dendrogram(wine_single)
plt.show()
```

聚类结果如图 18.4 所示。

图 18.4　Single 聚类算法的层次聚类结果

18.2.3　Average 聚类算法

使用 Average 聚类算法的层次聚类：

```
wine_average = hierarchy.average(wine)
fig = plt.figure()
dn = hierarchy.dendrogram(wine_average)
plt.show()
```

聚类结果如图 18.5 所示。

图 18.5　Average 聚类算法的层次聚类结果

18.2.4　Centroid 聚类算法

使用 Centroid 聚类算法的层次聚类：

```
wine_centroid = hierarchy.centroid(wine)
fig = plt.figure()
dn = hierarchy.dendrogram(wine_centroid)
plt.show()
```

聚类结果如图 18.6 所示。

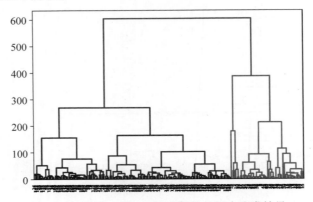

图 18.6　使用 Centroid 聚类算法的层次聚类结果

18.2.5　Ward 聚类算法

使用 Ward 聚类算法的层次聚类：

```
wine_ward = hierarchy.ward(wine)
fig = plt.figure()
dn = hierarchy.dendrogram(wine_ward)
plt.show()
```

聚类结果如图 18.7 所示。

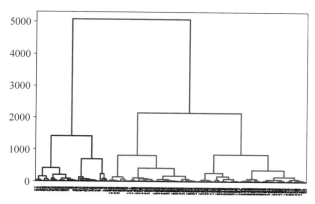

图 18.7　使用 Ward 聚类算法的层次聚类结果

18.2.6　手动设置阈值

默认情况下,SciPy 使用预设的 MATLAB 值,但可以为 color_threshold 传入值,根据特定阈值对群组进行着色:

```
wine_complete = hierarchy.complete(wine)
fig = plt.figure()
dn = hierarchy.dendrogram(
    wine_complete,
    # default MATLAB threshold
    color_threshold = 0.7 * max(wine_complete[:,2]),
    above_threshold_color = 'y'
)
plt.show()
```

手动设置层次聚类的阈值结果如图 18.8 所示。

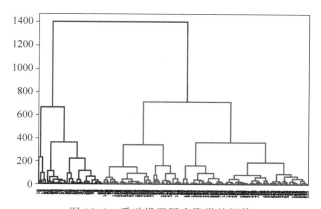

图 18.8　手动设置层次聚类的阈值

本章小结

在探查数据集的隐含结构时,通常会使用无监督的机器学习方法。K 均值和层次聚类是解决该问题的两种常用方法。关键是通过为拟求解问题指定适当的 k 值(K 均值聚类中)或阈值(层次聚类中)来调整模型。

综合运用多种类型的分析技术来解决问题也是常见的做法。例如,可以使用无监督学习方法对数据进行聚类,然后再将这些聚类作为特征应用于其他分析方法中。

第五部分

附 录

附录A

概　念　图

本书部分章节的概念分别如图 A.1～图 A.5 所示。

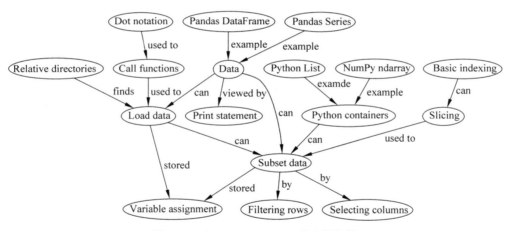

图 A.1　Pandas DataFrame 基础概念图

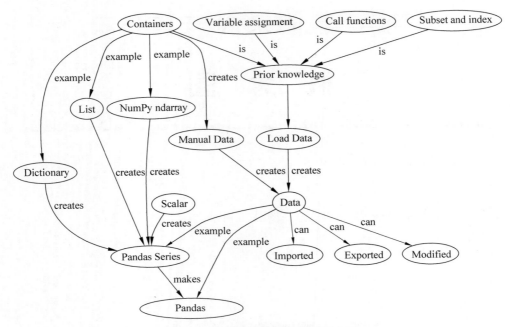

图 A.2　Pandas 数据结构基础概念图

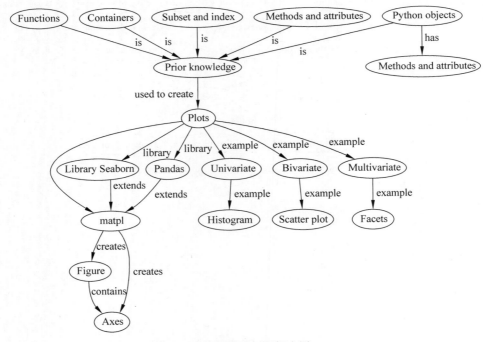

图 A.3　绘图基础知识概念图

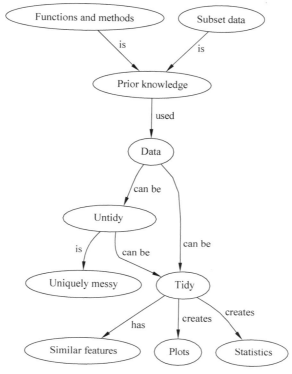

图 A.4　Tidy(整洁)数据概念图

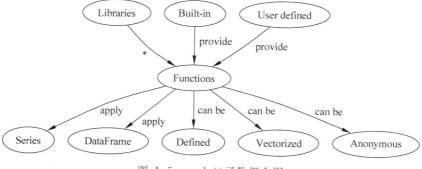

图 A.5　apply()函数概念图

附录B

安装和设置

B.1 安装 Python

由于 Software-Carpentry 一直在使用 Anaconda 发行版，因此在本附录中也将使用该版本描述安装说明。

B.1.1 Anaconda

大多数情况下，Anaconda 主下载网站列出的安装步骤与本书中所列的步骤是相同的。也可以参考 Anaconda 的安装文档。务必选用 Python 3 版本，如果仍需使用 Python 2，参考附录 F 中创建 Python 环境的说明。

1. Windows 系统

在 Windows 系统中安装 Anaconda，所有设置均采用默认设置，并确保选中 Add Anaconda to my PATH environment variable 复选框。

2. macOS 系统

在 macOS 系统安装 Anaconda，所有设置均采用默认设置。

3. Linux 系统

在 Linux 系统安装 Anaconda，先下载 .sh 文件并从命令行运行它。可以通过 Anaconda 下载网站来下载 .sh 文件。如果处于服务器上，可以使用 wget 命令。假设 .sh 文件位于 Downloads 文件夹下：

```
cd ~/Downloads
bash Anaconda3 - * .sh # your version number will differ
```

注意，Anaconda 的版本号可能随时会发生变化。

安装时最好保持默认选项。当安装过程中要求阅读许可协议时，可以按 Q 键退出或输入 yes 接受。这样，就可以继续按照屏幕上的指示完成安装。

当安装程序询问是否将 Anaconda 添加到 PATH 时，输入 yes。这样，Anaconda 就成为系统中默认的 Python 环境了。

安装完成后，关闭当前的终端窗口。任何新打开的终端默认都将使用 Anaconda Python 发行版。

B.1.2 Miniconda

Anaconda 下载文件很大，因为它预装了很多软件包和依赖项。Miniconda 是完整 Anaconda 发行版的一个替代品，它只安装 Python，其他所有包均需要手动安装。

B.1.3 卸载 Anaconda 或 Miniconda

安装完成后，Anaconda 会在主目录下创建一个 Anaconda3 目录，删除该目录将完全删除该计算机上与 Anaconda 相关的所有内容，这是 Anaconda 的一大优点。如果安装了不良的 Python 包，可以通过删除 Anaconda3 目录将所有内容重置为"正常"。

对于 Miniconda 来说，安装时创建的是 miniconda3 目录。

B.1.4 Pyenv

Pyenv 是一种可以管理不同版本 Python 的工具。它还带有一个可用于管理包环境的插件。与 Conda 相比，Pyenv 的优势在于可以更好地与 Python 之外的其他工具配合使用，因为它仅仅只管理 Python 版本。

以下是一些关于安装、设置和使用 Pyenv 的资源。

（1）PositSoftwocre 和 PBC（前身为 RStudio），PBC 为 Pyenv 提供了最小的 Python 设置指令。

（2）Calvin Hendryx-Parker 在 PyCon 2022 上做了一个关于"启动本地 Python 环境"（"Bootstrapping Your Local Python Environment"）的精彩演讲，介绍了使用 pyenv-virtualenv 插件的 Pyenv 设置。

（3）Real Python 的 Managing Multiple Python Versions With Pyenv。

Pyenv 的主要缺点是不支持 Windows 的插件。这意味着非常有用的 pyenv-virtualenv 插件无法供 Windows 系统使用。因此，如果想使用 Pyenv，建议研究一下用于虚拟环境管理的 Pipenv，并使用 Pyenv 进行 Python 版本管理。这样，就可以做到设置与操作系统无关了。

B.2 安装 Python 包

查阅附录 H 以便安装所需的软件包来配合本书中的代码编写。如果使用的是除 Anaconda（或其使用 Conda 的衍生版本）之外的 Python 设置，则需要将 conda install 命令替换为 pip install。

B.3 下载本书数据

可以通过本书的存储库下载 ZIP 文件来获取书中的数据集。在本书的 Github 主存储库页面，选择 Code→ Download ZIP 即可下载，如图 B.1 所示。

图 B.1 选择 Code→Download ZIP 下载本书的数据集

附录C

命 令 行

熟悉命令行是大有裨益的。建议学习 Software-Carpentry 的 UNIX Shell 课程,其中 Navigating Files and Directories 可能是本书最重要的一课,但是当从命令行运行 Python 代码时,学习 Shell Scripts(脚本)也很重要。

由于本书主要是介绍 Pandas,因此无法涵盖 UNIX Shell 的所有主题。本附录主要介绍工作目录的概念。

C.1 安装

如果使用的是 macOS 或 Linux 系统,那么通常可以访问 BASH Shell。默认情况下, Windows 系统没有安装它。

C.1.1 Windows 系统

在 Windows 系统下,最好按照 Software→Carpentry 的 BASH Shell 的说明进行安装。安装 Git for Windows 后,它同时提供了 BASH Shell。

若不想使用 Git for Windows,Anaconda 也提供了 Anaconda Prompt,可以使用它从命令行运行 Python 代码。唯一的区别是,Anaconda Prompt 使用的是 Windows 命令行命令,而不是 macOS 或 Linux 系统下的类 UNIX 命令。但是,从命令行运行 Python 脚本的方法是一样的。

C.1.2 macOS

Terminal 应用程序位于 Applications/Utilities 下。也就是说,在应用程序主目录中, 有一个名为 Utilities 的目录,可以从中找到 Terminal 应用程序。

iTerm2 是一个流行的替代 macOS 上默认的 Terminal 应用程序。

C.1.3 Linux 系统

默认情况下,终端和 BASH 都已经安装在 Linux 系统中了。

C. 2　基础

应该掌握以下几个命令。

（1）查看当前在文件系统中的位置（Windows、macOS、Linux：pwd）。

（2）列出当前目录的内容（Windows：dir、macOS；Linux：ls）。

（3）切换到另一个目录（cd < folder name >）。

（4）运行 Python 脚本（Windows、macOS、Linux：python < python script >. py）。

（5）常见的有用"命令"还包括".."（两个点），代表当前目录的父目录（Windows、macOS、Linux：pwd）。

附录D

项目模板

将所有数据、代码和输出都放在同一个目录中会非常方便。但是,这种简便的方法会使目录混乱不堪。也就是说,将所有内容放入单个目录里,可能会导致该目录中包含数十个乃至数百个文件,这不仅不便于其他人来管理这些文件,最后自己也会晕头转向。

对于数据分析项目,建议采用以下目录结构:

```
my_project/
    |
    | - data/
    |
    | - analysis/
    |
    +- output/
```

建议的做法是将所有数据集放在 data 目录中,将用于分析的所有代码放在 analysis 目录中(有时将该目录命名为 code 或 src),将清理过的数据集或其他输出(如图形等)放在 output 目录中。可以根据自己的习惯调整目录结构。

此处提一篇深入讨论该问题的论文"A Quick Guide to Organizing Computational Biology Projects",仅供参考。

附录E

Python代码编写工具

Python 代码编写工具有很多。最简单的方式是使用文本编辑器和终端。然而，像 IPython 和 Jupyter 这样的项目增强了 Python 的 REPL(Read-Evaluate-Print-Loop，REPL) 接口，使其成为数据分析和科学 Python 社区中的标准接口之一。

E.1 命令行和文本编辑器

使用命令行和文本编辑器编写 Python 代码，只需要一个纯文本编辑器和一个终端就行。虽然只要是纯文本编辑器即可工作，但一个"好"的文本编辑器应该支持 Python 编程特性，如突出显示语法、代码自动补全等功能。如今，VSCode 已经成为一款流行的文本编辑器，它具有良好的 Python 支持扩展。

如果用的是 Windows 系统，需要特别小心不要使用默认的记事本应用程序来编写代码，尤其是当和其他操作系统的用户进行协作时。记事本中的行尾结束符与 Windows 和 UNIX 机器(Linux 和 macOS)机器中的行尾结束符是不同的。如果打开一个 Python 文件，发现缩进和换行符没有正确显示，那可能是因为 Windows 解释文件换行符的方式造成的。

使用文本编辑器时，所有 Python 代码都将保存在 .py 脚本文件中。可以从命令行运行该脚本文件。例如，假设脚本名为 my_script.py，可以使用以下命令逐行执行该脚本文件中的所有代码：

```
python my_script.py
```

有关从命令行运行 Python 脚本的更多信息，请参阅附录 C 和附录 F。

E.2 Python 和 iPython

在 Windows 系统下，Anaconda 提供应用程序 Anaconda command prompt。它与普通的 Windows 命令提示符一样，是为 Anaconda Python 版本定制的。在其中输入 python 或 ipython 将分别打开 Python 或 iPython 命令提示符。

对于 OS X 和 Linux 系统来说，可以在终端中分别输入 python 或 ipython 进入相应的命令提示符中。

Python 和 iPython 命令提示符之间有一些区别。常规的 Python 提示符只接受 Python 命令,而 iPython 提示符还提供了其他一些有用的附加命令,这些命令可以增强 Python 体验。推荐使用 iPython 提示符。

可以直接在提示符中输入 Python 命令,或者将代码保存到一个文件中,然后将命令复制粘贴到提示符中以运行代码。

E.3 Jupyter

除了在命令行提示符中运行 python 或 ipython 命令来执行 Python 代码外,还可以使用 Jupyter Notebook 或 Jupyter Lab。这将在 Web 浏览器中打开另一个 Python 界面,实际上它运行时不需要任何网络连接,也不会通过网络发送任何信息。

Jupyter Notebook 提供了非常灵活和交互式的编程环境。当打开 Jupyter Notebook 时,它会在计算机的某个位置打开,可以通过单击右上角的 New 按钮并选择 Python 创建一个新的 Notebook。这将打开一个 Notebook,可以在其中输入 Python 命令。每个单元格都提供了一个区域,可以在其中输入代码,也可以使用 Cell 菜单栏中的命令来运行单元格。或者,可以按 Shift+Enter 组合键运行单元格并在其下方创建一个新单元格,也可以按 Ctrl+Enter 组合键运行当前单元格,而不创建新单元格。

Notebook 能够将 Python 代码、输出和常规文本编排在一起,就像本书中所呈现的文本、代码和输出一起编排那样,非常实用。

要想更改某个单元格的类型,先选中该单元格,然后在菜单栏下方的右上角单击下拉列表 Code。如果选择的是 Markdown,则可以编写非 Python 代码的普通文本,以帮助解释代码运行的结果,或记录有关代码的功能。

E.4 集成开发环境

Anaconda 本身自带一个名为 Spyder 的集成开发环境(Integrated Development Environments,IDE)。熟悉 MATLAB 或 RStudio 的人可能会因为界面类似而倍感亲切。

其他 IDE 包括 NTeract、PyCharm 和 VSCode。建议尝试这些 Python 编程工具,选择其中适合自己的。IPython、Jupyter Notebook 和 Spyder 都预装在 Anaconda 中,因此这些工具用起来最方便。当然,也可以根据实际情况的不同选择更适合的 IDE。

附录F

工作目录

在附录 C、附录 D 和附录 E 的基础上,本附录介绍工作目录,特别是在使用项目模板(附录 D)时。

工作目录主要用于告知程序"大本营"或引用位置的所在。通常将所有代码、数据、输出、图形和其他项目文件都放在同一个目录中,即工作目录中。然而,这种做法很容易导致目录混乱不堪,如附录 D 所述。

推荐使用带有完整文档的项目模板,这些模板会告知从哪里以及如何运行脚本。使用这种方法,所有的脚本都拥有一个可预测且一致的工作目录。

确定当前工作目录的方法有多种。如果使用的是 IPython,可以在 IPython 提示符中输入 pwd,该命令将返回当前工作目录的路径。如果使用的是 Jupyter Notebook,此方法同样适用。

如果在命令行中直接运行 Python 脚本,在 Windows 系统下运行 cd 命令(注意命令后没有任何其他内容)后的输出就是工作目录所在;在 OS X 和 Linux 系统下则需运行 pwd 命令。

下面举例说明工作目录是如何影响代码的。假设项目的目录结构如下所示,其中当前工作目录用星号(*)表示。

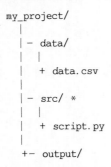

```
my_project/
    |
    | - data/
    |   |
    |   + data.csv
    |
    | - src/ *
    |   |
    |   + script.py
    |
    +- output/
```

如果 script.py 想要从 data 目录中读取一个数据集,必须执行以下代码: data = pd.read_csv('../data/data.csv')。注意,因为当前工作目录是 src 目录,所以需先返回到上一级目录即使用..命令到 my_project 目录,然后进入 data 目录获取要加载的 data.csv 数据集。这种做法的好处是可以直接在命令行中输入 python script.py 来运行代码,但这样也会带来一些问题,本附录稍后进行讨论。

假如工作目录是这样的:

```
my_project/ *
    |
    | - data/
    |   |
    |   + data.csv
    |
    | - src/
    |   |
    |   + script.py
    |
    +- output/
```

现在,工作目录位于顶层,在 script.py 文件中,可以使用命令 data = pd.read_csv('data/data.csv')来获取数据集。注意,这里不再需要返回到上一层目录了。但是,如果现在想运行代码,就必须像这样引用文件:python src/script.py。这样做会很麻烦,但可以创建任意数量的子目录,并且对 data 和 output 目录中所有文件的引用方式都是完全相同的。

这也意味着,作为用户,在此项目中执行任何脚本时都只有一个工作目录。

附录G

环　境

使用环境是处理不同版本 Python 或包的一种好方法。Python 还提供了独立的环境以进行所有的安装。这样，即便出现问题，也不会影响系统的其余部分。当不同的项目需要安装不同版本的包时，Python 环境就特别方便。还可以使用环境查看包的所有依赖项。

G.1　Conda 环境

Anaconda Python 发行版附带 Conda 工具。在此情况下，入门指南是一个有用的资源。如果安装的是支持 Python 3 的 Anaconda（见附录 B），本附录将介绍如何创建一个包含不同版本 Python 的独立环境。在命令行中运行 python，可看到 Python 3.9 的相关信息。注意，所使用的确切版本与本书中显示的版本可能有所不同。

```
% python
Python 3.9.12 (main, Jun 1 2022, 06:34:44)
[Clang 12.0.0 ] :: Anaconda, Inc. on darwin
Type "help", "copyright", "credits" or "license" for more information.
>>>
```

为了创建一个新的环境，从命令行运行 conda 命令。在 Conda 中使用 create 命令，为环境指定参数--name。此处，将 Python 环境命名为 py38。默认情况下，系统将创建一个 Python 3.9 的环境，因此必须指定 Python 版本（此处使用 Python = 3.8）：

```
# type this in the (bash) terminal, not in python
conda create - n py38 python = 3.8
```

命令运行后，可以看到如下的输出：

```
Collecting package metadata (current_repodata. json): done Solving environment: done
# # Package Plan # #
environment location: /Users/danielchen/anaconda3/envs/py38 added / updated specs:
 - python = 3.8

The following packages will be downloaded:
package                              |          build
-----------------------------|------------------
```

```
ca - certificates - 2022.07.19     |    hca03da5_0           124      KB
certifi - 2022.6.15                |    py38hca03da5_0        153      KB
libffi - 3.4.2                     |    hc377ac9_4            106      KB
ncurses - 6.3                      |    h1a28f6b_3            866      KB
openssl - 1.1.1q                   |    h1a28f6b_0            2.2      MB
pip - 22.1.2                       |    py38hca03da5_0        2.5      MB
python - 3.8.13                    |    hbdb9e5c_0            10.6     MB
setuptools - 63.4.1                |    py38hca03da5_0        1.1      MB
sqlite - 3.39.2                    |    h1058600_0            1.1      MB
------------------------------------------------------------------------
                                        Total:               18.6     MB

The following NEW packages will be INSTALLED:

    ca - certificates pkgs/main/osx - arm64::ca - certificates - 2022.07.19 - hca03da5_0
    certifi           pkgs/main/osx - arm64::certifi - 2022.6.15 - py38hca03da5_0
    libcxx            pkgs/main/osx - arm64::libcxx - 12.0.0 - hf6beb65_1
    libffi            pkgs/main/osx - arm64::libffi - 3.4.2 - hc377ac9_4
    ncurses           pkgs/main/osx - arm64::ncurses - 6.3 - h1a28f6b_3
    openssl           pkgs/main/osx - arm64::openssl - 1.1.1q - h1a28f6b_0
    pip               pkgs/main/osx - arm64::pip - 22.1.2 - py38hca03da5_0
    python            pkgs/main/osx - arm64::python - 3.8.13 - hbdb9e5c_0
    readline          pkgs/main/osx - arm64::readline - 8.1.2 - h1a28f6b_1
    setuptools        pkgs/main/osx - arm64::setuptools - 63.4.1 - py38hca03da5_0
    sqlite            pkgs/main/osx - arm64::sqlite - 3.39.2 - h1058600_0
    tk                pkgs/main/osx - arm64::tk - 8.6.12 - hb8d0fd4_0
    wheel             pkgs/main/noarch::wheel - 0.37.1 - pyhd3eb1b0_0
    xz                pkgs/main/osx - arm64::xz - 5.2.5 - h1a28f6b_1
    zlib              pkgs/main/osx - arm64::zlib - 1.2.12 - h5a0b063_2


Proceed ([y]/n)? y

Downloading and Extracting Packages
certifi - 2022.6.15        |   153 KB  | # # # # # # # # # # # # # # # # # # # | 100 %
python - 3.8.13            |   10.6 MB | # # # # # # # # # # # # # # # # # # # | 100 %
openssl - 1.1.1q           |   2.2 MB  | # # # # # # # # # # # # # # # # # # # | 100 %

setuptools - 63.4.1        |   1.1 MB  | # # # # # # # # # # # # # # # # # # # | 100 %
ca - certificates - 2022   |   124 KB  | # # # # # # # # # # # # # # # # # # # | 100 %
pip - 22.1.2               |   2.5 MB  | # # # # # # # # # # # # # # # # # # # | 100 %
sqlite - 3.39.2            |   1.1 MB  | # # # # # # # # # # # # # # # # # # # | 100 %
ncurses - 6.3              |   866 KB  | # # # # # # # # # # # # # # # # # # # | 100 %
libffi - 3.4.2             |   106 KB  | # # # # # # # # # # # # # # # # # # # | 100 %
Preparing transaction: done
Verifying transaction: done
Executing transaction: done
#
# To activate this environment, use
#
#     $ conda activate py38
#
# To deactivate an active environment, use
#
#     $ conda deactivate
```

输出的最后几行告知了如何使用新创建的环境。如果现在在命令行中运行 conda activate py38，那么提示符前将会添加环境名。如果在终端运行命令 python 来启动 Python，就会看到当前正在使用的是 Python 的一个不同版本。

```
% python
Python 3.8.13 (default, Mar 28 2022, 06:13:39)
[Clang 12.0.0 ] :: Anaconda, Inc. on darwin
Type "help", "copyright", "credits" or "license" for more information.
```

要删除一个环境，进入 anaconda3 目录，其中有一个名为 envs 的目录存储了所有的环境。在本例中，如果删除 envs 目录中的 py38 目录，该环境将被删除，就像从未创建过一样。

对于特定的环境，在其中安装的任何包或库（见附录 H）都是针对该环境的。因此，不仅可以在不同环境中拥有不同版本的 Python，还可以拥有不同版本的库。当然，也可以为本书创建一个独立的 Python 环境（例如名为 Pandas for Everyone 的环境，简称 p4e）。

```
conda create -- name p4e python = 3
```

然后，可以按照附录 H 中的说明安装所需的库。

G. 2　Pyenv＋Pipenv

Calvin Hendryx-Parker 在 PyCon 2022 上做了个非常精彩的报告"Bootstrapping Your Local Python Environment"，介绍了使用 pyenv-virtualenv 插件进行 Pyenv 设置的内容。

The Hitchhiker's Guide to Python 和 Real Python 提供了关于在虚拟环境中使用 Pipenv 的资源。

附录H

安装程序包

在实际应用中,有时会碰到想要使用的 Python 包在当前版本中并未安装的情况。如果使用的是 Anaconda,那么可以看到一个名为 Conda 的包管理器。

近年来,Conda 颇受欢迎,可以用它安装那些包含非 Python 依赖项的 Python 包,还有其他一些包管理器(如 pip)。

本书所用的几个 Python 包都需要安装。如果安装了整个 Anaconda 发行版,那么像 Pandas 这样的库就已经安装好了。但是,运行命令重新安装某个库没什么坏处。查看配套的存储库可以获取安装本书相关库所需的所有命令。

H.1 使用 Conda 安装 Python 库

可以使用 Conda 来安装 Python 库。如果为本书创建了一个单独的环境(见附录 G),那么可以运行命令 conda activate p4e 激活它,进入 Pandas for Everyone 环境。

Conda 的默认存储库由 Anaconda Inc.(前身为 Continuum Analytics)负责维护。可以使用 conda 命令安装 Pandas 包。

```
# typed into your terminal, not in Python
conda install pandas
```

对于默认存储库中未列出的某些包,或者默认存储库没有某个包的最新版本,可以使用由社区维护的 conda-forge 存储库获取。

```
conda install - c conda - forge pandas
```

如果 Conda 中没有要安装的包,也可以使用 pip 命令进行安装。

```
pip install pandas
```

例如,要安装本书中使用的所有库,可以运行以下命令:

```
conda install - c conda - forge pandas matplotlib pyarrow openpyxl \
seaborn numba regex pandas - datareader statsmodels scikit - learn \
arrow lifelines
```

同样,最后去查看一下配套的存储库可以获取最新的安装和设置说明。

H.2 更新程序包

可以使用以下命令更新 Conda：

```
conda update conda
```

运行以下命令以更新给定 Conda 环境中所有的包：

```
conda update -- all
```

附录I

导 入 库

　　库以一种有组织且打包的方式提供了额外的功能。本书中主要使用 Pandas 库，但有时会导入其他库。导入库的方法有很多，最基本的导入方法是按库的名称导入。

```
import pandas
```

导入库后，就可以通过点操作符在 Pandas 中使用其函数了。

```
print(pandas.read_csv('data/concat_1.csv'))
```

```
A    B    C    D
a0   b0   c0   d0
a1   b1   c1   d1
a2   b2   c2   d2
a3   b3   c3   d3
```

　　Python 支持为库设置别名，这样就可以使用缩略词代替长长的库名称了。可以通过在 as 语句后紧跟别名进行设置：

```
import pandas as pd
```

现在，想要指定 Pandas 库，就可以使用缩写 pd 而不是像之前那样用 Pandas 了。

```
print(pd.read_csv('data/concat_1.csv'))
    A    B    C    D
0   a0   b0   c0   d0
1   a1   b1   c1   d1
2   a2   b2   c2   d2
3   a3   b3   c3   d3
```

有时，如果只需要使用库中的几个函数，可以直接导入它们：

```
from pandas import read_csv
```

这样就可以直接使用 read_csv() 函数，而无须指定它来自哪个库：

```
print(read_csv('data/concat_1.csv'))
    A    B    C    D
0   a0   b0   c0   d0
1   a1   b1   c1   d1
2   a2   b2   c2   d2
3   a3   b3   c3   d3
```

最后，用户还可以使用如下方法直接将库中所有函数导入代码中：

```
from pandas import * from numpy import * from scipy import *
```

不推荐使用以上方法，因为库中包含了很多的函数，有些函数可能会将其他函数覆盖掉。例如，从 NumPy 和 SciPy 导入了所有函数，当调用 mean()函数时，不知道调用的到底是哪一个。如果采用 numpy.mean()和 scipy.mean()这样的调用方法，就明确了。

附录J

代 码 风 格

Python 增强提案 8(Python Enhancement Proposal 8,PEP 8)规定了 Python 官方的代码风格指南。阅读该风格指南是学习 Python 语法的一个好方法。但请记住,并不是每一条规则都必须要遵守。

像 Black 这样的工具已经为 Python 创建,这样的话,代码可以自动进行格式化。这一点非常有用,可以让工具进行格式化代码。

在编写本书时,作者使用了在线 Black playground 格式化一些代码。本书中并非所有代码都遵循了 PEP 8 或 Black 格式。有时,会添加额外的换行符来强调正在介绍的代码。

编写分析代码,有时语句会非常长。为了方便阅读,本书列出的代码比 PEP 8 规范要短很多。使代码长度变短的方法有两种:

(1) 使用行末的反斜杠\告诉 Python 代码将在下一行继续;

(2) 用一对圆括号()将整个语句括起来。

使用 4.3 节中的代码举例说明:

```
import pandas as pd
weather = pd.read_csv('data/weather.csv')
```

在整理数据集时,第一步是调用.melt()方法:

```
# this code is wide and will run off the page
weather_melt = weather.melt(id_vars = ["id", "year", "month", "element"], var_name = "day",
value_name = "temp")
```

该段代码会很长。因此,可以在调用.melt()方法的圆括号中插入换行符:

```
# previous line of code can be rewritten as
weather_melt = weather.melt(
  id_vars = ["id", "year", "month", "element"],
  var_name = "day",
  value_name = "temp",
)
```

在 Pandas 中,许多方法可以被链接在一起(见附录 U)。一种常见的做法是将每个方法的调用放在单独的行中。这样,如果眼睛顺着一条直线往下看,可以大致了解数据处理的所有步骤。但是,仅仅在函数调用之外进行任意分行是不行的。

```
# this will error, putting line break before the .melt
# previous line of code can be rewritten as
weather_melt = weather
.melt(
    id_vars = ["id", "year", "month", "element"],
    var_name = "day",
    value_name = "temp"
)
```

```
IndentationError: unexpected indent (3804754158.py, line 4)
```

可以使用上面列出的方法之一来解决这个问题。

```
# use a \ at the end of the line
weather_melt = weather \
.melt(
    id_vars = ["id", "year", "month", "element"],
    var_name = "day",
    value_name = "temp"
)
```

```
# wrap the entire statement around ( )
weather_melt = (weather
.melt(
    id_vars = ["id", "year", "month", "element"],
    var_name = "day",
    value_name = "temp"
)
```

在阅读 Pandas 代码时，采用在圆括号中插入换行符的方法是最常见的一种编码风格。

附录K

容器：列表、元组和dict

Python 自带内置的容器对象。这些对象用来存储数据，也是 iterable（可迭代）的，这意味着有一种机制可以迭代容器中存储的值。

K.1 列表

列表是 Python 中的基本数据结构，用于存储异构数据，使用一对方括号[]进行创建。

```
my_list = ['a', 1, True, 3.14]
print(my_list)
```

运行后结果如下：

```
['a', 1, True, 3.14]
```

使用方括号可以对列表进行子集化，并获取想要的项目索引值。

```
# get the first item - index 0
print(my_list[0])
```

运行后结果如下：

```
a
```

还可以传入一个索引范围（见附录 P）。

```
# get the first 3 values
print(my_list[:3])
```

运行后结果如下：

```
['a', 1, True]
```

当从列表中获取子集时，还可以对其进行重新赋值。

```
# reassign the first value
my_list[0] = 'zzzzz'
print(my_list)
```

运行后结果如下：

```
['zzzzz', 1, True, 3.14]
```

列表是 Python 中的对象（见附录 S），因此它们本身具有可以执行的方法。例如，调用

`.append()`函数给列表添加新值。

```
my_list.append('appended a new value!') print(my_list)
```

运行后结果如下：

```
['zzzzz', 1, True, 3.14, 'appended a new value!']
```

K.2　元组

元组（tuple）与列表相似，两者都可以保存不同类型的数据。主要区别在于，元组的内容是"不可变的"（immutable），即不能被更改。元组由一对圆括号（）来进行创建。

```
my_tuple = ('a', 1, True, 3.14) print(my_tuple)
```

运行后结果如下：

```
('a', 1, True, 3.14)
```

元组的子集化方法与列表完全相同，即均要使用方括号来进行。

```
# get the first item print(my_tuple[0])
```

运行后结果如下：

```
a
```

但是，如果想要更改元组中某个索引的内容，将会引发错误。

```
# this will cause an error
my_tuple[0] = 'zzzzz'
```

运行后结果如下：

```
TypeError: 'tuple' object does not support item assignment
```

K.3　dict

Python 的 dict 是存储信息的一种高效方式。就像实际的 dict 存储的是单词及其对应的释义一样，Python 中的 dict 存储的则是键和相应的值。使用 dict 可以提高代码的可读性，因为 dict 中的每个值都被赋予了一个标签。这与列表对象不同，列表对象是没有标签的。创建 dict 要使用一对花括号{}。

```
my_dict = {}
print(my_dict)
```

运行后结果如下：

```
{}
```

```
print(type(my_dict))
```

运行后结果如下：

```
<class 'dict'>
```

当 dict 创建完成后，可以使用方括号向其添加值，要将键放入方括号内。通常，键是一些字符串，但实际上可以是任何不可变类型（例如 Python 元组，它是 Python 中列表的不变版本）。下面为名字和姓氏分别创建两个键：fname 和 lname。

```
my_dict['fname'] = 'Daniel'
my_dict['lname'] = 'Chen'
```

当然，还可以通过给出所有的键值对直接创建 dict，而不用后续逐个添加。直接创建 dict 时要用到花括号，并通过冒号给出所有的键值对。

```
my_dict = {'fname': 'Daniel', 'lname': 'Chen'}
print(my_dict)
```

运行后结果如下：

```
{'fname': 'Daniel', 'lname': 'Chen'}
```

要想通过键获取 dict 中的值，须将键放入一对方括号内。

```
fn = my_dict['fname']
print(fn)
```

运行后结果如下：

```
Daniel
```

还可以使用.get()方法。

```
ln = my_dict.get('lname')
print(ln)
```

运行后结果如下：

```
Chen
```

上述两种获取值的方法的主要区别是，当试图获取一个 dict 中不存在的键的值时，其行为方式不同，使用方括号会引发错误。

```
# will return an error
print(my_dict['age'])
```

运行后结果如下：

```
KeyError: 'age'
```

相比之下，.get()方法会返回一个 None。

```
# will return None
print(my_dict.get('age'))
```

运行后结果如下：

```
None
```

要想从 dict 中获取所有的 keys，可以使用.keys()方法。

```
# get all the keys in the dictionary
print(my_dict.keys())
```

运行后结果如下：

```
dict_keys(['fname', 'lname'])
```

要想从 dict 中获取所有的 values，可以使用. values()方法。

```
# get all the values in the dictionary
print(my_dict.values())
```

运行后结果如下：

```
dict_values(['Daniel', 'Chen'])
```

要想获取 dict 中所有的键值对，可以使用. items()方法。若需要遍历 dict，该方法会很有用。

```
print(my_dict.items())
```

运行后结果如下：

```
dict_items([('fname', 'Daniel'), ('lname', 'Chen')])
```

每个键值对都将以元组的形式返回，键和值在一对圆括号内，之间用逗号分隔。

附录L

切 片 值

切片(slicing)的详细内容在 11.1.1 节中有描述。

Python 的索引是从零开始计数的,并且在指定某个范围时是左闭右开的。该规则适用于像列表和 Series 这样的对象,其中第一个元素的位置(索引)均为 0。当从类似列表的对象中创建范围(range)或切片时,需要同时指定起始索引(左索引)和结束索引(右索引),这就是所谓的左闭右开规则,左索引将包含在范围或切片中,但右索引不会。

可以把列表这类对象中的元素想象成被围栏围起来的,索引就代表着围栏桩。当指定范围或切片时,实际上是指定围栏桩,因此返回的是围栏桩之间的所有内容。

图 L.1 形象地描绘了该过程。当切片范围是 0~1 时,只能得到一个返回值;当切片范围是 1~3 时,可得到两个返回值。

```
l = ['one', 'two', 'three']
print(l[0:1])
```

运行后结果如下:

```
['one']
```

```
print(l[1:3])
```

运行后结果如下:

```
['two', 'three']
```

图 L.1 索引就像围栏桩

在切片语法中,冒号的两侧各有一个值,左侧的值表示起始值(包含在内),右侧的值表示结束值(不包含在内)。可以将其中一个值省略,若省略的是左侧的值,则切片将从 0 开始;若省略的是右侧的值,则表示一直切片到最末尾。

```
print(l[1:])
```

运行后结果如下：

```
['two', 'three']
```

```
print(l[:3])
```

运行后结果如下：

```
['one', 'two', 'three']
```

还可以添加第二个冒号，它表示的是步长。例如，如果步长值为2，那么对于使用第一个冒号指定的任何范围，返回值都将是在该范围内每隔一个值所取到的值。

```
# get every other value starting from the first value
print(l[::2])
```

运行后结果如下：

```
['one', 'three']
```

附录M

循　环

循环(loops)提供了一种对多个元素执行相同操作的方法。这些元素通常存储在 Python 的列表对象中。所有类似于列表的对象(如元组、数组、DataFrame 和 dict)都可以进行迭代。有关循环的更多信息,参阅 Software Carpentry Python 课程中的关于 Python 循环的教程。

循环遍历一个列表,要用到 for 语句。基本的 for 循环如下所示:

```
for item in container: # do something
```

其中,container 代表某种可迭代值的集合(如列表),item 是一个临时变量,代表可迭代对象中的每个元素。在 for 语句中,首先将容器的第一个元素赋给临时变量(本例中是 item),然后执行冒号后面带缩进的代码块。执行完后,继续将可迭代对象中的下一个元素赋给临时变量,并重复之前的步骤。

```python
# an example list of values to iterate over
l = [1, 2, 3]

# write a for loop that prints the value and its squared value
for i in l:
# print the current value
print(f"the current value is: {i}")

# print the square of the value
print(f"its squared value is: {i * i}")

# end of the loop, the \n at the end creates a new line
print("end of loop, going back to the top\n")
```

运行后结果如下:

```
the current value is: 1 its squared value is: 1
end of loop, going back to the top

the current value is: 2 its squared value is: 4
end of loop, going back to the top

the current value is: 3 its squared value is: 9
end of loop, going back to the top
```

附录N

推 导 式

在 Python 中，遍历列表是一种常见的任务，针对每个值应用某些函数，并将结果保存到一个新的列表中。

```
# create a list
l = [1, 2, 3, 4, 5]

# list of newly calculated results
r = []

# iterate over the list
for i in l:
# square each number and add the new value to a new list
r.append(i ** 2)

print(r)
```

运行后结果如下：

```
[1, 4, 9, 16, 25]
```

可以看得出来，该方法需要好几行代码才能完成一个相对简单的任务。使用 Python 列表推导式(comprehension)可以把该循环写得更简洁一些。若执行的是相同的操作，使用 Python 列表推导式会更简洁。

```
# note the square brackets around on the right-hand side
# this saves the final results as a list
rc = [i ** 2 for i in l]
print(rc)
```

运行后结果如下：

```
[1, 4, 9, 16, 25]

print(type(rc))
```

运行后结果如下：

```
<class 'list'>
```

得到的最终结果是一个列表,因此右侧有一对方括号。编写的是一个与 for 循环非常类似的语句。执行时,从中间开始,向右侧移动。for i in l,与原 for 循环语句的第一行非常相似。在其左侧,代码是 i ** 2,这与 for 循环语句的循环体类似。由于使用的是列表推导式,因此无须指定要添加新值的列表。

附录O

函　数

　　函数是编程的基石之一,并提供了一种重用代码的方法。如果复制粘贴大段的代码只为了修改几个参数,那么完全可以将这些代码转换成一个函数。这样,代码不仅更具可读性,而且还可以避免犯错。复制粘贴代码时,每次都需要查看哪些地方需要修改,这无谓地增加了程序员的负担。而在使用函数时,只需要修改一次,以后每次调用该函数时就不需要操心了。

　　强烈建议参考 Software-Carpentry 的 Python 课程中关于函数的详细内容。

　　一个空函数可以定义如下:

```
def empty_function():
    pass
```

　　函数以 def 关键字开始,然后是函数名(即调用和使用该函数时用的名称)、一对圆括号和一个冒号。函数体要是缩进的(一个制表符或 4 个空格),缩进非常重要,否则的话会引发错误的。本例中,函数体只有一个 pass,用作占位符,表示什么也不做。

　　通常,函数都有一个所谓的 docstring,即多行注释,用于描述函数的用途、参数和返回结果,有时还包含测试代码。在 Python 中,当查找某个函数的帮助文档时,通常都会看到 docstring 中包含的信息。这使得函数的文档和代码可以放在一起,便于维护文档。

```
def empty_function():
    """This is an empty function with a docstring.
    These docstrings are used to help document the function.
    They can be created by using 3 single quotes or 3 double quotes.
    The PEP - 8 style guide says to use double quotes.
    """
    pass # this function still does nothing
```

在调用函数时,也可以不带参数。

```
def print_value():
    """Just prints the value 3 """
    print(3)

# call our print_value function
print_value()
```

运行后得到的结果是 3。

函数一般是要带参数的,下面修改 print_value()函数,令其输出传递给函数的任何值:

```python
def print_value(value):
    """Prints the value passed into the parameter 'value'
    """
    print(value)
```

```python
print_value(3)
```

运行后同样得到数值 3。

```python
print_value("Hello!")
```

运行后结果如下：

```
Hello!
```

而且，函数可以有多个参数：

```python
def person(fname, lname):
    """A function that takes 3 values, and prints them
    """
    print(fname)
    print(lname)
person('Daniel', 'Chen')
```

运行后结果如下：

```
Daniel
Chen
```

到目前为止，这些示例只是创建了输出值的函数。函数之所以强大，是因为它们能够接受输入参数并返回输出结果，而不仅仅是将值输出到屏幕上。为了实现这一点，可以使用 return 语句。

```python
def my_mean_2(x, y):
    """A function that returns the mean of 2 values
    """
    mean_value = (x + y) / 2
    return mean_value
```

```python
m = my_mean_2(0, 10)
print(m)
```

运行后得到的数值为 5.0。

O.1 默认参数

也可以为函数的参数指定默认值。事实上，各种库中的许多函数都有默认参数值。这些默认值使得用户在调用函数时减少输入，只需为那些无默认值的参数提供值就可以了，而且也给了用户根据需要更改函数行为的灵活性。如果想要在不影响现有代码的情况下为自定义函数添加更多功能，默认值也是很有用的。

```python
def my_mean_3(x, y, z = 20):
    """A function with a parameter z that has a default value
    """
```

```
# you can also directly return values without having to create
# an intermediate variable
return (x + y + z) / 3
```

此处，只需指定参数 x 和 y：

```
print(my_mean_3(10, 15))
```

运行后得到 15.0。

若不想用参数 z 的默认值，也可以覆盖其值：

```
print(my_mean_3(0, 50, 100))
```

运行后得到 50.0。

O.2   任意参数

有时候，函数的文档中会出现类似 * args 和 ** kwargs 这样的术语。它们分别代表 arguments（参数）和 keyword arguments（关键字参数）。它们允许创建函数时将任意数量的参数捕获至函数中，还支持用户将参数传递至当前函数调用的另一个函数中。

O.2.1   *args

下面编写一个更通用的 mean() 函数，该函数可以接收任意数量的值。

```
def my_mean( * args):
    """Calculate the mean for an arbitrary number of values
    """
    # add up all the values
    sum = 0
    for i in args:
    sum +=  i
    return sum / len(args)

print(my_mean(0, 10))

print(my_mean(0, 50, 100))

print(my_mean(3, 10, 25, 2))
```

运行后结果分别为：5.0、50.0、10.0。

O.2.2   ** kwargs

** kwargs 类似于 * args，但它接收的不是单纯的一系列值，而是类似于 dict 一样的键值对。也就是说，** kwargs 通过为关键字参数赋值来提供数据。

```
def greetings(welcome_word, ** kwargs):
    """Prints out a greeting to a person,
    where the person's fname and lname are provided by the kwargs
    """
    print(welcome_word)
```

```
    print(kwargs.get('fname'))
    print(kwargs.get('lname'))

greetings('Hello!', fname = 'Daniel', lname = 'Chen')
```

运行后结果如下：

```
Hello!
Daniel
Chen
```

附录P

范围和生成器

Python 中的 range()函数可以用来创建一个值序列，并为其提供起始值、结束值和步长。这与附录 L 中的切片语法非常相似。默认情况下，如果在调用 range()函数时仅提供一个值，那么将创建一个从 0 开始的值序列。

```
# create a range of 5
r = range(5)
```

然而，在 Python 3 中，range()函数返回的不是由一系列值组成的列表，而是一个生成器，如下所示：

```
print(r)
```

运行后结果如下：

```
range(0, 5)
```

```
print(type(r))
```

运行后结果如下：

```
< class 'range'>
```

如果想要一个列表，可以将生成器转换为列表，如下所示：

```
lr = list(range(5))
print(lr)
```

运行后结果如下：

```
[0, 1, 2, 3, 4]
```

在将生成器转换为列表之前，应该仔细考虑是否确实必要。如果是想要遍历其中的数据（参见附录 M），则无须将其转换为生成器，如下所示：

```
for i in lr:
    print(i)
```

运行后结果如下：

```
0
1
2
3
```

4

生成器动态地创建序列中的下一个值。因此，在使用生成器之前，并不需要将生成器的全部内容加载到内存中。由于生成器只知道当前位置以及如何计算序列中的下一项，因此不能重复使用生成器。

以下示例来自 Python 中内置的 itertools 库，用来计算笛卡儿积。

```
import itertools
prod = itertools.product([1, 2, 3], ['a', 'b', 'c'])

for i in prod:
    print(i)
```

运行后结果如下：

```
(1, 'a')
(1, 'b')
(1, 'c')
(2, 'a')
(2, 'b')
(2, 'c')
(3, 'a')
(3, 'b')
(3, 'c')
```

若需要再次使用笛卡儿积，那么必须重新创建生成器对象或将生成器转换为某种静态对象（如列表）。

```
# this will not work because we already used this generator
for i in prod:
    print(i)

# create a new generator
prod = itertools.product([1, 2, 3], ['a', 'b', 'c'])
for i in prod:
    print(i)
```

运行后结果如下：

```
(1, 'a')
(1, 'b')
(1, 'c')
(2, 'a')
(2, 'b')
(2, 'c')
(3, 'a')
(3, 'b')
(3, 'c')
```

如果要做的是创建一个仅迭代一次的对象，那么如果不将其转换为列表对象，可以节省大量的计算机内存，因为 Python 只会在需要时创建生成器对象，并不会将其整个存在内存中。

多 重 赋 值

Python 中的多重赋值就像是一种"语法糖"(syntactic sugar)。它为程序员提供了简洁的表达方式,同时代码的可读性更好。

举个例子,创建如下的一个列表。

```
l = [1, 2, 3]
```

如果想将该列表中的每个元素分别赋给一个变量,可以先对列表进行子集化,然后赋值。

```
a = l[0]
b = l[1]
c = l[2]

print(a)
print(b)
print(c)
```

运行后结果分别为:1、2、3。

使用多重赋值时,只要赋值号右边是某种可迭代容器,就可以直接将其值赋给左边的多个变量。因此,之前的代码可以重写为如下:

```
a1, b1, c1 = l
print(a1)
print(b1)
print(c1)
```

运行后结果分别为:1、2、3。

在将数据可视化生成图和坐标轴时,经常要用到多重赋值,如下所示:

```
import matplotlib.pyplot as plt
f, ax = plt.subplots()
```

只用一个单行命令就可以创建如图 Q.1 所示的图和坐标轴。

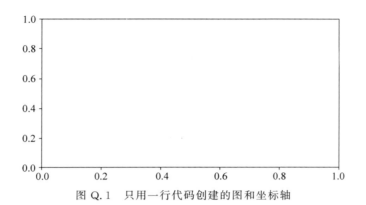

图 Q.1 只用一行代码创建的图和坐标轴

附录R

numpy.ndarray

NumPy 库为 Python 提供了处理矩阵和数组的能力。

```
import numpy as np
```

Pandas 最初是 numpy.ndarray 的一个扩展,提供了更多适合分析数据的特性。经过多年的发展,Pandas 已经不能简单地被认为是 NumPy 数组的集合了,因为这两个库是不同的。

```
import pandas as pd
df = pd.read_csv('data/concat_1.csv')
print(df)
```

运行后结果如下:

```
A    B    C    D
a0   b0   c0   d0
a1   b1   c1   d1
a2   b2   c2   d2
a3   b3   c3   d3
```

如果确实需要从 Series 或 DataFrame 中获取 numpy.ndarray 值,可以使用.values 属性。

```
a = df['A']
print(a)
```

运行后结果如下:

```
0   a0
1   a1
2   a2
3   a3
Name: A, dtype: object
```

```
print(type(a))
```

运行后结果如下:

```
< class 'pandas.core.series.Series'>
```

```
print(a.values)
```

运行后结果如下：

```
['a0' 'a1' 'a2' 'a3']
```

```
print(type(a.values))
```

运行后结果如下：

```
< class 'numpy.ndarray'>
```

这在使用 Pandas 清洗数据时特别有用。然后，就可以在其他不完全支持 Series 和 DataFrame 对象的 Python 库中使用它们了。Software-Carpentry 的 Python Inflammation 课程讲到了 NumPy，可以作为学习该库和整个 Python 的另一个很好的参考。

类

Python 是一种面向对象的语言,创建或使用的所有东西都是"类"(class)。类允许程序员将相关的函数和方法组合在一起。在 Pandas 中,Series 和 DataFrame 均是类,每个类都有自己的属性(如. shape)和方法(如. apply())。虽然本书无意讲授面向对象编程的内容,只是简单介绍类的概念,希望有助于读者浏览官方文档并理解其由来。

类的优点在于程序员可以自定义。下面定义一个 Person 类,代表"人",每个人都有一个名字(fname)、姓氏(lname)和年龄(age)。当一个人庆祝自己的生日(celebrate_birthday)时,其年龄就会加 1。

```
class Person(object):
    def init (self, fname, lname, age):
        self.fname = fname
        self.lname = lname
        self.age = age

    def celebrate_birthday(self):
        self.age += 1
        return(self)
```

创建 Person 类后,就可以使用它了。下面创建 Person 类的一个实例。

```
ka = Person(fname = 'King', lname = 'Arthur', age = 39)
```

以上代码创建了一个 Person 实例,名为 King Arthur,年龄 39 岁,并将其赋给一个名为 ka 的变量。然后,就可以从 ka 获取一些属性了(请注意,属性不是函数或方法,因此引用它们时不用加圆括号)。

```
print(ka.fname)
```

运行后结果如下:

```
King
```

```
print(ka.lname)
```

运行后结果如下:

```
Arthur
```

```
print(ka.age)
```

运行后结果如下：

39

最后，可以调用类的方法来增加 age，将年龄加 1，得到的年龄为 40。

```
ka.celebrate_birthday()
print(ka.age)
```

Pandas 中的 Series 和 DataFrame 对象比此处的 Person 类更复杂。虽然如此，它们的基本概念却是相同的，皆为"类"。可以将任何类实例化，并赋给一个变量，并访问其属性或调用其方法。

附录T

CopyWarning设置

SettingWithCopyWarning 只是一个警告信息,程序仍可以运行且得出结果。但是,如果确实看到了该警告信息的话,则表明代码中的某些内容可能需要重写,这是一个"代码异味"(code smell)。

下面使用一个小型示例数据集来重现一下该警告信息。

```
import pandas as pd
dat = pd.read_csv("data/concat_1.csv")
print(dat)
```

运行后结果如下:

```
A     B     C     D
a0    b0    c0    d0
a1    b1    c1    d1
a2    b2    c2    d2
a3    b3    c3    d3
```

T.1 修改数据子集

对数据子集进行筛选以获取所需的值,然后对该子集进行更改,这是常见的一种操作。

```
subset = dat[["A", "C"]]
print(subset)
```

运行后结果如下:

```
      A     C
0     a0    c0
1     a1    c1
2     a2    c2
3     a3    c3
```

```
# this will trigger the warning
subset["new"] = ["bunch", "of", "new", "values"]
print(subset)
```

运行后结果如下:

```
      A     C     new
```

```
0     a0     c0     bunch
1     a1     c1     of
2     a2     c2     new
3     a3     c3     values
```

```
/var/folders/2b/qckmp39n7qn1dh0tpcm8g89w0000gn/T/ipykernel _ 29772/ 4023129152. py: 2:
SettingWithCopyWarning:
A value is trying to be set on a copy of a slice from a DataFrame. Try using .loc[row_indexer,col_
indexer] = value instead

See the caveats in the documentation: https://pandas.pydata.org/
    pandas - docs/stable/user _ guide/indexing. html # returning - a - view - versus - a - copy
subset["new"] = ["bunch", "of", "new", "values"]
```

这涉及 Python 是如何通过引用来传递内容的，因此，Pandas 并不确定是在对原始 DataFrame 的子集副本进行操作，还是想对原始 DataFrame 进行更改。

解决该问题的方法是，在处理计划修改的数据子集时要明确说明。

```
subset = dat[["A", "C"]].copy() # explicity copy
print(subset)
```

运行后结果如下：

```
      A     C
0     a0    c0
1     a1    c1
2     a2    c2
3     a3    c3


# no more warning!
subset["new"] = ["bunch", "of", "new", "values"]
print(subset)
```

运行后结果如下：

```
      A     C     new
0     a0    c0    bunch
1     a1    c1    of
2     a2    c2    new
3     a3    c3    values
```

在较长的分析和数据处理的脚本中，SettingWithCopyWarning 并不总是"紧邻"（close）子集发生的位置，因此可能需要追溯代码，找到对数据集进行复制的地方。本书中有几个地方调用了.copy()函数，这是为了避免出现 SettingWithCopyWarning。

T. 2　替换值

若想要替换 DataFrame 中的特定值，需确保在单次.loc[]或.iloc[]调用中完成整个替换操作。

```
# reset our data
dat = pd. read_csv("data/concat_1.csv")
print(dat)
```

运行后结果如下：

```
AB      C       D
0       a0      b0  c0  d0
1       a1      b1  c1  d1
2       a2      b2  c2  d2
3       a3      b3  c3  d3
```

如果在单独的步骤中筛选行和列，也将会引发 SettingWithCopyWarning。

```
# want to replace the c2 value
# filter the rows and separately select the column
dat.loc[dat["C"] == "c2"]["C"] = "new value"
```

运行后结果如下：

```
print(dat)
A       B       C       D
a0      b0      c0      d0
a1      b1      c1      d1
a2      b2      c2      d2
a3      b3      c3      d3
```
/var/folders/2b/qckmp39n7qn1dh0tpcm8g89w0000gn/T/ipykernel _ 29772/ 3306879196. py: 3: SettingWithCopyWarning:
A value is trying to be set on a copy of a slice from a DataFrame. Try using .loc[row_indexer,col _indexer] = value instead

```
See the caveats in the documentation: https://pandas.pydata.org/
pandas – docs/stable/user_guide/indexing. html # returning – a – view – versus – a – copy dat. loc
[dat["C"] == "c2"]["C"] = "new value"
```

因此，应该在单个步骤中完成整个替换。

```
dat = pd.read_csv("data/concat_1.csv")
dat.loc[dat["C"] == "c2", ["C"] ] = "new value"
print(dat)
```

运行后结果如下：

```
        A       B       C           D
0       a0      b0      c0          d0
1       a1      b1      c1          d1
2       a2      b2      new value   d2
3       a3      b3      c3          d3
```

T. 3　更多的资源

　　更多的详细信息，Benjamin Pryke 在 Dataquest（一个在线教育平台）上有一篇很好的博客文章，阅读此博客文章了解该详细信息。

　　Data School 的 Kevin Markham 在 YouTube 上也有一个很棒的视频，标题为"How do I avoid a SettingWithCopyWarning in pandas"。

附录U

方　法　链

Python 中的对象通常具有修改现有对象的方法。也就是说，可以按顺序调用一系列的方法，而无须保存中间结果。

以附录 S 中的 Person 类为例。

```
class Person(object):
    def init(self, fname, lname, age):
        self.fname = fname
        self.lname = lname
        self.age = age

    def celebrate_birthday(self):
        self.age += 1
        return(self)
```

若想要某人连续庆祝两次生日，就可以采用方法链（method chaining）。

```
ka = Person(fname = 'King', lname = 'Arthur', age = 39)
print(ka.age)
```

运行后结果如下：

```
39
```

```
# King Arthur has 2 birthdays in a row!
ka.celebrate_birthday().celebrate_birthday()
```

运行后结果如下：

```
< main .Person at 0x1039903a0 >
```

```
print(ka.age)
```

运行后结果如下：

```
41
```

在 Pandas 中整理 4.3 中的 weather 数据时，可以采用类似的方法，如下所示。

```
import pandas as pd
weather = pd.read_csv('data/weather.csv')
print(weather.head())
```

运行后结果如下：

```
         id      year   month element   d1    d2    D3    D4    D5    D6  ...  d22   d23   d24   d25 d26  d27
0   MX17004     2010      1    tmax    NaN   NaN   NaN   NaN   NaN   NaN  ...  NaN   NaN   NaN   NaN NaN  NaN
1   MX17004     2010      1    tmin    NaN   NaN   NaN   NaN   NaN   NaN  ...  NaN   NaN   NaN   NaN NaN  NaN
2   MX17004     2010      2    tmax    NaN  27.3  24.1  NaN   NaN   NaN  ...  NaN  29.9   NaN   NaN NaN  NaN
3   MX17004     2010      2    tmin    NaN  14.4  14.4  NaN   NaN   NaN  ...  NaN  10.7   NaN   NaN NaN  NaN
4   MX17004     2010      3    tmax    NaN   NaN   NaN   NaN  32.1  NaN  ...  NaN   NaN   NaN   NaN NaN  NaN
      d29   d29   D30   D31
0     NaN   NaN  27.8   NaN
1     NaN   NaN  14.5   NaN
2     NaN   NaN   NaN   NaN
3     NaN   NaN   NaN   NaN
4     NaN   NaN   NaN   NaN
[5 rows x 35 columns]
```

首先,需要使用.melt()转换日期,然后使用.pivot_table()进行数据透视,最后是使用.reset_index()重置索引。不需要将每个步骤分开执行。

```python
weather_tidy = (
    weather
    .melt(
        id_vars = ["id", "year", "month", "element"],
        var_name = "day",
        value_name = "temp",
    )
    .pivot_table(
        index = ["id", "year", "month", "day"],
        columns = "element",
        values = "temp",
    )
    .reset_index()
)

print(weather_tidy)
```

运行后结果如下:

```
element       id      year    month      day     tmax      tmin
0        MX17004     2010        1      d30     27.8      14.5
1        MX17004     2010        2      d11     29.7      13.4
2        MX17004     2010        2      d2      27.3      14.4
3        MX17004     2010        2      d23     29.9      10.7
4        MX17004     2010        2      d3      24.1      14.4
...          ...      ...      ...      ...      ...       ...
28       MX17004     2010       11      d27     27.7      14.2
29       MX17004     2010       11      d26     28.1      12.1
30       MX17004     2010       11      d4      27.2      12.0
31       MX17004     2010       12      d1      29.9      13.8
32       MX17004     2010       12      d6      27.8      10.5
[33 rows x 6 columns]
```

附录Ⅴ

计 时 代 码

如果是在 IPython 实例(如 Jupyter Notebook、JupyterLab 或直接使用 IPython)中运行 Python,则可以使用"魔法"(magic)命令来轻松地执行非 Python 任务。

魔法命令使用％或％％进行调用。在 Jupyter Notebook 中,％timeit 将计算一行代码的执行时间,而％％timeit 将计算整个代码单元的执行时间。

下面计算第 5 章中不同向量化方法的执行时间。

```python
import pandas as pd
import numpy as np
import numba
def avg_2(x, y):
    return (x + y) / 2

@np.vectorize
def v_avg_2_mod(x, y):
    """Calculate the average, unless x is 20
    Same as before, but we are using the vectorize decorator
    """
    if (x == 20):
        return(np.NaN)
    else:
        return (x + y) / 2

@numba.vectorize
def v_avg_2_numba(x, y):
    """Calculate the average, unless x is 20
    Using the numba decorator.
    """
    # we now have to add type information to our function
    if (int(x) == 20):
        return(np.NaN)

    else:
        return (x + y) / 2

df = pd.DataFrame({"a": [10, 20, 30], "b": [20, 30, 40]})
print(df)
```

运行后结果如下:

```
      a    b
0    10   20
1    20   30
2    30   40
```

再来计算一下不同方法的执行时间。

```
%%timeit
avg_2(df['a'], df['b'])
```

运行后结果如下：

67.1 μs ± 12.7 μs per loop (mean ± std. dev. of 7 runs, 10,000 loops each)

```
%%timeit
v_avg_2_mod(df['a'], df['b'])
```

运行后结果如下：

16.6 μs ± 1.05 μs per loop (mean ± std. dev. of 7 runs, 100,000 loops each)

```
%%timeit
v_avg_2_numba(df['a'].values, df['b'].values)
```

运行后结果如下：

3.92 μs ± 632 ns per loop (mean ± std. dev. of 7 runs, 100,000 loops each)

第一种方法甚至不如创建的自定义函数灵活。如果是正在进行数学计算，则可以通过更改正在使用的库获得性能优势。否则，使用 vectorize() 函数也可以帮助编写可读性更强的应用代码。

附录W

字符串格式化

W.1　C语言风格

Python 中较早的一种进行字符串格式化的方法是使用%运算符,遵循的是 C 语言的 printf 风格。str. format()方法(参见附录 W.2)比 C 语言风格更可取,如果使用的是 Python 3.6 及以上版本,则应该使用 11.4 节所述的格式化字符串常量(formatted string literals),即 f-strings。当然,有些代码仍然采用的是 C 语言的格式化风格。

本书不对该方法进行详细介绍,下面对 11.4 节中的一些示例采用 C 语言的 printf 风格重新进行格式化。

对于数字,可以使用%d 占位符,其中 d 表示一个整数。

```
s = 'I only know % d digits of pi' % 7
print(s)
```

运行后结果如下:

```
I only know 7 digits of pi
```

对于字符串,可以使用 s 占位符。注意,字符串模式使用的是圆括号,而不是花括号。传递的变量是 Python 的 dict,该 dict 使用的是花括号。

```
print(
    "Some digits of % (cont)s: % (value).2f"
    % {"cont": "e", "value": 2.718}
)
```

运行后结果如下:

```
Some digits of e: 2.72
```

W.2　字符串格式化：.format()方法

在 Python 3.6 中,字符串格式语法已被格式化字符串常量(即 f-strings)所取代。
要想使用.format()格式化字符串,实际上需要编写一个带有特殊占位符{}的字符串,并对该字符串使用.format()方法将值插入占位符中。

```
var = 'flesh wound'
s = "It's just a {}!"
```

```
print(s.format(var))
```

运行后结果如下：

```
It's just a flesh wound!
```

```
print(s.format('scratch'))
```

运行后结果如下：

```
It's just a scratch!
```

占位符也可以多次引用变量。

```
# using variables multiple times by index
s = """Black Knight: 'Tis but a {0}.
King Arthur: A {0}? Your arm's off!
"""
```

```
print(s.format('scratch'))
```

运行后结果如下：

```
Black Knight: 'Tis but a scratch.
King Arthur: A scratch? Your arm's off!
```

也可以给占位符一个变量。

```
s = 'Hayden Planetarium Coordinates: {lat}, {lon}'
print(s.format(lat = '40.7815° N', lon = '73.9733° W'))
```

运行后结果如下：

```
Hayden Planetarium Coordinates: 40.7815° N, 73.9733° W
```

W.3　格式化数字

数字也可以被格式化。

```
print('Some digits of pi: {}'.format(3.14159265359))
```

运行后结果如下：

```
Some digits of pi: 3.14159265359
```

格式化数字时，甚至可以使用千位分隔符（逗号）。

```
print(
    "In 2005, Lu Chao of China recited {:,} digits of pi".format(67890)
)
```

运行后结果如下：

```
In 2005, Lu Chao of China recited 67,890 digits of pi
```

数字可以用来进行计算，并按一定的小数位数进行格式化。下面，计算一个比例，并将其格式化为百分比。

```
# the 0 in {0:.4} and {0:.4%} refer to the 0 index in this format
# the .4 refers to how many decimal values, 4
# if we provide a %, it will format the decimal as a percentage
print(
    "I remember {0:.4} or {0:.4%} of what Lu Chao recited".format(
    7 / 67890
    )
)
```

运行后结果如下：

```
I remember 0.0001031 or 0.0103% of what Lu Chao recited
```

最后，可以通过字符串格式化使用 0 来填充数字，类似于 zfill（）函数处理字符串的方式。在处理数据中的 ID 编号时（ID 在读入时是数字，使用时为字符串），该方法会非常有用。

```
# the first 0 refers to the index in this format
# the second 0 refers to the character to fill
# the 5 in this case refers to how many characters in total
# the d signals a digit will be used
# Pad the number with 0s so the entire string has 5 characters
print("My ID number is {0:05d}".format(42))
```

运行后结果如下：

```
My ID number is 00042
```

附录X

条件语句(if-elif-else)

条件语句使得脚本或程序具有控制流(control flow),可以选择使用 if、elif 和 else 语句。

下面,将这些示例组合成一个流行的编程面试问题的简化版本:Fizz Buzz。

若待检查的数字是 2 的倍数,输出 fizz。可以使用 Python 中的模运算符 % 来得到一个数除以另一个数的余数。因此,若模(即余数)为 0,则该数字是 2 的倍数;若该语句为真,将执行 if 语句块中的代码(用缩进表示)。

```
my_num = 4

if my_num % 2 == 0:
    print("fizz")
```

运行后结果如下:

```
fizz
```

若多个 if 语句顺次排列,将按顺序运行每个 if 语句。

```
my_num = 4

if my_num % 2 == 0:
    print("fizz")
if my_num % 4 == 0:
    print("buzz")
```

运行后结果如下:

```
fizz buzz
```

```
my_num = 6
    if my_num % 3 == 0:
print("fizz")
    if my_num % 4 == 0:
print("buzz")
```

运行后结果如下:

```
fizz
```

有时候,只希望代码运行第一个为真的语句。若仅关心其中一个条件,而且不希望进行不必要的计算,可以将后续的条件放在 elif(即 else if)语句块中。

```
my_num = 4
if my_num % 2 == 0:
    print("fizz")
elif my_num % 4 == 0:
    print("buzz")
```

运行后结果如下:

```
fizz
```

最后,可以使用 else 语句块来捕获之前所有条件均不为 True 的所有结果。

```
my_num = 7
if my_num % 2 == 0:
    print("fizz")
elif my_num % 4 == 0:
    print("buzz")
else:
    print("Not multiple of 2 or 4.")
```

运行后结果如下:

```
Not multiple of 2 or 4.
```

附录Y

纽约ACS逻辑回归示例

Y.1 准备数据

```
import pandas as pd

acs = pd.read_csv('data/acs_ny.csv')
print(acs.columns)
```

运行后结果如下：

```
Index(['Acres', 'FamilyIncome', 'FamilyType', 'NumBedrooms', 'NumChildren', 'NumPeople',
       'NumRooms', 'NumUnits', 'NumVehicles', 'NumWorkers', 'OwnRent', 'YearBuilt', 'HouseCosts',
       'ElectricBill', 'FoodStamp', 'HeatingFuel', 'Insurance', 'Language'],
      dtype = 'object')
```

```
print(acs.head())
```

运行后结果如下：

	Acres	FamilyIncome	FamilyType	NumBedrooms	NumChildren	NumPeople \
0	1 – 10	150	Married	4	1	3
1	1 – 10	180	Female Head	3	2	4
2	1 – 10	280	Female Head	4	0	2
3	1 – 10	330	Female Head	2	1	2
4	1 – 10	330	Male Head	3	1	2

	Num Rooms	Num Units	Num Vehicles	Num Workers	Own Rent	Year Built \
0	9	Single detached	1	0	Mortgage	1950 – 1959
1	6	Single detached	2	0	Rented	Before 1939
2	8	Single detached	3	1	Mortgage	2000 – 2004
3	4	Single detached	1	0	Rented	1950 – 1959
4	5	Single attached	1	0	Mortgage	Before 1939

	House Costs	Electric 1800 Bill	Food Stamp No	Heating Fuel	Insurance	Language
0	1800	90	No	Gas	2500	English
1	850	90	No	Oil	0	English
2	2600	260	No	Oil	6600	Other European
3	1800	140	No	Oil	0	English
4	860	150	No	Gas	660	Spanish

要想对这些数据进行建模，首先需要创建一个二元响应变量。此处，将 FamilyIncome 变量拆分为一个二元变量。

```python
acs["ge150k"] = pd.cut(
    acs["FamilyIncome"],
    [0, 150000, acs["FamilyIncome"].max()],
    labels = [0, 1],
)

acs["ge150k_i"] = acs["ge150k"].astype(int)
print(acs["ge150k_i"].value_counts())
```

运行后结果如下：

```
0   18294
1   4451
Name: ge150k_i, dtype: int64
```

> **注释**：使用 .cut() 函数对 FamilyIncome 变量进行 bin 的截止值是任意的。
> 在这样做的过程中创建了一个二进制(0/1)变量。

```python
acs.info()
```

运行后结果如下：

```
< class 'pandas.core.frame.DataFrame'>
RangeIndex: 22745 entries, 0 to 22744
Data columns (total 20 columns):
```

#	Column	Non-Null	Count	Dtype
0	Acres	22745	non-null	object
1	FamilyIncome	22745	non-null	int64
2	FamilyType	22745	non-null	object
3	NumBedrooms	22745	non-null	int64
4	NumChildren	22745	non-null	int64
5	NumPeople	22745	non-null	int64
6	NumRooms	22745	non-null	int64
7	NumUnits	22745	non-null	object
8	NumVehicles	22745	non-null	int64
9	NumWorkers	22745	non-null	int64
10	OwnRent	22745	non-null	object
11	YearBuilt	22745	non-null	object
12	HouseCosts	22745	non-null	int64
13	ElectricBill	22745	non-null	int64
14	FoodStamp	22745	non-null	object
15	HeatingFuel	22745	non-null	object
16	Insurance	22745	non-null	int64
17	Language	22745	non-null	object
18	ge150k	22745	non-null	category
19	ge150k_i	22745	non-null	int64

```
dtypes: category(1), int64(11), object(8)
memory usage: 3.3 + MB
```

下面，仅使用用于示例的列对数据进行子集化。

```
acs_sub = acs[
  [
    "ge150k_i",
    "HouseCosts",
    "NumWorkers",
    "OwnRent",
    "NumBedrooms",
    "FamilyType",
  ]
].copy()
print(acs_sub)
```

运行后结果如下：

```
       ge150k_i   HouseCosts   NumWorkers   OwnRent    NumBedrooms   FamilyType
0      0          1800         0            Mortgage   4             Married
1      0          850          0            Rented     3             Female Head
2      0          2600         1            Mortgage   4             Female Head
3      0          1800         0            Rented     2             Female Head
4      0          860          0            Mortgage   3             Male Head
...    ...        ...          ...          ...        ...           ...
22740  1          1700         2            Mortgage   5             Married
22741  1          1300         2            Mortgage   4             Married
22742  1          410          3            Mortgage   4             Married
22743  1          1600         3            Mortgage   3             Married
22744  1          6500         2            Mortgage   4             Married
[22745 rows x 6 columns]
```

```
import statsmodels.formula.api as smf
# we break up the formula string to fit on the page
model = smf.logit(
    "ge150k_i ~ HouseCosts + NumWorkers + OwnRent + NumBedrooms
    + FamilyType",
    data = acs_sub,
)
results = model.fit()
```

运行后结果如下：

```
Optimization terminated successfully.
Current function value: 0.391651 Iterations 7
print(results.summary())
                        Logit Regression Results
================================================================================
Dep. Variable:        ge150k_i           No. Observations:     22745
Model:                Logit              Df Residuals:         22737
Method:               MLE                Df Model:             7
Date:                 Thu, 01 Sep 2022   Pseudo R-squ.:        0.2078
Time:                 01:57:02           Log-Likelihood:       -8908.1
converged:            True               LL-Null:              -11244.
Covariance Type:      nonrobust          LLR p-value:          0.000
================================================================================
                      coef      std err       z       P>|z|     [0.025     0.975]
--------------------------------------------------------------------------------
```

Intercept	-5.8081	0.120	-48.456	0.000	-6.043	-5.573
OwnRent[T.Outright]	1.8276	0.208	8.782	0.000	1.420	2.236
OwnRent[T.Rented]	-0.8763	0.101	-8.647	0.000	-1.075	-0.678
FamilyType[T.Male Head]	0.2874	0.150	1.913	0.056	-0.007	0.582
FamilyType[T.Married]	1.3877	0.088	15.781	0.000	1.215	1.560
HouseCosts	0.0007	1.72e$-$05	42.453	0.000	0.001	0.001
NumWorkers	0.5873	0.026	22.393	0.000	0.536	0.639
NumBedrooms	0.2365	0.017	13.985	0.000	0.203	0.270

===

```
import statsmodels.formula.api as smf
# we break up the formula string to fit on the page
model = smf.logit(
  "ge150k_i ~ HouseCosts + NumWorkers + OwnRent + NumBedrooms + FamilyType",
  data = acs_sub,
)

results = model.fit()
```

运行后结果如下：

```
Optimization terminated successfully.
Current function value: 0.391651 Iterations 7
print(results.summary())
```

Logit Regression Results

===

Dep. Variable:	ge150k_i	No. Observations:	22745
Model:	Logit	Df Residuals:	22737
Method:	MLE	Df Model:	7
Date:	Thu, 01 Sep 2022	Pseudo R$-$squ.:	0.2078
Time:	01:57:02	Log$-$Likelihood:	-8908.1
converged:	True	LL$-$Null:	$-11244.$
Covariance Type:	nonrobust	LLR p$-$value:	0.000

===

	coef	std err	z	P>|z|	[0.025	0.975]
Intercept	-5.8081	0.120	-48.456	0.000	-6.043	-5.573
OwnRent[T.Outright]	1.8276	0.208	8.782	0.000	1.420	2.236
OwnRent[T.Rented]	-0.8763	0.101	-8.647	0.000	-1.075	-0.678
FamilyType[T.Male Head]	0.2874	0.150	1.913	0.056	-0.007	0.582
FamilyType[T.Married]	1.3877	0.088	15.781	0.000	1.215	1.560
HouseCosts	0.0007	1.72e$-$05	42.453	0.000	0.001	0.001
NumWorkers	0.5873	0.026	22.393	0.000	0.536	0.639
NumBedrooms	0.2365	0.017	13.985	0.000	0.203	0.270

===

```
import numpy as np
# exponentiate our results
odds_ratios = np.exp(results.params)
print(odds_ratios)
```

运行后结果如下：

```
Intercept                        0.003003
OwnRent[T.Outright]              6.219147
OwnRent[T.Rented]               0.416310
FamilyType[T.Male Head]          1.332901
FamilyType[T.Married]            4.005636
HouseCosts                       1.000731
NumWorkers                       1.799117
NumBedrooms                      1.266852
dtype:float64
print(acs.OwnRent.unique())
```

运行后结果如下：

```
['Mortgage' 'Rented' 'Outright']
```

Y.2　使用 Scikit-learn 库

```
predictors = pd.get_dummies(acs_sub.iloc[:, 1:], drop_first = True)
print(predictors)
```

运行后结果如下：

	HouseCosts	NumWorkers	NumBedrooms	OwnRent_Outright	OwnRent_Rented
0	1800	0	4	0	0
1	850	0	3	0	1
2	2600	1	4	0	0
3	1800	0	2	0	1
4	860	0	3	0	0
...	...	...	...	...	...
22740	1700	2	5	0	0
22741	1300	2	4	0	0
22742	410	3	4	0	0
22743	1600	3	3	0	0
22744	6500	2	4	0	0

	FamilyType_Male Head	FamilyType_Married
0	0	1
1	0	0
2	0	0
3	0	0
4	1	0
...	...	...
22740	0	1
22741	0	1
22742	0	1
22743	0	1
22744	0	1

```
[22745 rows x 7 columns]
```

```
from sklearn import linear_model
lr = linear_model.LogisticRegression()
results = lr.fit(X = predictors, y = acs['ge150k_i'])
```

运行后结果如下：

```
/Users/danielchen/.pyenv/versions/3.10.4/envs/pfe_book/lib/python3.10/ site-packages/
sklearn/linear_model/_logistic.py:444: ConvergenceWarning: lbfgs failed to converge (status=1):
STOP: TOTAL NO. of ITERATIONS REACHED LIMIT.
Increase the number of iterations (max_iter) or scale the data as shown in: https://scikit-
learn.org/stable/modules/preprocessing.html
Please also refer to the documentation for alternative solver options: https://scikit-learn.
org/stable/modules/linear_model.html#logistic-regression
n_iter_i = _check_optimize_result(
```

也可以用同样的方式得到系数。

```
print(results.coef_)
```

运行后结果如下：

```
[[ 5.83764740e-04 7.29381775e-01 2.82543789e-01 7.03519146e-02
  -2.11748592e+00 -1.02984936e+00 2.50310160e-01]]
```

也可以得到截距。

```
print(results.intercept_)
```

运行后结果如下：

```
[-4.82088401]
```

可以用更具吸引力的格式输出结果。

```
values = np.append(results.intercept_, results.coef_)
# get the names of the values
names = np.append("intercept", predictors.columns)
# put everything in a labeled dataframe
  results = pd.DataFrame(
    values,
    index=names,
    columns=["coef"], # you need the square brackets here
)

print(results)
```

运行后结果如下：

	coef
intercept	-4.820884
HouseCosts	0.000584
NumWorkers	0.729382
NumBedrooms	0.282544
OwnRent_Outright	0.070352
OwnRent_Rented	-2.117486
FamilyType_Male Head	1.029849
FamilyType_Married	0.250310

为了解释系数，仍然需要对值进行指数化。

```
results['or'] = np.exp(results['coef'])
print(results)
```

运行后结果如下：

	coef	or
intercept	− 4.820884	0.008060
HouseCosts	0.000584	1.000584
NumWorkers	0.729382	2.073798
NumBedrooms	0.282544	1.326500
OwnRent_Outright	0.070352	1.072886
OwnRent_Rented	− 2.117486	0.120334
FamilyType_Male Head	− 1.029849	0.357061
FamilyType_Married	0.250310	1.284424

附录Z

复制R语言中的结果

准备本节中要用到的数据。

```
library(MASS)
library(tidyverse)
library(tidymodels)
library(pscl)

# load the tips data
tips <- readr::read_csv("data/tips.csv")

# load the titanic data
titanic <- readr::read_csv("data/titanic.csv")

# subset the columns and drop missing values
titanic_sub <- titanic %>%
    dplyr::select(survived, sex, age, embarked) %>%
    tidyr::drop_na()

# load the ACS data and fix the data types
acs <- readr::read_csv("data/acs_ny.csv") %>%
    dplyr::mutate( # data gets loaded differently from pandas
        NumChildren = as.integer(NumChildren),
        FamilyIncome = as.numeric(FamilyIncome),
        NumBedrooms = as.numeric(NumBedrooms),
        HouseCosts = as.numeric(HouseCosts),
        ElectricBill = as.numeric(ElectricBill),
        NumVehicles = as.numeric(NumVehicles)
)
```

Z.1 线性回归

```
r_lm <- lm(tip ~ total_bill, data = tips)
print(summary(r_lm))
```

运行后结果如下：

```
Call:
lm(formula = tip ~ total_bill, data = tips)
```

```
Residuals:
Min        1Q        Median      3Q        Max
-3.1982   -0.5652   -0.0974     0.4863    3.7434

Coefficients:
Estimate Std. Error t value Pr(>|t|)
(Intercept) 0.920270   0.159735   5.761  2.53e-08 ***
total_bill 0.105025   0.007365  14.260  <  2e-16 ***
---
Signif. codes: 0 '***' 0.001 '**' 0.01 '*' 0.05 '.' 0.1 ' ' 1
```

Residual standard error: 1.022 on 242 degrees of freedom Multiple R-squared: 0.4566, Adjusted R-squared: 0.4544 F-statistic: 203.4 on 1 and 242 DF, p-value: < 2.2e-16

```
r_lm %>%
    broom::tidy()
```

运行后结果如下：

```
# A tibble: 2 x 5
term   estimate std.error statistic p.value
        <chr>         <dbl>   <dbl>    <dbl>    <dbl>
1  (Intercept)    0.920    0.160    5.76    2.53e- 8
2  total_bill     0.105    0.00736  14.3    6.69e-34
```

```
r_lm2 <- lm(tip ~ total_bill + size, data = tips)
print(summary(r_lm2))
```

运行后结果如下：

```
Call:
lm(formula = tip ~ total_bill + size, data = tips)

Residuals:
Min        1Q        Median      3Q        Max
-2.9279   -0.5547   -0.0852    0.5095    4.0425

Coefficients:
       Estimate Std. Error t value Pr(>|t|)
    (Intercept) 0.668945   0.193609   3.455  0.00065 ***
    total_bill  0.092713   0.009115  10.172  < 2e-16 ***
    size        0.192598   0.085315   2.258  0.02487 *
    ---
Signif. codes: 0 '***' 0.001 '**' 0.01 '*' 0.05 '.' 0.1 ' ' 1
Residual standard error: 1.014 on 241 degrees of freedom
Multiple R-squared: 0.4679,
Adjusted R-squared:0.4635
F-statistic: 105.9 on 2 and 241 DF, p-value: < 2.2e-16
```

```
r_lm2 %>%
    broom::tidy()
```

运行后结果如下：

```
# A tibble: 3 x 5
```

```
      term    estimate std.error statistic p.value
     <chr>     <dbl>     <dbl>     <dbl>    <dbl>
1  (Intercept)  0.669     0.194     3.46    6.50e-4
2  total_bill   0.0927    0.00911  10.2     1.88e-20
3  size         0.193     0.0853    2.26    2.49e-2
```

```
r_lm3 <- lm(
    tip ~ total_bill + size + sex + smoker + day + time, data = tips
)
print(summary(r_lm3))
```

运行后结果如下：

```
Call:
lm(formula = tip ~ total_bill + size + sex + smoker + day + time, data = tips)

Residuals:
Min        1Q       Median     3Q       Max
-2.8475   -0.5729   -0.1026   0.4756    4.1076

Coefficients:
              Estimate    Std. Error    t value    Pr(>|t|)
(Intercept)   0.803817    0.352702      2.279      0.0236 *
total_bill    0.094487    0.009601      9.841      < 2e-16 ***
size          0.175992    0.089528      1.966      0.0505.
sexMale      -0.032441    0.141612     -0.229      0.8190
smokerYes    -0.086408    0.146587     -0.589      0.5561
daySat       -0.121458    0.309742     -0.392      0.6953
daySun       -0.025481    0.321298     -0.079      0.9369
dayThur      -0.162259    0.393405     -0.412      0.6804
timeLunch     0.068129    0.444617      0.153      0.8783
---
Signif. codes: 0 '***' 0.001 '**' 0.01 '*' 0.05 '.' 0.1 ' ' 1

Residual standard error: 1.024 on 235 degrees of freedom
Multiple R-squared: 0.4701,
Adjusted R-squared: 0.452
F-statistic: 26.06 on 8 and 235 DF,
G-p-value: < 2.2e-16
```

```
r_lm3 %>%
    broom::tidy()
```

运行后结果如下：

```
# A tibble: 9 x 5
  term    estimate std.error statistic p.value
     <chr>      <dbl>     <dbl>     <dbl>    <dbl>
1  (Intercept)  0.804      0.353     2.28     2.36e-2
2  total_bill   0.0945     0.00960   9.84     2.34e-19
3  size         0.176      0.0895    1.97     5.05e-2
4  sexMale     -0.0324     0.142    -0.229    8.19e-1
5  smokerYes   -0.0864     0.147    -0.589    5.56e-1
6  daySat      -0.121      0.310    -0.392    6.95e-1
7  daySun      -0.0255     0.321    -0.0793   9.37e-1
```

8	dayThur	− 0.162	0.393	− 0.412	6.80e − 1
9	timeLunch	0.0681	0.445	0.153	8.78e − 1

Z.2　逻辑回归

```
# fit a logistic regression model
r_logistic_glm <- glm(
  survived ~ sex + age + embarked,
  family = binomial (link = "logit"),
  data = titanic_sub
)
summary(r_logistic_glm)
```

运行后结果如下：

```
Call:
glm(formula = survived ~ sex + age + embarked,
    family = binomial(link = "logit"),
    data = titanic_sub)

Deviance Residuals:
Min      1Q     Median    3Q      Max
− 2.1185 − 0.6498 − 0.5972  0.7937  2.1977

Coefficients:
Estimate Std. Error z value Pr(>|z|)
(Intercept) 2.204585  0.321796   6.851   7.34e − 12 ***
sexmale    − 2.475962  0.190807  − 12.976  < 2e − 16 ***
age        − 0.008079  0.006550  − 1.233   0.21746
embarkedQ  − 1.815592  0.535031  − 3.393   0.00069 ***
embarkedS  − 1.006949  0.236857  − 4.251   2.13e − 05 ***
---
Signif. codes: 0 '***' 0.001 '**' 0.01 '*' 0.05 '.' 0.1 ' ' 1
(Dispersion parameter for binomial family taken to be 1)
Null deviance: 960.90 on 711 degrees of freedom
Residual deviance: 726.08 on 707 degrees of freedom
AIC: 736.08
Number of Fisher Scoring iterations: 4
```

```
# get the coefficient table and calculate the odds
res_r_glm <- r_logistic_glm %>%
    broom::tidy() %>%
    dplyr::mutate(odds = exp(estimate) %>% round(6))
res_r_glm
```

运行后结果如下：

```
# A tibble: 5 x 6
```

	term	estimate	std. error	statistic	p. value	odds
	< chr >	< dbl >	< dbl >	< dbl >	< dbl >	< dbl >
1	(Intercept)	2.20	0.322	6.85	7.34e − 12	9.07
2	sexmale	− 2.48	0.191	− 13.0	1.67e − 38	0.0841
3	age	− 0.00808	0.00655	− 1.23	2.17e − 1	0.992

| 4 | embarkedQ | − 1.82 | 0.535 | − 3.39 | 6.90e − 4 | 0.163 |
| 5 | embarkedS | − 1.01 | 0.237 | − 4.25 | 2.13e − 5 | 0.365 |

Z. 3　泊松回归

```
poi <- glm(
  NumBedrooms ~ HouseCosts + OwnRent,
  family = poisson(link = "log"),
  data = acs
)
summary(poi)
```

运行后结果如下：

```
Call:
glm(formula = NumBedrooms ~ HouseCosts + OwnRent, family = poisson(link = "log"), data = acs)

Deviance Residuals:
    Min        1Q       Median        3Q          Max
  − 2.8300   − 0.2815   − 0.1293     0.2890      2.8142

Coefficients:
                      Estimate     Std. Error    Z value    Pr(>|z|)
  (Intercept)        1.139e + 00   6.158e − 03   184.928    < 2e − 16
  HouseCosts         6.217e − 05   2.958e − 06    21.017    < 2e − 16
  OwnRentOutright   − 2.659e − 01   5.131e − 02   − 5.182    2.19e − 07
  OwnRentRented     − 1.237e − 01   1.237e − 02   − 9.996    < 2e − 16
  ---
Signif. codes: 0 '***' 0.001 '**' 0.01 '*' 0.05 '.' 0.1 ' ' 1 (Dispersion parameter for poisson
family taken to be 1)
Null deviance: 7479.9 on 22744 degrees of freedom
Residual deviance: 6839.2 on 22741 degrees of freedom
AIC: 76477
  Number of Fisher Scoring iterations: 4
```

```
poi %>%
  broom::tidy()
```

运行后结果如下：

```
# A tibble: 4 x 5
  term                 estimate      std. error      statistic      p. value
  < chr >              < dbl >       < dbl >         < dbl >        < dbl >
1 (Intercept)          1.14          0.00616         185.0
2 HouseCosts           0.0000622     0.00000296       21.0          4.60e − 98
3 OwnRentOutright     − 0.266        0.0513          − 5.18         2.19e − 7
4 OwnRentRented       − 0.124        0.0124          − 10.0         1.58e − 23
```

负二项回归的设计如下。

```
od <- MASS::glm.nb(
  NumPeople ~ Acres + NumVehicles, data = acs,
  link = log
)
```

运行后结果如下：

Warning in theta.ml(Y, mu, sum(w), w, limit = control $ maxit, trace
= control $ trace > : iteration limit reached

Warning in theta.ml(Y, mu, sum(w), w, limit = control $ maxit, trace
= control $ trace > : iteration limit reached

summary(od)

运行后结果如下：

```
Call:
MASS::glm.nb(formula = NumPeople ~ Acres + NumVehicles, data = acs, link = log, init.theta =
99662.32096)

Deviance Residuals:
Min        1Q       Median      3Q        Max
- 1.3263   - 0.7064  - 0.1315   0.3153    5.3101

Coefficients:
              Estimate Std. Error z value Pr(>|z|)
(Intercept)    1.033460   0.012036    85.865   < 2e - 16 ***
Acres10 +     - 0.025287   0.019301   - 1.310      0.19
AcresSub 1     0.050768   0.009143     5.553   2.81e - 08 ***
NumVehicles    0.070067   0.003683    19.023   < 2e - 16 ***
---
Signif. codes: 0 '***' 0.001 '**' 0.01 '*' 0.05 '.' 0.1 ' ' 1
(Dispersion parameter for Negative Binomial(99662.32) family taken to be 1)
    Null deviance: 12127   on 22744   degrees of freedom
Residual deviance: 11754   on 22741   degrees of freedom
AIC: 80879
Number of Fisher Scoring iterations: 1
Theta:99662
Std. Err. :93669
Warning while fitting theta: iteration limit reached
2 x log - likelihood: - 80869.33
```

od %>%
broom::tidy()

运行后结果如下：

```
# A tibble: 4 x 5
  term          estimate    std. error    statistic    p. value
  < chr >       < dbl >     < dbl >       < dbl >      < dbl >
1 (Intercept)   1.03        0.0120        85.9         0
2 Acres10 +    - 0.0253     0.0193       - 1.31        1.90e - 1
3 AcresSub 1    0.0508      0.00914       5.55         2.81e - 8
4 NumVehicles   0.0701      0.00368       19.0         1.10e - 80
```

```
pm <- glm(
    NumChildren ~ FamilyIncome + FamilyType + OwnRent,
    family = poisson(link = "log"),
    data = acs
)
```

```
pchisq(
    2 * (logLik(od) - logLik(pm)),
    df = 1,
    lower.tail = FALSE
)
```

运行后结果如下：

'log Lik.' 1 (df = 5)